# Statistics Hacks

# 統計學駭客 75 招
## 測量世界並掌握勝機的技巧與工具

## STATISTICS HACKS
### *Tips & Tools for Measuring the World and Beating the Odds*

**Bruce Frey** 著

黃銘偉 譯

**O'REILLY®**

# 貢獻人員與致謝

## 關於作者

Bruce Frey 博士是一名漫畫收藏家和電影迷。他在業餘時間為研究所學生教授統計學,並以他在堪薩斯大學(University of Kansas)教育心理學與教育研究學程助理教授的秘密身分進行學術研究。他是得過獎的老師,而他的學術研究興趣主要在教師製作的測驗(teacher-made tests)和課堂評鑑(classroom assessment)、靈性的測量(measurement of spirituality)以及教案評估方法(program evaluation methods)等領域。Bruce 的得獎事蹟包括在青少年時期獲得堪薩斯州大富翁錦標賽(Kansas Monopoly Championship)的第三名;大學生時在堪薩斯電影節(Kansas Film Festival)上獲得第二名,以及中年時在勞倫斯(Lawrence, Kansas)舉行的德州撲克巡迴賽(Texas Hold 'Em Poker Tournament)中獲得了可敬的第三名。他為兩項成就感到驕傲:他與甜蜜妻子的婚姻,以及他買到的平裝版 *Showcase # 4*,在這本漫畫中「Silver Age Flash」首次出現,無論那代表什麼意思。

## 貢獻人員

下列這些人為本書貢獻了他們的訣竅、寫作和靈感:

- Joseph Adler 是 *Baseball Hacks*(O'Reilly 出版)的作者,也是 VeriSign 高階產品開發小組的研究員,主要研究客戶端身分驗證、託管的安全服務及 RFID 安全性。Joe 具有資料分析、建置統計模型的多年經驗,而作為雇員或顧問,曾為 DoubleClick、American Express 及 Dun & Bradstreet 等公司制定商業策略。他畢業於麻省理工學院,獲得電腦科學與電腦工程的學士和碩士學位。Joe 是一名死忠的洋基球迷,但他欣賞任何出色的棒球比賽。Joe 與妻子、兩隻貓和一個 DirecTV 碟形衛星信號接受器一起生活在矽谷。

- Ron Hale-Evan 是一名作家、思想家和遊戲設計師，他以技術作家的身分養家餬口。他擁有耶魯大學的心理學學士學位，並輔修哲學。大量思考關於思維過程的各個面向之後，他建立了 Mentat Wiki（*http://www.ludism.org/mentat*），這又讓他推出了最近的 *Mind Performance Hacks*（O'Reilly 出版）這本書。你可以在他的首頁 *http://ron.ludism.org* 找到他多方面的其他專案，包括他屢獲殊榮的棋盤遊戲、他的 Short-Duration Personal Saviors 名單，以及他的部落格。Ron 的下一本書大概會是遊戲系統相關的，特別是因為他在已經停刊的 *The Games Journal*（*http://www.thegamesjournal.com*）上相同主題的系列文章在遊戲玩家和學術界之間都相當受到歡迎。如果你想要使用 email 發送一些容易上當的出版商名稱給 Ron 或只是想打擾他，你可以透過 *rwhe@ludism.org*（與裸體主義 *nudism* 押韻，但與盧德主義 *Luddism* 無關）跟他聯絡。

- 27 歲的 Brian E.Hansen 在德州的達拉斯市長大。他在西班牙從事了兩年的宗教服務後，進入了德州的 A&M 大學學習，並於 2004 年以石油工程的學士學位畢業。他目前任職於總部位在德州歐文市的一家獨立的大型油氣探勘與生產公司，擔任油藏工程師（Reservoir Engineer）。

- Jill H.Lohmeier 在美國麻薩諸塞大學阿默斯特分校取得認知心理學博士學位。她目前是堪薩斯大學學院計劃評估和研究小組的評估總監。Jill 喜歡戶外運動，特別是跑步、健行，以及和她小孩踢足球。

- Ernest E.Rothman 是羅德島紐波特 Salve Regina 大學（SRU）的數學科學系教授兼主任。Ernie 擁有布朗大學的應用數學博士學位，加入 SRU 之前，他曾在紐約伊薩卡的 Cornell Theory Center 任職。他的興趣主要在科學計算、數學和統計學教育，以及以 Mac OS X 作為基礎的 Unix。你可以在 *http://homepage.mac.com/samchops* 上了解他最新的活動。

- Neil J.Salkind 是堪薩斯大學的兼任教員，他的辦公室對面正是 *Statistics Hacks* 名人 Bruce Frey 的辦公室。Neil 除了是 *Statistics for People Who (Think They) Hate Statistics*（SAGE）的作者外，還是一位發展心理學家，他收集書本、烹飪、整修老房子和一部 p1800 Volvo，並且活躍於成人游泳（Masters Swimming）運動。他也撰寫了 100 多本貿易相關的書籍和教科書，並與紐約的 StudioB Literary Agency 有合作關係。

- William Skorupski 目前是堪薩斯大學教育學院的助理教授，他在那裡教授心理計量學（psychometrics）和統計學課程。他在 2000 年從巴克內爾大學獲得教育研究和心理學學士學位，並在 2004 年獲得麻薩諸塞大學阿默斯特分校心理計量學方法的博士學位。他主要的研究興趣是將數學模型套用到心理計量資料上，包括使用貝氏統計學（Bayesian statistics）來解決實際的測量問題。他也喜歡將統計與機率的知識運用到日常情境中，例如與本書作者玩撲克牌！

## 致謝

我要感謝本書所有的貢獻者，無論是在「貢獻人員」那節中列出的人，或是那些幫忙提供想法、審閱手稿並提供出處和相關資源作為建議的人。在這方面，要特別感謝貢獻良多的霓虹工藝師 Tim Langdon，他送的禮物，也就是 Harry Blackstone, Jr. 平裝版的 *There's One Born Every Minute*（Jove Publications），為本書中的許多 hack 提供了很大的靈感。

我要感謝我的編輯 Brian Sawyer，他以強而有力的手腕主導了本專案，並對於什麼是 *hack*、而什麼不是，有清楚的構想。他在多數情況下都是對的（不過，Brian 並非總是如此啊。用猴子挑選 Kentucky Derby 賽馬優勝者的主意應該要被採用才是。或許下次吧…）。Brian 在促使本專案完成這方面發揮了重要的作用，特別是在一連串不幸發生，成功機率渺茫的情況之下。

我要感謝至高無上統計學作家的 Neil Salkind，在我職業生涯和這本書的許多面向所提供的幫助。

最重要的是，要感謝我甜蜜的妻子 Bonnie Johnson，她依稀在我心中，在我終於交出本書手稿最後版本時，我很清楚誰會在家裡等著我。

# 前言

機遇（chance）在你的生活中扮演了很重要的角色，不管你知不知道這點。你特殊的基因組成在你被創造出來那時經歷了些微的突變，而那過程依據的是特有的機率定律。在學校的表現涉及了人為錯誤，包括你的與他人的，這通常會使你實際的能力層級無法精確反映在你的成績單或那些高風險的大考（high-stakes tests）之上。對於職業生涯的研究甚至指出，你所從事的工作大概不會是細心規劃與準備的結果，而更可能是出於巧合。當然，在機率遊戲（games of *chance*，或稱「博弈遊戲」）中，機遇也決定了你的命運，並對運動項目的結果有很大的影響。

幸好，有一整組的科學工具、統計學的各種應用，都可用來解決我們受命運影響的系統所衍生的問題。推論統計學（inferential statistics）是完全基於機率本質的一門科學，能幫助我們理解事情運作的方式、發現變數之間的關係、在只看到一小部分時就能描述龐大的母體（population）、做出精準到嚇人的預測，以及，當然囉，甚至能幫你下對注來賺點錢。

本書網羅了許多統計技巧與工具。*Statistics Hacks* 所提供的實用工具想當然來自統計學（statistics），但此外還有一些是源自於教育與心理測量（educational and psychological measurement）和實驗研究設計（experimental research design）領域。它不僅為社會科學，也為商業、遊戲與賭博等領域中的各種問題提供了解決方法。

如果你已經是頂尖科學家，可以在睡夢中進行統計計算，你會很享受這本書，以及它為你熟悉的那些老舊工具所找到的創新應用。如果你只是喜歡把科學應用到生活中，而且對於很酷的想法和有趣問題的聰明解答會讓你感到很愉快的話，也別擔心。*Statistics Hacks* 撰寫的時候也有把這些非科學家放在心中，所以如果那說的是你，你就來對地方了。本書也是為非統計學家所寫的，如果這指的也是你，那麼在此你會感到很安全。

另一方面，若是你正在修習統計學課程，或對這個主題的學術本質有所興趣，你可能會發現本書是搭配那類課程常要求的教科書的優良補充讀物。你的教科書與本書之間不會有任何的衝突，所以聽一聽那些看似僅限理論的統計工具在真實世界的應用，並不會傷害到你的發展。這只是讓你

知道，你能用統計學來做一些很酷的事情，它們看起來比較像玩樂而非工作。

## 為什麼要選 Statistics Hacks 呢？

駭入（*hacking*）這個詞在新聞報導中有不好的名聲。他們用它來指稱那些入侵系統、造成危害，或使用電腦作為武器的人。然而，對編寫程式碼的人來說，*hack* 這個詞指的是針對問題的「quick-and-dirty（骯髒但快速）」的解法，或完成事情的聰明辦法。而 *hacker*（駭客）這個詞主要作為恭維之用，指的是某人很有創意（*creative*），具備做好事情的技術能力。The Hacks 這系列書籍就是要試著恢復這個詞的名聲，記錄人們hacking 的好方式，並傳播創意參與（creative participation）這種 hacker守則給未受啟發的人們。看看其他人如何處理系統與問題經常是學習一項新科技最快速的方法。

本書的核心技術包括統計學、測量（measurement）和研究設計（researchdesign）。電腦科技和這些技術是攜手發展的，所以使用 *hack* 這個詞來描述本書所做的事對於該字詞的所有面向而言，幾乎都是一致而沒有衝突的。雖然這些書頁中僅涵蓋了小小的 computer hacking，但**達成事情的聰明方法**（*clever ways to get things done*）卻有很多。

## 本書的架構

如果喜歡，你可以將本書從頭讀到尾，但每個 hack 都自成一體，所以你大可自由地瀏覽並跳到你最感興趣的不同章節。若是需要某些背景知識，交叉參考的指示會帶你回到適當的 hack 那裡去。

跟後續的 hack 比起來，早期的 hack 會基礎得多，所提供的大概也是跨各種問題的一般性解法或策略式途徑。另一方面，後續的 hack 則提供用以贏得遊戲的特定技巧，或只是提供資訊來幫助你了解周遭所發生的事情。

本書分為數章，以主題來組織：

*第 1 章，基礎知識*

> 使用這些 hack 作為一組強力的基礎工具，也就是運用統計學來解決或避開麻煩時最常會用到的那些。把這些當成你的基本工具組：就像你的槌子、鋸子，還有各種螺絲起子。

第 *2* 章，發現關係

這些章節包含尋找、描述和測試變數間關係的統計方法。藉由這些 hack，你能讓看不見的變得可見。

第 *3* 章，測量世界

這裡所呈現的是測量你周圍世界的各種技巧與訣竅。你會學到如何問對的問題、精確地評估，甚至提升你在高風險大考中的表現。

第 *4* 章，戰勝機率

這章是專為賭徒而寫的。善用機率來增加你的優勢，並在德州撲克（Texas Hold 'Em poker）和其他由機率來決定結果的賭博中做出正確的抉擇。

第 *5* 章，玩遊戲

從電視節目遊戲的策略，到贏得大富翁（Monopoly）遊戲，再到享受運動競賽單純取樂，本章所提供的不同 hack 可以幫助你從玩遊戲中獲得最大的樂趣。

第 *6* 章，聰明思考

本章或許是其中最耗費腦力的。運用你會在這裡找到的統計 hack 來取得正確的思維、參與益智遊戲、發現新事物，並解開我們周遭世界的神祕之處。

## 本書編排慣例

以下是本書所使用的排版體例：

斜體（*Italics*）

用以表示關鍵術語或觀念、URL 和檔案名稱。

定寬體（`Constant width`）

用於 Excel 函式和程式碼範例。

定寬斜體（`Constant width italic`）

用於應由使用者提供值的程式碼文字。

**粗黑字體（Black bold）**

代表文中的交叉參考。

你應該特別注意獨立於本文之外帶有這些圖示的註記：

這是技巧、建議或一般性註記。它包含了目前主題的實用
補充資訊。

可以在每個 hack 旁邊找到的溫度計圖示代表各個 hack 的相對複雜度：

## 對 Hack 有想法嗎？

要探索 Hacks 系列書籍或為未來的書籍貢獻 hack，請拜訪：
*http://hacks.oreilly.com*

# 目錄

# CHAPTER ONE

# 基礎知識

## Hacks 1–10

統計學家用來探索世界、回答疑問並解決問題的工具只有一小組，有所變化的是統計學家運用機率（probability）或常態分布（normal distribution）的知識在不同情境下幫助他們脫身的方式。本章呈現的就是這些基礎的 hack。

把對於某個分布（distribution）的已知資訊表達為一個機率 [Hack #1] 是統計駭客（stat-hackers）常用的基本技巧，而使用少量的樣本資料（sample data）來精確描述一個較大母體（population）中的所有分數 [Hack #2] 也是。計算機率 [Hack #3] 之基本法則的相關知識也很重要，而如果你想要做出基於統計的決策 [Hacks #4 和 #8]，你就得知道顯著性檢定（significance testing）背後的邏輯。

最小化你的猜測 [Hack #5] 和分數（scores）[Hack #6] 中的錯誤並正確地解讀你的資料 [Hack #7]，是能在各種情境下幫助你獲得最大效益的關鍵策略。而成功的統計駭客則能夠輕鬆地辨識出任何有組織的觀察集合或實驗性操作之結果真正代表的意義 [Hacks #9 和 #10]。

學會如何使用這些核心工具，那麼要學習並精通後續的 hack 就容易多了。

## HACK #1 得知大秘密

統計學家知道一件秘密的事情，讓他們看似比其他人都聰明。

統計學作為一門科學方法，其主要的目標是要讓我們能對樣本分數（samples of scores）做出機率陳述（probability statements）。深入這點之前，我們得先知道一些快速的定義才能順利進行下去，這除了幫助我們理解這個 hack 之外，也為其他的統計 hack 奠下根基。

樣本（*samples*）是你聚集在一起、能在你面前看到的一組數值，用以代表你無法收集而且看不到的一個較大的分數母體（*population of scores*）。因為這些值幾乎總是表示某個特性的存在或程度的數字，測量人員就稱這些值為分數（*scores*）。機率陳述（*probability statement*）是有關某個事件發生可能性的陳述。

機率是統計學的核心與靈魂。實際上，對於統計學家的一個常見的認知就是，他們主要是在計算我們感興趣的特定事件發生的確切可能性，例如贏得樂透或被閃電劈到。從歷史上來說，擁有工具得以計算骰子遊戲可能結果的那些人，也正是有工具能以少數幾個摘要性統計量（summary statistics）來描述一大群人的那些人。

因此，傳統上，統計學的課程都至少會花些時間在機率學的基本法則上，也就是用以計算可能結果（outcomes）的各種組合（combinations）或排列（permutations）之機率的那些方法。然而，統計學更常見的應用是使用敘述統計學（*descriptive statistics*）來描述一組分數，或使用推論統計學（*inferential statistics*）僅透過樣本分數中所包含的資訊來推測母體分數。在社會科學中，這些分數通常用來描述人或者發生在他們身上的事情。

所以，結果就是，研究和測量人員（最可能在真實世界中使用統計學的那些人）被要求處理的事情，通常不只限於計算感興趣的特定排列組合之發生機率。他們能夠應用廣泛多樣的統計程序來回答複雜程度不一的問題，而完全不需要去計算丟擲一對六面骰子並連續得到三個 7 的機率。

如果從頭開始的話，機率會是 .005 或 1% 的 1/2。如果你已經擲出兩個 7 了，你就會有 16.6% 的機率擲出那第三個 7。

## 大秘密

機率學對於統計學家所做的事情之所以很重要，關鍵是因為他們喜歡對於真實或理論性分布中的分數做出機率陳述。

分數的一個分布（*distribution*）是所有不同的值所成的一個列表，有的時候還會列出每個值各出現幾次。

舉例來說，如果你知道你修的一堂課上小考的分數分布中，有 25% 的學生得到了 10 分，那麼儘管不認識你也不知道你的任何事情，我還是可以說你有 25% 的機會是得到 10 分。我也可以說，你有 75% 的機會沒得到 10 分。我所做的只是把某些值的分布之已知資訊表達為一個機率陳述。這就是技巧所在。這是所有的統計學家都知道的密技。事實上，統計學家所做的，主要也只是這樣了！

統計學家把關於某些值的分布之已知資訊表達為機率陳述。這值得再說第二次（嚴格來說是第三次，因為我在五句話之前就說過一次了）。統計學家會收集關於某些值的分布之*已知資訊*（known information），並將那個資訊表達為一個機率陳述。

天啊！那我們不是都辦得到嗎？這會有多難呢？想像一下，原本是空的咖啡罐裡面有三顆彈珠。再想像你已經知道其中只有一個彈珠是藍色。此分布中就有三個值：一個藍色的彈珠，還有兩個其他顏色的彈珠，樣本大小總共是三。三個彈珠裡面有一個是藍色。哦，統計學家們，那麼在不去看的情況下，我從罐中取出第一個彈珠是藍色的機率是多少？三個裡面的一個或 1/3 或 33%。

持平來說，統計學家最常使用的值及其分布會比「咖啡罐中的彈珠」那種場景中的還要更抽象或複雜一點，而統計學家所做的，大部分也不是那麼顯而易見。舉例來說，應用社會科學的研究人員所產生的值通常用來代表數個人類群體的平均分數之間的差異，或者是表達兩個或更多組分數之間關係大小（size of the relationship）的一個指數（index）。不過其底層所進行的程序與咖啡罐範例所用的相同：參照感興趣的值的已知分布，並對那個值做出機率陳述。

當然，關鍵是要如何*知道*統計學家可能會感興趣的那各種類型的值之分布。我們要如何知道平均差（average differences）的分布，或是兩組變數之間關係大小的分布？幸好，過去的研究人員和數學家已經發展或發現了一些公式與定理、經驗法則、思維準則或假設，它們能為研究人員最常見的那些複雜的值之分布提供相關的知識。這些工作已經有人替我們做了。

## 一個比較小但更骯髒的秘密

統計學家用來把關於分數分布的已知資訊表達為機率陳述的大部分程序都有一些特定必須滿足的條件，條件滿足後機率陳述才會準確。這些假設中幾乎永遠都必須成立的是「一個樣本中的值是從分布中隨機（randomly）取出的」。

請注意到在咖啡罐的範例中我有說到「不去看」這件事。如果有隨機運氣之外的某些力量在引導抽樣過程,那麼所回報的關聯機率單純就會是錯的,而且最糟的是,我們無法知道它們錯誤的程度有多大。今日的應用心理學或教育研究所做的實驗,有很多(或許是絕大多數)抽樣出來的人並不是從感興趣的某些母體中隨機取出的。

舉例來說,心理學入門課程的學生在他們大部分的心理學研究中都會捏造出樣本,而教育研究人員經常會挑選住處附近的國小學生作為研究對象。這是社會科學研究人員都接受或忽略或擔心的一個問題,儘管如此,它顯示出了大多數社會科學研究的一個侷限。

## HACK #2 僅用兩個數字描述世界

本書中大多數的統計解法或工具之所以行得通,是因為你可以檢視樣本,並對較大的母體做出準確的推論。中央極限定理(Central Limit Theorem)則是用來調整這些工具的工具、最高的指導原則,也是能讓我們施展這些推論技巧的所有秘密之王。

統計學家會在你的目標是描述一組分數時提供問題的解答。有的時候你想要描述的整組分數就在你面前。用於這種任務的工具叫做*敘述統計學*(*descriptive statistics*)。更常遇到的是,你只能看到想要描述的那組分數的一部分,但你仍然想要描述那一整組分數。這種摘要式的做法被稱為*推論統計學*(*inferential statistics*)。在推論統計學中,整組分數中你能看到的那個部分就叫做一個*樣本*(*sample*),而你想要做出推論的那整組分數就是*母體*(*population*)。

稍微想一下你就會發現,要在沒有直接觀察到那些值的情況下,對母體的值做出任何有信心的描述,其實並不是很容易的事。藉由三個資訊,也就是兩個樣本值和對於母體中分數分布情況的一個假設,你就能有信心且準確地描述那些看不到的值。用來推導出那準確地可怕的描述的那組程序就統稱為*中央極限定理*(*Central Limit Theorem*)。

### 一些基本的統計知識

推論統計學通常會使用兩個值來描述母體,也就是*平均值*(*mean*)和*標準差*(*standard deviation*)。

**平均值。**描述一串樣本值的方法除了把它們全部列出之外，更簡單有效的是回報一組分數的某種公正摘要，而非列出每一個分數。這單一個數字就是要用來公正地代表所有的分數，以及它們的共通之處。結果就是，這單一個數字被稱作是一組分數的**集中趨勢**（*central tendency*）。

一般來說，基於幾個原因，集中趨勢最佳的度量方式就是**平均值** [Hack #21]。平均值是所有分數的算術平均（arithmetic average），計算的方法是加總一組分數中所有的值，然後將這個總數除以值的個數。就一組分數中所有的值來說，平均值所提供的資訊比其他的集中趨勢選項（例如回報位在中間的分數、最常出現的分數等等）都還要多。

事實上，從數學角度而言，平均值具備一個有趣的特性。它創造過程（加總所有分數並除以分數的數目）的副作用，是會產生與其他所有分數都盡可能接近的一個數字。平均值會比較接近某些分數，而離其他一些分數較遠，但如果你把那些距離加起來，你會得到最小的總和。不管是真實或想像的，不會有其他數字與一組分數中各個值之距離總和比平均值所產生的總距離還要小。

**標準差。**僅是知道一個分布的平均值還不夠。我們還得知道那些分數變異性（variability）的相關資訊。它們大多數是靠近半均值，還是遠離平均值？兩個非常不同的分布可能會有相同的平均值，差別只在它們的變異性。最常用來度量變異性的方法會對每個分數與平均值之間的距離做出摘要。

就跟平均值一樣，用到分布中每一個值的變異性度量方法會含有較多的資訊，**標準差**（*standard deviation*）就是做到這點的一種變異性度量方法。標準差是每個分數與平均值之間的平均距離。一個標準差會計算一個分布中的所有**距離**（*distances*），並將它們平均。這裡的「距離」指的是每個分數與平均值之間的距離。

另一個常用來總結一個分布中之變異性的值是**變異數**（*variance*）。變異數單純就是標準差的平方，在描繪出一個分布的樣貌這方面，它並不是特別有用，但若要比較不同的分布，它就能派上用場了。它經常被當作統計計算中的一個值使用，像是**獨立 *t* 檢定** [Hack #17] 中那樣。

標準差的公式看起來比實際上需要的還要複雜，因為距離的加總涉及了一些數學複雜性（平均值被用作分割點時，負的距離永遠都會消掉正的距離）。結果方程式就變成這樣：

$$\sqrt{\frac{\sum(x - \text{Mean})^2}{n-1}}$$

Mean：平均值

Σ 代表加總（sum up）。$x$ 代表每個分數，而 $n$ 代表分數的個數。

## 中央極限定理

中央極限定理相當簡短，但非常強大。來一窺真理吧：

> 如果你從一個母體隨機挑選多個樣本，那些樣本的平均值將會是常態分布（normally distributed）的。

伴隨這個定理的是幾個數學法則，用來準確估計這個樣本平均之想像分布的描述值：

- 這些平均值的平均值（真饒舌）會等於母體平均值（population mean）。單一個樣本的平均值很適合用來估計這個平均值的平均值。

- 這些平均值的標準差會等於樣本的標準差除以樣本大小 $n$ 的平方根：

$$\frac{\sigma}{\sqrt{n}}$$

這些數學法則會產生更準確的結果，而隨著樣本的大小變大，分布會越來越接近常態曲線（normal curve）。

30 或更多個樣本似乎就足以在應用中央極限定理時產生準確的結果。

## 所以呢？

好了，所以中央極限定理看起來似乎有點知識性的趣味，毫無疑問也能逗得統計學家笑呵呵，但這一切有什麼意義呢？我們要如何使用它來做出很酷的事情呢？

如同「得知大秘密」[Hack #1] 中討論過的，所有統計學家都知道的密技是如何把關於某些值的分布的已知資訊表達為機率陳述，藉此解決問題。關鍵當然就是如何知道統計學家感興趣的各類值的分布。我們要如何知道平均差的分布或是兩組變數之間某個關係大小的分布？中央極限定理就是答案。

舉例來說，要估計任何的兩個群組（groups）會在某個變數上差了特定的量的機率，我們就需要知道作為那些樣本來源的母體中的平均值分布。我們要如何在看不到那些平均值的母體，甚或那只是理論上存在的情況下去得知那個分布呢？靠的就是中央極限定理啊！從可能的相關係數有無限多個的一個母體中取出相關係數（correlations，兩個變數間某個關係強度的指數）來，我們要如何知道那些相關係數的分布呢？老兄，有聽過中央極限定理嗎？

因為我們知道沿著常態曲線 [Hack #23] 上各個值所佔的比例，而且中央極限定理告訴我們那些摘要值呈常態分布，我就能為每個統計結果放上機率。我可以使用這些機率來指出我的結論和決策的統計顯著性（statistical significance）層級（確定性的程度）。若沒有中央極限定理，我幾乎不可能對統計顯著性做出陳述，那樣的話，生命會多麼無趣又悲傷啊！

## 應用中央極限定理

要應用中央極限定理，得先從隨機取自一個母體的一個樣本值開始著手。譬如說，想像一下，我有一組八人新的幼童軍。我的工作是教他們結繩。讓我們假設這些小朋友在來向我尋求結繩指引的童軍中並不是最聰明的那群。

在我要求加薪之前，我想要判斷他們是否真的沒那麼聰明。我想要知道他們的 IQ。我知道母體的平均 IQ 是 100，但我注意到這組裡面沒有一個人的智商測驗分數超過 100。我預期應該至少要有些超過那個分數才是。這群人是從那個平均的母體挑出的嗎？或許我的樣本有點不尋常，不能代表所有的幼童軍。運用中央極限定理的一個統計方法會是詢問：

> 這個樣本所代表的母體之平均 IQ 有可能是 100 嗎？

如果我想要知道從中抽出這些童軍的母體相關資訊，我可以使用中央極限定理，相當準確地估計該母體的平均 IQ 及其標準差。我也能找出該母體平均 IQ 和我樣本平均 IQ 之間的差可能有多大。

我需要我的童軍的一些資料以釐清這些事情。表 1-1 應該提供了不錯的資訊。

表 1-1 童軍聰明程度

| 童軍 | IQ |
|------|-----|
| Jimmy | 100 |
| Perry | 95 |
| Clark | 90 |
| Lex | 92 |
| Neil | 85 |
| Billy | 88 |
| Greg | 93 |
| John | 91 |

這八個樣本 IQ 分數的敘述統計為：

- 平均 IQ = 91.75

- 標準差 = 4.53

所以，我知道在我的樣本中大多數的分數都位在 91.75 的 4½ IQ 點數之中。不過我最感興趣的是作為他們源頭的那個看不見的母體。中央極限定理能讓我估計母體的平均值、標準差，還有最重要的，樣本平均與母體平均可能差了多遠。

平均 *IQ*

我們的樣本平均就是我們最佳的估計值，所以母體的平均很可能接近 91.75。

母體中 *IQ* 分數的標準差

我們用來計算樣本標準差的公式就是特別設計來估算母體標準差用的，所以我們猜它是 4.53。

平均值的標準差

這就是我們真正感興趣的值。我們知道我們的樣本平均小於 100，但那會是碰巧的嗎？若是從該母體隨機選出，那麼八個人的一個樣本之平均會偏離母體平均多遠呢？該是時候使用這個 hack 前面提到的方程式了。將我們的樣本值輸入來產生平均值的標準差，這通常被稱為平均值的標準誤差（*standard error of the mean*）：

$$\frac{\sigma}{\sqrt{n}} = \frac{4.53}{\sqrt{8}} = \frac{4.53}{2.83} = 1.60$$

基於中央極限定理，我們知道八個童軍的大多數樣本都會產生在母體平均值 1.6 IQ 點數之間的平均值。因此，我們樣本平均值為 91.75 的樣本不太可能取自平均值為 100 的一個母體。平均值 93 的或許可能，或者 94，但不可能是 100。

因為我們知道這些平均值是常態分布的，所以可以使用對於**常態分布 [Hack #23]** 的形狀之了解來產生 91.75 的平均是來自平均值為 100 的一個母體之確切機率。這種情形發生的可能性比 100,000 次中出現 1 次還要小得多。看起來我的結繩學生很有可能會比正常還難教，我或許可以要求加錢了。

## 其他哪些地方也能用？

一個模糊版的中央極限定理指出：

> 受到很多隨機力量和不相關事件影響的資料最終會呈現常態分布。

我們所測量的東西幾乎都是這樣，我們可以應用這種常態分布的特性來對最常見和最不明顯的概念做出機率陳述。

我們甚至尚未討論到中央極限定理最強大的含意。從一個母體隨機抽取的平均值將會呈常態分布，**不管母體的形狀為何**。請思考一下這一點。即使你從中抽取樣本值的母體並非常態，甚至是常態的反面（例如我的叔叔 Frank），你所抽出的平均都仍然會是常態分布。

這是宇宙相當令人驚訝又很方便的特性。不管我試著描述的母體是常態或非常態、是在地球或火星上，這個技巧都依然適用。

## HACK #3　找出機率

我會贏得樂透嗎？我會在同一天被閃電劈到又被巴士撞到嗎？在 NCAA 巡迴賽中，我的籃球隊會很早就遇到我們可憎的對手嗎？判斷某件事發生的可能性並回答像這樣的問題正是統計學的核心所在。計算機率的基本法則能讓統計學家預測未來。

本書充滿了能用很酷的統計技巧解決的有趣問題。雖然在這些 hack 中所呈現的所有工具都是在不同情境中以不同方式應用的，這些聰明的解法中所使用的許多程序之所以行得通，都是因為有一組共通的核心元素存在：**機率的法則**（*the rules of probability*）。

這些法則是關於機率運作方式和應該如何計算機率的一組簡單、確立的關鍵事實。把這兩個基本的法則想像成初學者工具箱裡面的一組工具,就像槌子和螺絲起子,它們大概就足以解決多數的問題:

加法法則(*Additive rule*)

> 數個獨立事件(independent events)中任何一個發生的機率就是每個事件的機率之總和(*sum*)。

乘法法則(*Multiplicative rule*)

> 一連串的獨立事件全都發生的機率就是每個事件的機率之乘積(*product*)。

這兩個工具就足以回答你日常生活中大多數的「機會有多少?」問題。

## 關於未來的問題

當統計學家說了像「10 次之中有 1 次的發生機率」這樣的東西,她就是對未來做出了預測。這可能是有關一連串永遠不會被測試的事件的假想陳述,或者這可能是有關什麼事情即將發生的一個真實陳述。不管是哪個,她都是對一個結果的可能性做出統計陳述,幾乎所有的統計學家都是這樣說話的 **[Hack #1]**。

> 如果下列的陳述對你來說有某些<u>直覺</u>意義存在,那麼你就具備了成為統計駭客必要的所有能力:「如果可能發生的事情有 10 件,而所有的 10 件事情都同樣可能發生,那麼那些事情中的任何一件都有十分之一的發生機率」。

當然,研究中滿是需要使用統計來回答的問題,而機率法則也適用,但在實驗室之外,這個世界有很多問題都比那些愚蠢又古老的科學問題(例如骰子遊戲)還要來得重要。想像你是兼職的賭徒,而你的寶貝需要一雙新的鞋子之類的東西,那麼你下一次擲出骰子所出現的值就決定了你的未來。你或許就會想要知道擲出那骰子的各種結果的可能性。你應該會想要非常精確地知道那些可能性!

只要使用你帶有兩件工具的機率工具箱,你就能回答你最有可能詢問的三種最重要的機率問題。你的問題大概會落入這三種類型其中之一:

- 你感興趣的特定單一結果接著發生的可能性有多少？例如下次擲骰子出現 7 的機率。

- 一組感興趣的結果中任一個接著發生的可能性有多少？例如下次出現的會是 7 還是 11 ？

- 一連串的結果發生的可能性有多少？舉例來說，真的有可能擲一對公正的骰子一整晚，結果都沒出現 7（我真的是指從 *未* 出現！）嗎？我的意思是，真的可能嗎？**有可能嗎？！**

---

### 機率學術語

在我們談論機率以及如何決定它們之前，我們得先學會如何像統計學家那樣說話。還記得「10 次之中有 1 次的發生機率」那個陳述嗎？這裡是回答「機率有多少？」這種問題的三種方式：

**以百分比（*percentage*）回答**

　　10 次中有 1 次可被表達為 10%（百分之十）。

**以勝算（*odds*）回答**

　　10 次中有 1 次這種情況的勝算是 9 對 1，也就是九次輸的機會相對於一次贏的機會。

**以比例（*proportion*）回答**

　　10% 可被表示為 0.10。嚴格來說，機率（*probabilities*）應該表達為比例，不然就應該使用其他稱呼。

---

## 一個特定結果的可能性

當你感興趣的是某件事情是否可能發生，那個「某件事情」就可以被稱作 **獲勝事件**（*winning event*，如果你談的是遊戲的話）或只是一個感興趣的結果（*outcome of interest*，如果你說的是遊戲以外的東西）。機率學中，主要的原則就是你會把感興趣的結果數除以總結果數。結果的總數有時會被符號化為 $S$（代表集合，set），而感興趣的所有不同結果數則符號化為 $A$（因為它是字母表中第一個字母，我猜的啦，我是誰？數學家嗎？）。

因此，這裡就是機率學的基本方程式：

$$\frac{A}{S}$$

找出任何特定結果或事件的機率不過就是計算那些結果的數目、計算所有可能結果的數目，然後比較兩者。若是可能結果的數目很小，或是獲勝結果的描述很簡單，僅涉及單一個事件，那這在大多數情況下都很容易達成。

要回答典型的擲骰子問題，判斷任何特定的值在下次擲骰子時出現的機率，我們可以計算兩個六面骰子加起來是感興趣的值的可能組合數，然後把那個數字除以可能結果的總數。兩個六面的骰子共有 36 種可能的情況。

舉例來說，擲出一個 7（我往前偷看了一下**表 1-2**）有六種方式，而 6/36 = .167，所以單次擲骰得到 7 的百分比機率大約是 17%。

 要計算兩個骰子擲出的可能結果總數，方法是把每個骰子的總面數相乘：6×6 = 36。

## 一組結果的可能性

如果你感興趣的是一組特定的結果中的任何一個是否會出現，而且你不在意是哪一個，那麼依據加法法則，找出你要的總機率的方法就是把所有的個別機率都加在一起。要回答我們的骰子問題，**表 1-2** 從「骰出好運」**[Hack #43]** 那裡借來了一些資訊，以比例方式來表達擲骰子的各種結果。

表 1-2　獨立的擲骰結果之機率

| 擲出 | 結果數 | 機率 |
|------|--------|------|
| 2 | 1 | 0.028 |
| 3 | 2 | 0.056 |
| 4 | 3 | 0.083 |
| 5 | 4 | 0.111 |
| 6 | 5 | 0.139 |
| 7 | 6 | 0.167 |
| 8 | 5 | 0.139 |
| 9 | 4 | 0.111 |
| 10 | 3 | 0.083 |

| 擲出 | 結果數 | 機率 |
|------|--------|------|
| 11 | 2 | 0.056 |
| 12 | 1 | 0.028 |
| 總計 | 36 | 1.0 |

表 1-2 為各種結果提供了資訊。舉例來說，擲出 3 有兩種不同方式。兩個獲勝結果除以總計為 36 個不同的可能結果，所產生的比例是 .056。因此，使用兩個骰子的情況下，大約有 6% 的時間你會擲出一個 3。也請注意到每個可能事件的機率加總起來剛好是 1.0。

讓我們應用加法法則來看看必須取得數種不同擲骰結果其中任何一個才獲勝的機率。譬如說，你要擲出 10、11 或 12 其中之一才會獲勝，那麼把那三個個別的機率加起來：

$$.083 + .056 + .028 = .167$$

擲出 10、11 或 12 而獲勝的機率大約是 17%。這裡用的是加法法則是因為你所感興趣的是數個獨立（*independent*）事件之中任何一個是否會發生。

## 一連串結果的可能性

如果你想問的機率問題是關於多個獨立事件是否會發生，那該怎麼辦？這種問題通常會在你想要知道特定的一系列事件是否會發生時出現。事件的順序通常不重要。

使用表 1-2 中的資料，以及前面例子中相同的三個感興趣的值（10、11 與 12），我們就能找出一連串特定事件發生的機率。給定一系列連續的三次擲骰，你會以一個 10、一個 11 以及一個 12 獲勝的機率是多少呢？在乘法法則之下，我們會把那三個個別的機率乘起來：

$$.083 \times .056 \times .028 = .00013$$

這個非常特定的結果非常不可能發生，它發生的機率小於 .1%，或 1% 時間的 1/10。在此之所以使用乘法法則，是因為你所感興趣的是數個獨立事件是否全部（*all*）會發生。

## 機率代表的意義

這個 hack 談論的是作為某些事情發生可能性（likelihood）的機率（probability）。既然我把分析可能的結果作為我們討論的情境，這就是思考機率的一種適當方式。在花了很多時間思考機遇（chance）和未來，以及午餐要吃什麼這些概念的哲學家與社會科學家之間，有兩種不同的機率觀點。

**分析觀點**（analytic view）。這種傳統的機率觀點是數學家的觀點，也是這個 hack 中所採用的觀點。這種分析觀點會識別出所有可能的結果，並產生獲勝結果相對於所有可能結果的比例，這個比例就是機率。

我們以機率陳述來預測未來，而預測的準確度不太可能得到檢驗。這就好像氣象播報員指出下雨機率為 60%，但如果沒下雨，我們就不公平地說那個預報是錯的，然而我們並沒有真的去檢驗那個機率陳述的準確度。

**相對次數觀點**（relative frequency view）。在這另一個觀點的框架之下，事件機率的判定方式是收集資料並檢視實際上發生了什麼，以及有多常發生。如果我們擲一對骰子一千次，並發現大約有 17% 的時間會出現 10、11 或 12，我們就會說擲出那些值其中之一的機率大概是 17%。

我們的陳述其實關於的是過去，而非對於未來的預測。你可能會假設過去的事件能讓我們對於未來有個不錯的認知，但誰又能確切知道呢？（我們之中抱持機率分析觀點的那些人能夠肯定。這裡的誰就是他們。）

### HACK #4　反駁虛無
實驗科學家取得進展的方式是做出他們確信不正確的猜測。

科學是由目標驅動的過程，而目標就是建構出關於世界的知識體系。這個知識體系的結構為一長串的科學定律、法則與理論，告訴我們事物運作的方式，以及它們是什麼。實驗科學透過一組叫做假設檢定（*hypothesis testing*）的邏輯步驟來引進新的定律和理論，並檢驗它們。

## 假設檢定

一個假設（*hypothesis*）是關於世界的一個猜想（guess），它是可以測試（testable）的。舉例來說，我可能會假設說洗我的車會導致下雨，或是進入浴缸會使得電話響起。在這些假設中，我所提出的是洗車與下雨、或洗澡與電話之間的一種關係。

要看這些假設是否為真，一種合理的方式是觀測假設中的變數（為了聽起來像統計學家，我們稱這為收集資料），然後看看某個關係是否明顯。如果資料指出我所感興趣的變數之間有種關係存在，我的假設就得到支持，而我就能合理地繼續相信我的猜測是正確的。如果資料中沒有出現明顯的關係，那我就應該明智地懷疑我假設的真確性，甚至乾脆推翻它。

科學家收集資料來檢定假說時，會有四種可能的結果。表 1-3 為這個決策過程顯示了可能的結果。

表 1-3　研究假設檢定的可能結果

|  | 假設是正確的：<br>世界真的就是如此 | 假說是錯的：<br>世界實際上不是這樣 |
|---|---|---|
| 資料確實支持假設：<br>接受假設 | A. 正確決策：科學有所進展。 | B. 錯誤決策：科學被阻礙了！ |
| 資料並不支持假設：<br>駁回假設 | C. 錯誤決策：見鬼，又失敗了！ | D. 正確決策：科學有所進展。 |

結果 A 和 D 會為科學的知識體系增添新知。雖然 A 比較可能逗得研究科學家樂開懷，D 也是不錯的。不過結果 B 和 C 則是錯誤，代表著只會混淆我們對於世界了解的錯誤信息。

## 統計的假設檢定

假設檢定的過程對你來說或許有幾分道理，它是對於這個世界和其中的人們獲取正確結論的一種相當直覺的辦法。人們無時無刻都在以非正式的方式進行這種假設檢定，以找出事物的意義。

統計學家也會測試假說，但他們假說的類型非常特定。首先，他們有的資料是取自一個真實或理論性母體的一組樣本值，而他們想要達成關於此母體的結論。因此，他們的假設都是關於母體的。其次，他們的假說通常是關於感興趣的母體中某些變數間的某種關係是否存在。一般統計學家的研究假設（research hypothesis）看起來會像這樣：在感興趣的母體中，變數 X 和變數 Y 之間有一種關係存在。

不同於研究假說檢定，在統計假說檢定中，統計學家在假說檢定過程最後做出的機率陳述與那個研究假設為真的可能性無關。統計學家產生的機遇陳述關於的是研究假設為假（false）的可能性。在技術上更精確一點，統計學家所做的陳述關於的是，與研究假設相反的一個假設是否可能是正確的。這個相反的假設（opposite hypothesis）通常是指出變數間沒有關

係的一個假設，而被稱為**虛無假設**（*null hypothesis*）。一般統計學家的虛無假設看起來像這樣：在感興趣的母體中，變數 X 和變數 Y 之間沒有關係。

研究和虛無假設涵蓋了所有的可能性。變數間要不是**有**關係，就是**沒有**關係。基本上，當我們必須從這兩種假說中擇一挑選時，只要做出的結論是其中一個為假，自然就會為另一個提供支持。所以邏輯上這個做法就會跟前面所說的，人類每天都會用到的那種更直覺的做法一樣可靠。研究人員進行虛無假設檢定的偏好結果與**表 1-3** 中所呈現的通用假設檢定做法稍有不同。

如**表 1-4** 所示，統計學家通常都會希望反駁他們的假設。統計研究者確認他們研究假設、取得研究資金、獲得諾貝爾獎，並讓臉孔出現在郵票上作為獎賞的方式正是駁回虛無假設。

表 1-4　虛無假設檢定的可能結果

| | 虛無假設是正確的：<br>母體中沒有關係存在 | 虛無假設是錯的：<br>母體中有某種關係存在 |
|---|---|---|
| 資料支持虛無假設：<br>無法反駁虛無假設 | A. 正確決策：科學有所進展。 | B. 錯誤決策：科學被阻礙了！ |
| 資料不支持虛無假設：<br>反駁虛無假設 | C. 錯誤決策：見鬼，又失敗了！ | D. 正確決策：科學有所進展。 |

雖然結果 A 仍然 OK（就科學來說），現在能夠取悅研究人員的則是結果 D，因為它支持的是他們對於世界的真實猜想，也就是他們的研究假設。結果 B 和 C 仍然是妨礙科學進展的錯誤。

## 這為何行得通？

統計學家測試虛無假設，也就是他們希望找到的事情的反面猜想，是為了幾個因素。首先，要證明某件事情是真的，是非常非常困難的，特別是在該假設涉及了某個特定的值之時，就像統計研究經常出現的那樣。證明一個精確的猜想是錯的，比證明一個精確的猜想是真的，要容易多了。我無法證明我 29 歲，但要證明我不是則相當容易。

證明某個母體值（population value）的任何特定估計不太可能是正確的，也相對容易。統計中大多數的虛無假設都是指出某個母體值為零（例如在感興趣的母體中，X 與 Y 之間沒有關係），而要反駁虛無假設，所要的只是證明**不管**那個母體值為何，它大概都不是零。對於研究者之假設的支持一般來自單純地顯示該母體值大於零，而不用具體指出那個母體值到底是什麼。

> 對專業統計學家來說真是個好處，對吧？統計學家要做的只是告訴你，你的答案是錯的，而非告訴你正確答案是什麼！

即使不使用數字作為例子，科學哲學家長久以來也一直宣稱，推進科學的最好方式，正是提出假設，然後試著證明它們是錯的。就良好的科學而言，可否證（*falsifiable*）的假設是最好的一種假設。

實行統計分析的習慣是這樣：提出與研究假設相反的一個虛無假設，然後看看你有沒有辦法反駁那個虛無假設。20 世紀早期最偉大的統計學家 R. A.Fisher 提出了這種做法，從此就成為慣例。不過仍有其他方法存在。有許多現代的統計學家就指出，我們應該專注在為那些感興趣的母體值（例如變數間關係的大小）產生最佳的估計值，而非把焦點放在證明那個關係的大小是某個未指明但不等於零的數字。

## 增大以變小
### HACK #5
縮小你的抽樣誤差（sampling error）最好的辦法是增加你的樣本大小（sample size）。

研究人員把玩的是樣本而非整個母體時，他們註定會犯些錯誤。因為推論統計學的基本技巧就是測量樣本，然後使用那個結果來對母體做出猜測 **[Hack #2]**，我們知道我們對於那些母體中的值的猜測，永遠都會有一些誤差存在。好消息是，我們也知道如何使得那些誤差盡可能地小。解決方式就是變大。

用於賭博情境的一個早期原理是由 Jakob Bernoulli（在 1713 年）所提出，他稱他的原理為黃金定理（*Golden Theorem*）。之後其他人（從 1837 年的 Siméon-Denis Poisson 開始）為它取了另一個名稱：大數法則（*Law of Large Numbers*）。這可能是統計史上最實用的單一發現，並為所有的研究人員提供了這個關鍵的一般性建議的基礎：增加你的樣本大小（*sample size*）！

> 應用統計科學的早期歷史（我們指的是 17 與 18 世紀）是以賭博與機率的語言作為架構。這可能是因為這給了那時的紳士學者一個藉口來結合他們的知識追求與本質上沒那麼知性的追求。當然，機率法則是統計程序與推論名正言順的數學基礎，所以也可能是賭博這種應用單純被當作那些核心統計概念最佳的教學範例。

## 大數法則

這個法則的一個應用源自於它對機率和出現次數的影響。這個法則所包含的一個後果是,由機率決定的預測結果的準確度之增益是一個固定的量,也就是說,準確度的增加量是已知的。一個特定結果之機率與你觀測到的出現次數之實際比例之間的預期距離,會隨著試驗次數的增加而減少,而預測值與觀測值之間的這個預期的差距之確切大小是可以被計算出來的。這個預期差距的通稱為**標準誤差(standard error)**[Hack #18]。

一個結果的理論機率與它實際發生的次數比例之間的差異大小正比於:

$$\frac{1}{\sqrt{\text{Sample Size}}}$$

Sample Size:樣本大小

你可以把這個公式想成是大數法則的數學表述。在機率與結果的情境中討論到準確度時,這個樣本大小指的是試驗的次數(number of trials)。在樣本平均和母體平均的情境下做討論時,樣本大小就是樣本中人(或隨機觀測)的數目。

## 增進準確度

受這個法則影響的特定值取決於所用的測量尺度(scale of measurement)以及給定樣本中變異性(variability)的大小。然而,我們可以藉由改變樣本的大小來對準確度的改善程度或增益有些掌握。**表 1-5** 顯示推論統計準確度的比例增益,闡明了這個法則。

表 1-5　增加樣本大小的效應

| 樣本大小 | 誤差大小的相對遞減程度 | 意義 |
|---|---|---|
| 1 | 1 | 誤差等於母體中變數的標準差。 |
| 10 | 3.16 | 誤差大約是之前大小的三分之一。改用 10 個觀測值而非 1 個,就大大增加了我們的準確度。 |
| 30 | 5.48 | 從 1 增加到 30 人會大幅改善準確度。即使是從 10 跳到 30 也會有幫助。 |
| 100 | 10 | 100 人的樣本所產生的估計值更加靠近母體值(或預期的機率)。樣本中有 100 個人時,誤差的大小只有標準差的 1/10。 |
| 1,000 | 31.62 | 以這麼多的觀測值做出估計,會非常的精確。 |

## 這為何行得通？

讓我們從幾個不同的角度來看待這個重要的統計原理。我會以三種不同的
途徑來描述這個法則，先從賭徒的考量開始，再移往誤差的議題，最後以
這對收集代表性樣本的影響做結。這裡描述的都是同一個法則，只是切入
觀點不同。

**賭博。**若在單一次試驗中，某個事件有一個特定的發生機率，那麼執行無
限次的試驗時，該事件出現的次數比例會等於那個機率。隨著試驗的次數
接近無限大，出現的比例也會接近那個機率。

**誤差。**如果一個樣本有無限大，那麼該樣本的統計值就會等於母體的參
數。舉例來說，樣本平均與母體平均之間的差距會隨著樣本大小接近無限
大而遞減。估計母體值的誤差會在觀測值的數目增加時，不停縮小而靠
近零。

**影響。**對於作為抽樣來源的母體而言，包含許多人的樣本比起包含較少人
的樣本更具代表性。樣本所代表的母體中重要的特性之數目會隨著樣本大
小變大而遞增，就跟它們估計值的準確度一樣。

> 大數法則的這些描述只會在出現或採樣都是隨機
> （*randomly*）的情況下成立。

除了為標準誤差的計算提供基礎外，大數法則也會影響到其他的核心統計
議題，例如統計檢定力（**power**）[Hack #8] 和在你不應該那麼做時駁回虛
無假設 [Hack #4] 的可能性。Jakob Bernoulli 的賭友們可能會對他的黃金定
理最感興趣，因為他們可以藉此大略了解要擲多少次骰子，出現 7 的比例
才會接近 .166 或 16.6%，並據以做出一些可靠的財務規劃。

不過，在過去的 300 年間，所有的社會科學都曾運用這個優雅的工具來
估計我們看得見的某些東西描述我們看不見的某些東西的準確度有多高。
Jake，謝啦！

## 也請參閱

• 「找出你實際上錯了多少」[Hack #18]。

**精確測量**

古典測驗理論（classical test theory）能為任何測驗中組合起來產生一個分
數的那些要素做出不錯的分析。這個理論有一個實用的意義是，測驗分數
的精準度可以被估計並回報。

一個良好的教育或心理測驗所產生的分數會是有效（*valid*）且可靠
（*reliable*）的。有效性（validity）是一個測驗的分數代表想要測量的特
徵的程度，以及該測驗對於其預設目標的有用程度。要展示有效性，你
必須提出證據和理論來支持測驗分數的解讀方式（interpretations）是正確
的。

可靠性（reliability）是一個測驗用來重複測量同一個人時，一致地產生相
同分數的程度。要展示可靠性，你得收集代表那些重複測驗的資料，並對
它們做出統計分析。

## 古典測驗理論

古典測驗理論（*classical test theory*），或稱可靠性理論（*reliability
theory*），會仔細檢視一個測驗分數的概念。想想你在某個測驗中觀測到
的分數（你所得到的分數）。古典測驗理論將分數定義為由兩個部分構
成，提出這個理論方程式：

Observed Score = True Score + Error Score

Observed Score：觀測到的分數　True Score：真實分數　Error Score：誤差分數

這方程式由下列元素構成：

觀測到的分數

你在一個測驗上實際回報的分數。這通常等於正確回答的題目數，或
更廣義地說，在測驗上獲得到的點數。

真實分數

你應該得到的分數，但這並非你應得（*deserve*）的分數，也不是最
有效的分數。真實分數（*true score*）的定義是你接受了相同的測驗
無限次之後，你會得到的平均分數。請注意，這個定義意味著真實分
數代表的只是平均表現，可能沒有反映出該測驗想要測量的特徵。換
句話說，一個測驗可能產出真實分數，但不是有效的分數。

誤差分數

你觀測到的分數與你真實分數的差距。

在這個理論之下，我們假設任何測驗的表現都會受到隨機誤差的影響。在社會研究的小考上，你可能會猜到某個題目的正確答案，但你實際上並不知道答案為何。在這種情況中，隨機誤差幫了你的忙。

 請注意到即使它增加了你的分數，這仍然是一種測量「誤差」。

你的早餐可能吃了一個壞掉的蛋，結果讓你甚至沒注意到求職考試中最後的一組題目。在此，隨機誤差就傷害了你。這些誤差被視為隨機的，因為它們不是系統化的，而且它們與該測驗希望測量的特徵也不相關。這些錯誤被視為誤差，是因為它們將你的真實分數改為其他分數。

若測驗很多次，這些隨機誤差應該有的時候會增加你的分數，而有時會降低你的分數，但整體而言，這些誤差應該彼此平衡。在古典測驗理論之下，可靠性（reliability）[Hack #31] 是測驗分數偶爾隨機波動的程度。我們通常會藉由查看測驗中題目的相關係數（correlations）來計算出一個代表可靠性的數字。這個指數的範圍是 0.0 到 1.0，其中 1.0 代表一組完全沒有隨機錯誤的分數。這個指數越靠近 1.0，分數的隨機波動就越少。

## 測量的標準誤差

雖然在整個測驗情境中，隨機誤差應該彼此抵消，不完美的可靠性仍會是個問題，這當然是因為決策所依據的幾乎總是單次施行的考試所得到的分數。舉例來說，如果你剛因為旁邊的人擦了令人分心的古龍水而搞砸了 SAT 考試，那麼知道長遠來說，你的表現將反映出你的真實分數對你並沒有任何好處。

測量專家發展了一個公式，能夠計算出一個範圍的分數，而你真正的表現水平就落在其中。這個公式用到一個叫做測量標準誤差（standard error of measurement）的值。在測驗分數的一個母體中，測量的標準誤差就是每個人被觀測到的分數與那個人的真實分數之間距離的平均值。它的估計用到了關於測驗可靠性的資訊，以及觀測到的那組分數中的變異性，如那些分數的標準差 [Hack #2] 所反映出來的。

測量標準誤差的公式為：

$$\text{Standard Error} = \text{Standard Deviation}\sqrt{1 - \text{Reliability}}$$

Standard Error：標準誤差　　Standard Deviation：標準差　　Reliability：可靠性

這裡有如何使用此公式的一個範例。GRE（Graduate Record Exam）測驗提供許多研究所要求的分數，以幫助學生做出申請入學的決定。GRE Verbal Reasoning（語文推理）測驗的分數範圍是從 200 到 800，平均大約 500（近幾年實際上比那少一點），而標準差為 100。

這個測驗之分數的可靠性估計值一般大約是 .92，這顯示出非常高的可靠性。若你在這個考試得到了 520 的分數，那麼恭喜你，你表現得比平均好。520 就是你的觀測分數，不過你的表現會受到隨機誤差的影響。520 與你的真實分數有多接近？使用測量之標準誤差的公式，我們的計算看起來會像這樣：

1. 1 − .92 = .08

2. .08 的平方根是 .28

3. 100×.28 = 28

GRE 測量標準誤差大約是 28 點，若你參加這個測驗很多次而得出一個平均分數，那你的分數 520 最有可能是在這個平均值的 28 點的範圍內。

## 建構信賴區間

「最有可能在真實分數的一個測量標準誤差之間」代表什麼意思呢？測量統計學家都接受的是，一個觀測到的分數會有 68% 的機會落在真實分數的一個測量標準誤差之間。然而，應用統計學家想要的確信度高於 68%，對於觀測到的分數，通常他們回報的分數範圍會有 95% 的機率包含真實的分數。

對於「所回報的分數範圍含有某個人的真實分數」要有 95% 的確信度，那麼我們所回報的範圍應該是加減大約**兩個**測量標準誤差而得。**圖 1-1** 顯示出 GRE 語文測驗 520 分的信賴區間（confidence intervals）看起來是怎樣。

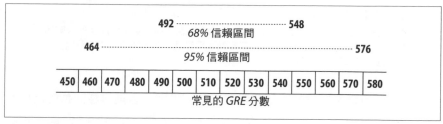

圖 1-1　GRE 520 分的信賴區間

## 為何這行得通？

使用測量標準誤差建構信賴區間的程序所依據的假設是「誤差（或誤差分數）是隨機的，而且這些隨機誤差是常態分布的」。遍布人類特徵世界的**常態曲線 [Hack #25]** 也同樣出現在這，而它的形狀是眾所周知且有精確定義的。這個精確性讓我們能夠計算準確的信賴區間。

測量標準誤差（standard error of measurement）是一種標準差（standard deviation）。在此，它是相對於真實分數的誤差分數之標準差。在常態曲線之下，68% 的值位在平均的一個標準差之間，而 95% 的分數位在大約兩個標準差之間（更精確地說，是 1.96 個標準差）。就是這組已知的機率讓測量人員能夠談論 95% 或 68% 的信賴水平。

## 這所代表的意義

知道一個測驗分數的 95% 信賴區間有什麼用呢？如果你是要求該種測驗並用它來做出決定的人，你就能藉此判斷應試者是否有達到你設作成功標準的表現水平範圍內。

如果你是應試者，那麼你就能確信你的真實分數落在一個特定的範圍內。這可能會鼓勵你再次進行測驗，因為你可以合理地預期單憑機率你能夠表現得多好。如果你的 GRE 分數是 520，那麼你就能 95% 確定若你立即再考一次，你的新分數有可能高到 576 分。當然，下一次測驗這也可能掉落到 464 分那麼低。

HACK
#7

# 測量水平

四種測量水平（levels of measurement）決定了在測量中所產生的分數可以如何被使用。如果你沒有在正確的水平量測，你可能無法依照你想要的方式來把玩那些分數。

統計程序分析數字。當然，這些數字必須有意義，否則這種活動就沒什麼價值可言。統計學家把具有意義的數字稱為**分數**（*scores*）。然而，統計中所用到的分數並非全部都是平等的。分數中所帶有的資訊量有所不同，取決於創造那些數字所依循的規則。

當你決定測量某些東西，你必須挑選規則，並依據所選的規則非常小心地指定分數。**測量水平**（*level of measurement*）決定了何種統計分析是恰當的、哪些行得通，以及哪些會有意義。

測量（*measurement*）是依據某些意義把數字指定給事物的活動。這些東西可以是實際存在的物體，像是岩石，也能是抽象概念，例如聰明才智。

這裡有個例子能說明為什麼我會說「並非所有的分數都生而平等」。想像一下你的五個孩子參加了一項拼字測驗。Chuck 得到了 90 分、Dick 和 Jan 得到 80 分、Bob 得到 75 分，而 Don 在滿分 100 的情況下只得到 50 分。如果有朋友問你的小孩考試成績如何，你可能會說他們平均得了 75 分。這是個合理的總結。現在，想像你的五個小孩彼此賽跑。Bob 跑了第一、Jan 第二、Dick 第三，Chuck 第四，而 Don 第五。你那愛打聽別人事情的朋友再次問你他們的表現如何。帶著驕傲的微笑，你回答說他們平均第三名。這就不是那麼合理的摘要了，因為沒有提供任何資訊。不過在這兩種情況中，分數都是用來顯示表現得如何，差異僅在於所用的測量水平。

測量水平（levels of measurement）有四種，也就是數字被用作分數的四種方式。這些水平的差異在於所提供的資訊量，以及能在其上有意義進行的數學和統計分析種類。這四種測量水平為**名目**（*nominal*）、**順序**（*ordinal*）、**等距**（*interval*）和**等比**（*ratio*）。

## 使用數字作為標籤（Labels）

若你只是用數字來指出某些東西屬於不同的群組，那就以**名目水平**（*nominal* level）來測量。測量的名目水平把數字當成**名稱**（*names*）使用：各種類別的標籤（*nominal* 代表的是「只在名稱中」）。

舉例來說，收集男人與女人相關資料的科學家使用 1 來代表男性受試者，而 2 代表女性受試者，就是在名目水平使用這些數字。請注意到儘管數字 2 在數學上大於數字 1，但這個資料集（data set）中的一個 2 並不代表較多的任何東西，它只被當作一個名稱使用。

## 使用數字來顯示順序

若你分析分數的方式是要量測表現作為某種順序或等級的證據，那麼就在順序水平（*ordinal* level）進行測量。順序測量提供名目水平能提供的所有資訊，還多了關於分數順序的資訊。值較大的數字能與值較低的數字做比較，而不管被量測的是人或水獺或其他東西，都可被放入一種有意義的順序之中。

例如你高中班上的排名，畢業生代表通常就是在比較平均成績點數之後得到分數 1 的人。請注意，你可以將分數互相比較，但對於分數之間的距離你一無所知。在賽跑中，第一名抵達的可能僅領先第二名的跑者一秒鐘，然而第二名跑者可能比第三名的跑者快了 30 秒。

## 使用數字來顯示距離

等距水平（*interval* level）使用數字的方式提供了前面水平的所有資訊，還加上精準的元素。這種測量水平所產生的分數可被解讀為任兩個相鄰的分數之間會有相等的差距。

舉例來說，在一個華氏溫度計上，70 度和 69 度之間的有意義的差，也就是 1 度，等於 32 度和 31 度之間的差。那一度被假設為是等量的熱（或者是溫度計中的液體壓力），而不管該間距（interval）出現在刻度上的哪個地方。

等距水平提供的資訊比順序水平多很多，而且你現在可以對分數進行有意義的平均。大多數的教育和心理學測量都使用等距水平。

雖然等距水平看似好像解決了我們關於「什麼可以用統計處理，什麼不行」的所有問題，但這個水平仍有一些數學運算是沒有意義的。舉例來說，我們不使用比值（fractions）或比率（proportions）來進行比較。想看看我們談論溫度的方式。若有一天是 80 度而隔天是 40 度，我們不會說「今天是昨天的一半熱」。我們也不會說 IQ 120 的學生比 IQ 90 的學生「多聰明了三分之一」。

*interval*（間隔）這個詞是源自古代城堡建築的一個專業術語。你知道弓箭手駐守的那些高聳的塔樓或炮塔嗎？其圓頂周圍通常會有防護石所構成的一種模式：一塊防護石，然後是一個射箭的間隙，接著是另一塊防護石，依此類推。這些間隙（gaps）被稱為 intervals（「between walls」，即「牆之間」），設計得最好的防禦模式會讓石頭和空洞以相等的間隔提供 360 度的保護。

## 使用數字以具體的方式進行計數

最高層級的測量水平，也就是*等比*（*ratio*），提供了較低水平的所有資訊，並且還允許比例式的比較，也能產生百分比（percentages）。等比水平測量其實正是我們觀測並計量自然世界最常使用也最直覺的方式。當我們計數（count）時，用的就是等比水平。你鄰居的門廊上有多少隻狗？答案就位於等比水平。

等比水平測量提供了很多資訊，並且能讓我們進行所有可能的統計操作，因為等比標尺（ratio scales）使用*真正的零*（*true zero*）。真正的零代表的是一個人在標尺上得到的分數可以是 0，而且真的完全沒有被量測的特徵。譬如說，雖然華氏溫度計的刻度上確實有個零，但零度的一天並不代表完全沒有熱能。在等距標尺（interval scales）上，例如我們的溫度計範例，分數可以是負數，但在等比測量水平中，並沒有負數存在。

## 選擇你的測量水平

你適合哪個測量水平呢？因為等距水平以上所帶來的好處，大多數的社會科學家都喜歡在等距或等比水平上測量。在等距水平中，你可以安全地產生敘述統計量，並進行推論統計的分析，例如 *t* 檢定、變異數的分析，以及相關係數分析。表 1-6 總結了每個測量水平的強項與弱點。

表 1-6　測量的水平

| 測量的水平 | 強項 | 弱點 |
| --- | --- | --- |
| 名目 | 描述類別資料（categorical data）。 | 數字不代表量值（quantity）。 |
| 順序 | 允許分數之間的比較。 | 很難做出分數摘要。 |
| 等距 | 大多數統計分析都可行。 | 無法進行比例式比較。 |
| 等比 | 真零（true zero）允許我們進行所有可能的統計分析。 | 某些感興趣的變數沒有真正的零。 |

要為別人所建立的資料挑選正確的統計分析，就要先識別出所用的測量水平，並利用它的強項。如果資料是你自己創造的，請考慮 *measuring up*（往上測量）：盡可能使用最高水平的測量。

## 有爭議的工具

從測量水平在 1950 年代普遍被接受開始，就一直有人在爭論我們是否真的需要明確地位在等距水平才能進行統計分析。測量有許多常見的形式（態度量表、知識測驗或人格測試）無法明確地被分類為等距水平，但可能位在順序水平範圍的頂端。我們能夠安全地把這個水平的資料用在要求等距量尺的分析中嗎？

研究文獻中主要的共識為，如果你至少位在順序水平，並且相信你能以等距水平的統計分析找出意義，那麼你就能安全地在此類型的資料上進行推論統計分析。順道一提，在真實世界的研究中，幾乎所有的人都選擇這種做法（不管他們知情與否）。

然而，還是很難否認依據測量水平做出分析決策有其基本價值存在。關於測量水平，一個經典的範例是由 Frederick Lord 在他 1953 年的文章「On the Statistical Treatment of Football Numbers」（*American Psychologist*, Vol.8, 750–751）中所描述。一個心不在焉的統計學家因為對於大學美式足球隊的關心而熱切分析一些資料並產出了一份報告，其中滿是平均值和標準差，以及其他精密的分析。結果，那些資料其實只不過是球員球衣背後的號碼。或許這正是沒有注意測量水平的明顯實例，但該位統計學家仍然相信他的報告。他解釋說，那些數字本身並不知道自己從何而來，無論如何，它們的行為都一樣。

## HACK #8　提升威力

社會科學中的成功定義，通常就是找到具有統計顯著性的新發現。為了增加發現某些事情或任何東西的機率，精通統計學的超級科學家主要的目標都應該是增強統計檢定力（power）。

進行基於統計的研究時，有兩種潛在的陷阱存在。科學家可能會認為他們找到了母體中的某項特性，但其實那只存在於他們的樣本中。反過來說，科學家可能在樣本中找不到東西，但事實上母體中有著美好的關係等候被發現。

要盡量減少第一個問題的影響，其方法是以**對母體具有代表性 [Hack #19]** 的方式進行抽樣。第二個問題的解決方法則是增強統計檢定力（*power*）。

## 統計檢定力

在社會科學研究中，統計分析經常需要判斷在某個樣本中觀察到的一個特定的值是否可能是碰巧出現的。這個過程被稱作是*顯著性的檢定*（*test of significance*）。顯著性的檢定會產生一個 *p-value*（probability value，機率值），它是樣本可能是從感興趣的一個特殊母體抽取的機率。

p-value 越低，我們對於「達成統計顯著性」以及「我們資料揭露的關係不僅存在於樣本中，也在樣本所代表的整個母體中」的信賴程度就越高。通常，我們會有一個事先決定的顯著性水平（level of significance）作為結論有效的標準。如果最終的 p-value 等於或低於這個先決的顯著性水平，那麼研究人員就達到了某個程度的統計顯著性。

> 統計分析和顯著性的檢定不僅限於識別出變數間的關係，最常見的分析（*t* 檢定、*F* 檢定、卡方檢定、相關係數、迴歸方程式等）通常也適用。這裡談論的之所以是關係，是因為它們是你所找尋的典型*效應*（*effect*）。

一項統計檢定（statistical test）的*檢定力*（*power*），就是在母體中的變數間有某種關係存在的條件之下，該項統計分析會得出「已經達到某個水平的顯著性」這種判斷的機率。請注意到這是一種條件機率（conditional probability）。母體中必定要有我們要找的某種關係，否則檢定力就沒有意義。

檢定力並非找到顯著結果（significant result）的機率，它是某種關係**真的存在**時，找到該種關係的機率。檢定力的公式含有三個組成部分：

- 樣本大小（sample size）
- 要達到（小於）的預先決定的顯著性水平（p-value）
- *效應的大小*（*effect size*，母體中該項關係的強度）

## 進行檢定力分析

假設我們想要比較兩組不同的樣本，看看差異是否大到很可能在它們所代表的母體中真的有這樣的差別存在。舉例來說，假設你想要知道男人睡得多，還是女人睡得多。

這裡的設計相當簡單明瞭。建立兩組人群樣本：一組是男人，而一組是女
人。然後，調查兩個群組，詢問他們每晚通常都睡幾個小時。但若要找出
真正的差異，那你得調查多少人呢？這就是一個檢定力的問題。

> t 檢定比較兩組分數樣本的平均表現（mean performance）
> 以看出是否存在**顯著差異**（**significant difference**）[Hack
> #17]。在此，統計顯著性意味著兩組樣本所代表的兩個母
> 體中的分數之間的差異很可能大於零。

研究開始之前，研究人員可以決定要使用的統計分析之檢定力。計算檢定
力所需的三樣資訊中的兩樣在研究開始前就已經知道：你能夠選擇樣本大
小，並挑選預先決定的顯著性水平。你無法知道的是變數間關係的真實大
小，因為計畫好的研究之資料尚未產生。

研究人員可以在展開研究前就估計好感興趣的變數之間關係的大小（即效
應大小）。檢定力也可以在研究開始前被估計出來。通常，研究人員會先
決定好要被視為重要或有趣所需的最小關係大小。

一旦這三項資訊（樣本大小、顯著性水平，以及效應大小）決定好了，第
四項資訊（檢定力）就能被計算出來。事實上，這四項資訊中，只要有任
何三項設定好了水平，我們就能計算出第四項資訊。舉例來說，研究人員
通常都知道某樣分析要有怎樣的檢定力、想要宣稱統計顯著性所需的效應
大小，以及她會挑選的預設顯著性水平。有了這些資訊，研究人員就能計
算出必要的樣本大小。

> 為了估計檢定力，研究人員經常會使用一種廣為接受的標
> 準程序：.80 的檢定力目標，並將預設的顯著性水平指定
> 為 .05。.80 的檢定力意味著，作為樣本來源的母體中若真
> 的有該種關係存在，那麼研究人員有 80% 的機率會在她
> 的樣本中找到那種關係或效應。

t 檢定的效應大小（或**關係大小** [Hack #10] 的指數）經常被表示為兩個
平均值之間的差除以每組中的標準差。這會產生 .2 被視為小、.5 被視
為中等，而 .8 被視為大的效應大小。檢定力分析的問題為：這兩個群
組中各要取出多大的樣本（多少人），我才能找出測驗分數的顯著差異
（significant difference）？

計算檢定力的實際公式很複雜，我不會放在這裡。在真實的情況中，我們會用電腦軟體或統計學書籍後面一連串密集的表格來估算檢定力。不過我已經為一系列的選項做了計算，並呈現在**表 1-7** 中。請注意到關鍵的變數為效應大小和樣本大小。依照慣例，我將檢定力設為 .80，而顯著性水平設為 .05。

表 1-7　各種效應大小所需的樣本大小

| 效應大小 | 樣本大小 |
|---|---|
| .10 | 1,600 |
| .20 | 400 |
| .30 | 175 |
| .40 | 100 |
| .50 | 65 |
| 1.0 | 20 |

假設你認為你的「性別與睡眠」研究中真的有差異存在，只是很小。在 *t* 檢定分析中，群組間大約 .2 標準差的差異會被視為小，所以你可以預期 .2 的效應大小。要找到那麼小的效應，每個群組都需要 400 人才行！隨著效應大小的增加，必要的樣本大小就會減低。如果母體的效應大小為 1.0（一個非常大的效應，也代表兩組之間有很大的差異），那麼每組 20 人就夠了。

## 對美好的關係做出推論

科學家經常仰賴統計推論的使用來反駁或接受他們的研究假設。他們通常會提出一個虛無假設（null hypothesis），指出變數間沒有關係，或群組間沒有差異。若是他們的樣本資料顯示母體中他們的變數之間實際上有關係存在，他們就會駁回虛無假設 [Hack #4] 並接受替代的假設，也就是他們的研究假設，作為對於現實的最佳猜測。

當然，這個過程中有可能犯錯。**表 1-8** 列出了這種假設檢定遊戲中可能會犯的錯誤類型。不應該駁回時反駁虛無假設被統計哲學家稱作*第一型錯誤*（*Type I error*）。應該駁回虛無假設時沒那麼做則叫做*第二型錯誤*（*Type II error*）。

表 1-8　假設檢定中的錯誤

| 動作 | 虛無假設為真 | 虛無假設是假的 |
|---|---|---|
| 駁回虛無假設 | 第一型錯誤 | 重大發現 |
| 沒有駁回虛無假設 | 正確決定 | 第二型錯誤 |

身為聰明的科學家，你想要做的就是避免這兩個類型的錯誤，並產出重大的發現。達成正確的決定，不在虛無假設為真時駁回它，也是 OK 的，只是遠不及重大發現來得有趣。我的叔叔 Frank 曾說過：「把你的人生花在這個表右上的象限，你就會變得比你最狂野的夢中所想像的還要更快樂且富有！」

為了有較高的機率達到具有統計顯著性的發現，超出你控制之外的某個條件必定要是真的。虛無假設必須是假的，否則你「發現」新知的機率會很渺茫。如果你「發現」了某個東西，但實際上並不存在，那你就犯了一種大錯：一個第一型錯誤。母體中你的研究變數之間必須真的有關係存在，你才能在你的樣本資料中找到它。

因此，命運決定你最終是否在**表 1-8** 中右邊那一欄，**檢定力**則是你到了那一欄之後移往頂端的機率。換句話說，檢定力是虛無假設不為真時，正確駁回虛無假設的機率。

## 這為何行得通？

效應大小和樣本大小之間的這種關係有其道理。想像躲在乾草堆中的一隻動物（這隻動物是**效應大小**，請跟著我運用這種比喻）。要找到大型的效應（例如一隻大象），所需的觀測次數（一把乾草）會比找出小型動物（例如一隻可愛的水獺寶寶）所需的還要少。人數代表的就是觀測次數（number of observations），而藏在母體中的大型效應比較小的效應更容易找到。

檢定力中效應大小和樣本大小之間的一般關係則以相反方式運作。猜測你的效應大小，然後單純增加你的樣本大小，直到擁有所需的檢定力為止。記住，**表 1-7** 假設你想要有 80% 的檢定力。你還是可以使用較少人的樣本，只不過檢定力會比較低而已。

## 何處不適用？

要記住的一個重點是，檢定力並非成功機率，這甚至不是會達成某個顯著性水平的機率。這是在「研究者估計的所有值最終都正確」的前提下，達到某個顯著性水平的機率。公式中最難猜測或設定的部分就是母體中的效應大小。研究人員很少會知道他所尋找的東西有多大。畢竟，如果他知道他研究變數之間關係的大小，那就沒什麼理由進行實驗了，不是嗎？

顯示因果關係

**#9**　如果你希望展現是某件事情導致了另一件事，你就必須遵循統計研究人員已經建立的一些基本規則。

運用統計學的社會科學研究在兩個廣泛的目標之下運作。一個目標是收集並分析關於世界的資料，以支持或反駁關於變數間關係的假設。第二個目標是測試變數間是否存在因果關係（cause-and-effect relationships）的相關假設。跟第二個目標比起來，第一個目標簡直像微風般輕鬆愉快。

世界上的事物之間有各式各樣的關係存在，而統計學家也發展出了各種工具來找出它們，但關係的存在並不代表一個特定的變數導致（causes）了另一個。舉例來說，就人類而言，身高與體重之間有相當明顯的**正相關性**（**positive correlation**）[Hack #11]，但如果我減了幾公斤，我並不會因此變矮。另一方面，如果我長高了幾公分，我大概就會變重一些。

然而，僅知道兩者之間的相關性（correlation）實際上並無法讓我們對於其中一個是否導致了另外一個做出任何結論。不過，關係的**不存在**（*absence*）看似好像告訴了我們關於因果的一些資訊。如果兩個變數間沒有相關性，這似乎就排除了其中一個導致另一個的可能性。相關性的出現允許了那種可能性，但並沒有證明它確實存在。

## 設計有效的實驗

研究人員已經發展了一些框架，用以談論不同研究設計，以及這些設計是否能讓我們證明一個變數影響另一個變數。這些不同的設計涉及了比較組（comparison groups）的有無，以及將受試者指派到那些群組的方式。

群組設計（group designs）有四種基本的類型，依據設計是否能為因果關係提供強烈的證據、中等的證據、微弱的證據或完全沒證據來分類：

非實驗設計（*Non-experimental designs*）

　　這些設計通常僅涉及一組人，而統計數據被用來描述母體，或展現變數間的某種關係。這種設計的一個例子是相關性的研究（correlational study），其中分析的是**變數間簡單的關聯性**（**associations**）**[Hack #11]**。這種類型的設計不會為因果關係提供任何證據。

### 前實驗設計（*Pre-experimental designs*）

這些設計通常涉及一組人以及兩種或更多的測量場合，以查看改變是否發生。這種設計的例子之一是先給一組人**事前測驗**（*pretest*），然後對他們做些事情，再給他們**事後測驗**（*post-test*），看看他們的分數是否改變。這種設計提供微弱的因果證據，因為除了你對這群可憐人所做的事情之外，還有其他力量可能導致分數的改變。

### 準實驗設計（*Quasi-experimental designs*）

這些設計涉及一組以上的人群，其中至少有一組作為比較組。分組的指派不是隨機的，而是由研究者控制之外的某些東西所決定。這種設計的例子之一是比較男性與女性對於統計學的態度。在最好的情況下，這種設計能提供中等的因果證據。由於分組不是隨機指派，這些群組很可能在一些未測量的變數上彼此不相等，而那些可能是我們所找到的任何差異背後真正的原因。

### 實驗設計（*Experimental designs*）

這些設計有一個比較組，而更重要的是，人們是隨機被指派到各組的。這種隨機指派的分組方式能讓研究人員假設各組的所有未測量變數都是相等的，因此（理論上）將它們排除在所找到的任何差異之替代解釋之外。這種設計的一個例子是藥物研究，其中所有的參與者都是隨機得到要測試的藥物或比較藥物，或者安慰劑（糖丹）。

## 體重導致了身高嗎？

在這個 hack 的前面，我提到一個廣為人知的相關性發現：在人類之中，身高和體重一般是相關的。譬如說，較高的男性通常比較矮的男性還要重。「吃多一點會讓人長高」這個建議讓我笑掉大牙，因為就我認為我所知的身體生長知識，體重導致身高這種建議理論上非常不可能。但如果你要的是科學證據呢？

我可以使用一個基本的**實驗設計**（*experimental* design）來測試「體重導致身高」這個假設。實驗設計會有一個比較組，而分組的方式是隨機指派的。在這種情況下發現的任何關係，很有可能是因果關係。就我的研究而言，我會建立兩個群組（groups）：

*Group 1*

三十名大一學生，他們是從我工作的 Midwestern 大學這個母體所招募而來的。這個群組會是實驗組（*experimental* group）。我會增加他們的體重，並測量看看他們的身高是否上升。

*Group 2*

三十名大一學生，依然是以我工作的 Midwestern 大學作為母體招募而來的。這個群組會是控制組（*control* group）。我完全不會操作他們的體重，但同樣會測量他們的身高是否改變。

在這種設計中，科學家會把體重稱為獨立變數（*independent variable*，因為我們不在意什麼導致了它），而稱身高為應變數（*dependent variable*，因為我們好奇的是它是否 *depends* on 獨立變數，或者由它所導致）。

因為這個設計符合實驗設計的條件，我們可以把所找到的任何關係解讀為因果的證據。

## 對抗有效性的威脅

研究的結論有兩種類型。它們必須關於因果關係的主張，以及這種主張一旦確立，是否能推廣到整個母體或實驗室之外。**表 1-9** 展示了解讀研究結果時主要類型的有效性考量（validity concerns）。這些考量是研究者必須跨越的障礙。

表 1-9　研究結果的有效性

| 有效性考量 | 有效性問題 |
|---|---|
| 統計結論有效性（statistical conclusion validity） | 變數間有關係存在嗎？ |
| 內部有效性（internal validity） | 這個關係是一種因果關係嗎？ |
| 建構有效性（construct validity） | 這個因果關係是存在於你相信應該受影響的變數之間嗎？ |
| 外部有效性（external validity） | 這個因果關係到處都有且會影響到每一個人嗎？ |

即使研究者挑選了一個真正的實驗設計，他們仍然必須擔心所得到的結果可能不是真的因為一個變數影響著（*affecting*）另一個。一個因果結論（cause-and-effect conclusion）的有效性有很多威脅存在，但幸好，藉由

思考這些事情，研究人員已經識別出了其中的許多威脅，也發展出了解決方案。

 研究人員對於群組設計的了解、用來描述它們的術語、研究設計中有效性威脅的識別，以及對抗這些威脅的工具，幾乎全來自於 Cook 和 Campbell 極度有影響力的作品，列於這個 hack 的「也請參閱」中。

接下來討論因果主張（causal claims）和推廣結果的主張（claims of generalizability）之有效性的幾個威脅，以及消除它們的一些方法。研究設計（research design）的文獻中識別出了數十種的威脅並加以處理，但其中大多數要不是無法可解，就是能以這裡所描述的相同工具來解決：

歷程中同時存在的事件（*History*）

外在的事件可能影響結果。解決方法之一是使用一個比較組（不接受藥物或干預或其他處理的比較組），並將受試者隨機指派到各組中。這個解法的另一個部分是盡可能控制這兩個群組的環境（例如在實驗室的環境中）。

成熟的效果（*Maturation*）

研究過程中，受試者自然也會有發展，而改變可能源於這些自然的發展。隨機將參與者指派到實驗組和控制組，可以很好地解決這個問題。

選擇性偏差（*Selection*）

指派受試者到各組中的方式可能有系統性的偏差（systematic bias）存在。解決方法是隨機地指派受試者。

測驗的效果（*Testing*）

單純只是接受事前測驗（pretest）就可能影響到研究變數的水平。建立一個比較組，並讓兩組都接受事前測驗，如此任何的改變在群組之間都會相等。而且也要隨機地指派受試者到兩個群組中（在此你是否開始看出了一個模式？）。

測量工具上的偏差（*Instrumentation*）

測量過程中可能有系統性的偏差出現。解決方法是使用有效的、標準化的、給分客觀的測驗。

霍桑效應（*Hawthorne Effect*）

> 參與者意識到他們是研究中的受試者也可能會影響到結果。為了對抗這點，你可以讓受試者不清楚你預期的是什麼結果，或者你也可以進行一個雙盲研究（double-blind study），其中受試者（和研究人員）甚至不知道他們所接受的處置是什麼。

研究設計的有效性以及關於因果的任何主張之有效性都類似於**測量中有效性 [Hack #28]** 的主張。這種爭議未有定論而且似乎不會休止，而有效性的結論仰賴對於手上證據及合理性所依據之標準的嚴密推理與審查。

### 也請參閱

- Campbell, D.T. 和 Stanley, J.C. (1966). *Experimental and quasi-experimental designs for research.* Chicago: Rand McNally.

- Cook, T.D. 和 Campbell, D.T. (1979). *Quasi-experimentation: Design and analysis issues for field settings.* Boston: Houghton-Mifflin.

- Shadish, W.R., Cook, T.D., 和 Campbell, D.T. (2002). *Experimental and quasi-experimental designs for generalized causal inference.* Boston: Houghton-Mifflin.

---

## HACK #10　識別出重大發現

你剛讀了一篇神奇的科學新發現，但這樣的發現真的很重大嗎？透過應用效應大小（effect size）的詮釋，你就能自行判斷這種聲明的重要性。

非科學出版品、電視、廣播以及網路（我還需要提嗎？）上，對於科學發現的大多數報導都少了某些東西。雖然這些媒體通常都很小心地只報導「具有統計顯著性（statistically significant）」的發現，但這並不足以判斷所發現的東西是否真的重要或有用處。一項大型的藥物研究有可能回報「顯著」的結果，但仍然沒找到對我們其他人或甚至其他研究者來說會有興趣的任何東西。

如我們在本書中許多地方一再重複的，**顯著性（significance）[Hack #4]** 代表的只是你所找到的東西對於你從之採樣的較大母體而言很可能為真。問題在於，單是這個事實遠不足以讓你知道你是否應該改變你的行為、開始新的飲食法、換另一種藥，或重新詮釋你的世界觀。

---

看到任何新的科學報告時，那些報告所聚焦的關係之大小（*size*），就是你需要知道，以在生活或現實中幫助你做出決定的東西。A 品牌比 B 品牌好了多少？男孩與女孩之間有意義的 SAT 差距有多大？每天服用半顆阿斯匹靈（aspirin）以降低心臟病發的風險值得嗎？這個風險到底降低了多少？

這個關係的強度（strength）也應該以某種標準化的方式來表達。否則，你沒有辦法真的判斷出它有多大。運用被稱為效應大小（*effect size*）的一種統計工具，能讓你在看到它時就知道其重要性。

## 在各個地方看到效應大小

一個效應大小是一種標準化的值，用以表示兩個變數間某個關係的強度。在我們談論如何認出或解讀效應大小之前，讓我們先介紹關於關係（relationships）和統計研究（statistical research）的一些基本知識。

統計研究感興趣的一直都是變數間的關係（relationships among variables）。舉例來說，相關係數（correlation coefficient）是**兩組分數** [Hack #11] 之間關係的強度和方向的一個指數（index）。測量關係的統計程序較不明顯但仍然有效的例子包括 *t* 檢定 [Hack #17]，以及變異數的分析（analysis of variance），即一次比較兩個以上群組的一種程序。

> 即使是比較不同群組的程序，也依然對變數間的關係感興趣。舉例來說，使用 *t* 檢定時，顯著的結果意味著一個人位在哪個群組中是有其重要性的。換句話說，獨立變數（定義了群組）和應變數（被測量的結果）之間有某種關聯性（association）存在。

## 找出或計算效應大小

這個 hack 討論的是找出並解讀效應大小以判斷大眾媒體或科學寫作中所報導的科學發現之影響力。通常，效應大小會直接被報導出來，而你單純只需要知道如何解讀它。其他時候，它並沒有被報導，但還是提供了足夠的資訊能讓你找出效應大小為何。

效應大小有報導時，它們通常是三種類型之一。它們的差異取決於所用的程序，以及該程序量化感興趣的資訊的方式。在每種情況中，效應大小可被解讀為「變數間關係之大小」的估計值。以下是三種典型的效應大小類型：

相關係數（*Correlation coefficient*）

相關性（*correlation*），以符號 $r$ 來代表，本身就已經是變數間關係的一種度量，因此，它是一種效應大小。不過因為相關性可能是負的，所以這個值有時會被平方以產生一個永遠大於零的值。因此，$r^2$ 這個值被解讀為變數共有的「變異比例（proportion of variance）」。

*d*

這個值，很奇怪地以 $d$ 符號化，總結了用在 $t$ 檢定中的兩個群組平均（group means）之間的差。它的計算方式是將兩個群組的平均差除以兩組中的平均標準差。

這裡是計算 $d$ 的一個簡單、超級有趣、酷爆了又很炫的替代方式：

$$d = t\sqrt{\frac{\text{Sample Size in Group 1} + \text{Sample Size in Group 2}}{(\text{Sample Size in Group 1})(\text{Sample Size in Group 2})}}$$

Sample Size in Group 1：群組 1 中的樣本大小
Sample Size in Group 2：群組 2 中的樣本大小

*Eta 平方*（*Eta-squared*）

最常為變異數分析的結果所回報的效應大小被符號化為 $\eta^2$。類似於 $r^2$，它被解讀為應變數（結果變數）中受到獨立變數（位在何組）影響的「變異比例」。

## 解讀效應大小

使用顯著性水平時，統計學家採用達到了就算「良好」的特定大小。舉例來說，大多數的統計研究都希望達到 .05 或更低的顯著性水平。不過使用效應大小時，並不總是有明顯好或明顯不好的特定值存在，但依然有小、中、大的一些效應大小標準被提出。

這些大、中、小的標準主要是依據一般會在真實世界研究中找到的效應大小。如果一個給定的效應太大，很少在已發表的研究中看到，它就會被視為大。如果效應大小很微弱，而且很容易在真實研究中找到，那它就會被視為小。

不過解讀研究結果時，你應該自行決定感興趣的是多大的效應大小。這完全取決於調查的領域。**表 1-10** 提供了「多大算大」的經驗法則。

表 1-10　效應大小標準

| 效應大小 | 小 | 中 | 大 |
|---|---|---|---|
| $r$ | +/-.10 | +/-.30 | +/-.50 |
| $r^2$ | .01 | .09 | .25 |
| $d$ | .2 | .5 | .8 |
| $\eta^2$ | .01 | .06 | .14 |

## 解讀研究發現

討論研究結果時，談到效應大小的好處是，每個人都可以對於給定的研究變數（或干預措施，或藥物，或教學技巧）實際上對世界有什麼影響掌握到一點感覺。因為它們被報導時通常不會包含任何機率資訊（顯著性水平），效應大小最有用的時候是與傳統的顯著性水平數字一起提供之時。如此，就能回答兩個問題：

- 這個關係可能出現在母體中嗎？

- 這個關係有多大？

請回想之前那個例子：你是否應該每天服用半顆阿斯匹靈以減低心臟病發的機率？1980 年代晚期一個廣為人知的研究發現這兩個變數之間有一個具統計顯著性的關係。當然，做出任何的這類決策之前，你都應該先與你的醫師談談，但你也應該擁有盡可能多的資訊來幫助你下決定。讓我們使用效應大小的資訊來幫助我們解讀這類發現。

這裡是那時媒體中的報導：

> 作為樣本的 22,071 位內科醫師被隨機分成兩組。在很長的一段時間內，其中一半每天都服用阿斯匹靈，而另一半則服用一種安慰劑（外觀跟味道都像阿斯匹靈）。在研究末期（實際上提早結束了，因為阿斯匹靈的效力被認為很大），服用阿斯匹靈的內科醫師心臟病發的可能性大約是安慰劑那組的一半。安慰劑組的內科醫師有 1.71% 心臟病發，而阿斯匹靈組大約是 1%（.94%）。這些發現具有統計顯著性。

這些發現「清楚」的解讀是服用阿斯匹靈會讓你心臟病發的機率減為一半。假設這個研究具有代表性，而研究中的內科醫師在重要的面向都與你我相似，那麼這個解讀就相當正確。

解讀此發現的另一種方式是檢視服用阿斯匹靈的效應大小。運用比例式比較（proportional comparisons）的公式，這個研究的效應大小是 .06 個標準差，或 .06 的 $d$。套用**表 1-10** 中的效應大小標準，這個效應大小應被解讀為小，真的非常小。這種解讀意味著服用阿斯匹靈和心臟病發之間的關係其實相當微小。這種關係是真實存在的，只是沒有很強烈。

思考這個的一種方式是，在一段給定的期間內，你心臟病發的機率一開始就很小了。研究中 98.76% 的人都沒有心臟病發，不管有無服用阿斯匹靈。雖然服用阿斯匹靈確實會減低你發病機率，它們只是從小變得更小。這就好像是，相較於沒有買，買了樂透會大幅增加你中獎的機率，但得獎的機率依然渺茫。

## 為何這行得通？

研究人員有可能得到了顯著的結果，但仍然沒找到會讓人感到興奮的發現。這是因為**顯著性**（*significance*）告訴你的，只是你的樣本結果很可能不是碰巧發生的。那些結果是真的，也很可能存在於母體中。就算你為兩個變數間或使用某個藥物與某種醫療結果之間的一個微小關係找到了證據，那個關係也可能太小，使得沒人真的對它有興趣。該藥物的效用可能真實存在，但很微弱，所以不值得推薦給病人。A 與 B 之間的關係可能大於零，但小到對於理解其中任一個變數都沒有什麼幫助。

現代研究人員仍然想知道他們的發現是否具有統計顯著性，但他們應該都要報告並討論效應大小。若有報導效應大小，你就能解讀它。如果沒有，你通常能夠從發表的科學發現報告挖掘出所需的資訊，並自行計算它。很酷的地方在於，藉此你就能比報導發現的媒體更加了解該發現的重要性，或許甚至比那些科學家本身更清楚。

# CHAPTER TWO

# 發現關係

## Hacks 11–22

我們周圍有看不見的關係網（webs of relationships）存在。變數 A 導致了變數 B，而它又影響了變數 C，後者則完全獨立於變數 D，除非變數 E 參與其中。本章中的 hack 能讓你發現這些聯繫，並精確地描述它們。這些 hack 揭露人們為什麼會做他們所做的那些事情，以及事物為何以現有的樣貌存在。

一個特徵和另一個之間的關聯，或一個因（cause）和一個果（effect）之間的關聯，都是使用對的技巧就能輕易顯露的關係。一開始先識別出任何關聯性（association）[Hack #11] 的強度，然後繪製出它的樣子 [Hack #12]。接著，使用你對於那個關係的知識來做出預測 [Hack #13]，然後改善那些預測的準確性 [Hack #14]。某些關係要透過對於未預期的發生 [Hacks #15 和 #16] 之觀測或注意到群組間的真實差異 [Hack #17] 才會顯現出來。

因為我們沒有辦法測量我們可能有興趣的每個人、每條魚、每棵松樹，我們就必須仰賴代表性的樣本（representative samples）[Hack #19] 來提供觀測值。然而，抽樣（sampling）可能誤導我們 [Hack #18]，或以非常酷的方式 [Hack #20] 運作得出奇的好。

要與他人分享你的發現，或了解這些發現告訴了你什麼，你就得避免被欺騙和欺騙別人。小心不要錯誤解讀任何數字 [Hack #21] 或圖表 [Hack #22]。

把這些工具裝備在你的工具腰帶上，繼續往你的探索發現之旅邁進。

**HACK #11  發現關係**

只要記錄觀測值並計算神奇又玄妙的相關係數（correlation coefficient），就能揭露世界中隱藏的關係。

你可能會對人們為何會有他們現有的感受，以及為何會做他們正在做的事，有各式各樣的假設。統計研究人員會把那些假設（assumptions）稱作關於變數（*variables*）間關係的假說（*hypotheses*）。

不管科學管它叫什麼，你大概都會那樣做。你可能會對態度與行為間或態度與態度間，或行為與行為間的關聯性做些猜測。你可能會在試圖了解周遭的人們時非正式地那麼做，又或者因為你是行銷專家，所以你得那麼做以理解你的客群，或你是一名奮鬥中的心理學研究生，需要完成一項課堂作業，對自尊與憂鬱症之間的關係做出統計分析。

在統計學中，這種關係叫做相關性（*correlation*）。描述這個關係之大小的數字則是相關係數（*correlation coefficient*）。只要計算出這個實用的值，你就能回答你對於關係的所有問題（除了約會關係以外，那你得靠自己）。

## 測試關於關係的假說

想像一個研究，其中美國起司蛋糕販售者協會（American Cheesecake Sellers Association）的研究人員有一個假說是：「人們之所以喜歡起司蛋糕，是因為他們喜歡起司。」她所猜想的是，對起司的態度與對起司蛋糕的態度之間有種關係存在。如果她的假說最終被證實是真的，她就會從美國起司愛好者協會（American Cheese Lovers Association）購買龐大的郵寄名單，然後寄給他們資訊豐富的小冊子，介紹起司蛋糕的療癒效果。如果她是對的，銷售量就會往上飆升！

為了測試她的假說，她建立了兩個意見調查。一個詢問受訪者對於起司的感受，而另一個則詢問他們對於起司蛋糕的看法。50 分代表那個人喜歡起司（或起司蛋糕），而 0 分意味著那個人討厭起司蛋糕（或起司）。**表 2-1** 顯示了她在上班途中從巴士上的五個人那裡收集來的資料所得結果。

表 2-1　對於起司和起司蛋糕的態度之間關係的資料

| 受訪者 | 對於起司的態度 | 對於起司蛋糕的態度 |
|---|---|---|
| Larry | 50 | 36 |
| Moe | 45 | 35 |
| Curly Joe | 30 | 22 |
| Shemp | 30 | 25 |
| Groucho | 10 | 20 |

讓我們檢視這個資料，看看這兩個變數之間是否有關係存在。（試試看吧！我給你 30 秒。）

我會說這裡存在著相當明顯的關係。起司量表上分數最高的人，在起司蛋糕量表上也最高。當然，這組人在兩個量表上的分數並不完全一致，甚至連排名順序都不一樣，但相對來說，談到對於起司的態度時，每個人相對於其他人的位置，大致都與對於起司蛋糕的態度相同。這個協會的行銷人員有支持她假說的依據。

## 計算相關係數

不過單純只是用眼睛查看樣本的兩欄數字，通常不足以真正得知兩件事情之間是否有關係存在。我們例子中的行銷專家想要使用一個簡單的數字更精確地描述所見到的關係。

相關係數（*correlation coefficient*）會採計我們查看表 **2-1** 中兩欄數字時所用到的全部資訊，並判斷出是否有關係存在。產生相關係數的公式會做下列幾件事：

1. 檢視一欄中的每個分數

2. 看看那個分數與該欄平均值距離多遠

3. 找出另一欄中對應的分數與平均值的距離

4. 把成對的兩個距離乘在一起

5. 計算那些相乘結果的平均

如果這是本統計教科書，我就會列出計算相關係數用的、有點複雜的一個公式。稱呼它有點複雜，已經很慷慨了。老實說，它非常嚇人。為了維持你的理智，我甚至不敢把它秀給你看。相信我。取而代之，我會展示這個令人愉悅、看起來友善的公式（效果也一樣好）：

$$\frac{\sum(Z_x Z_y)}{N-1}$$

Z 指的是 *Z-score*（Z 分數），也就是一個分數與平均值的距離（distance）。然後這些距離會被除以該分布的標準差。所以，$Z_x$ 代表第一欄的所有 Z-scores，而 $Z_y$ 代表第二欄的所有 Z-scores。$Z_x Z_y$ 代表它們相乘在一起。Σ 符號代表的是加總（*add up*）。因此，此方程式說的是將所有成對的 Z-scores 乘在一起，並加總那些乘積。然後，除以成對分數的對數（$N$，number of pairs of scores）減 1。

這裡的平均值（*mean*）是一組分數的算術平均（arithmetic average）。它的產生方式是加總所有的數字，然後除以分數數目（number of scores）。一組數字的標準差（*standard deviation*）是每個分數與平均值的平均距離。

在我產生用於我們相關性公式中的 *Z-scores* 之前，我需要知道每欄資料的平均值和標準差。計算這些關鍵值的方程式在「**僅用兩個數字描述世界**」[Hack #2] 中有提供。這裡是我們兩個變數的平均值（Mean）和標準差（standard deviation）：

對於起司的態度

Mean = 33；standard deviation = 15.65

對於起司蛋糕的態度

Mean = 27.6；standard deviation = 7.44

**表 2-2** 展示了我們起司態度資料的一些計算。

表 2-2　探索起司態度和起司蛋糕態度之間關係的計算

| 受訪者 | 對於起司的態度 | 對於起司蛋糕的態度 | 起司的 Z-scores | 起司蛋糕的 Z-scores | Z-scores 的乘積 |
|---|---|---|---|---|---|
| Larry | 50 | 36 | 1.09 | 1.13 | 1.23 |
| Moe | 45 | 35 | .77 | .99 | .76 |
| Curly Joe | 30 | 22 | −.19 | −.75 | .14 |
| Shemp | 30 | 25 | −.19 | −.35 | .07 |
| Groucho | 10 | 20 | −1.47 | −1.02 | 1.50 |

相關係數為 .93，非常接近 1.0，也就是可能的最強正相關（positive correlation），所以起司與起司蛋糕的相關性代表著一種非常強力的關係。

## 解讀相關係數

有點神奇的，相關性公式的過程產出了一個數字，其值範圍在 −1.00 到 +1.00 之間，用以度量兩個變數間的關係強度。正號表示關係的方向相同。當一個值增加，另一個值也會增加。負號代表關係的方向相反。隨著一個值的增加，另一個值會減少。要強調的一個重點是，相關係數所提供的，是**兩個變數間線性關係**（**linear relationship**）[Hack #12] 強度的一種標準化度量法。

一個相關性的方向（*direction*，也就是它是正還是負）是我們選來測量變數的標尺（scale）之方向所產生的人為結果。換句話說，強相關性可能是負的。想想看高爾夫球技能的測量法與平均得分的相關性。技能越高，分數越低，但你仍然會預期一種很強烈的關係。

## 統計顯著性和相關性

我們的行銷專家很可能也想知道，一個樣本的相關性是否大到很有可能是從該相關性大於零的一個母體中所抽取的。換句話說，我們在樣本中找到的相關性是否夠大，大到作為這個樣本來源的母體中的這些變數之間必定至少有某種關係存在？

我們例子中的行銷人員信任對數較多的相關性的程度大於來自一個小樣本（例如我們的五個巴士乘客）的相關性。如果她把這個關係回報給她老闆，而這並不適用於大多數的人，那她可能會發現她得開著自己的小貨車賣起司蛋糕去了。

表 2-3 顯示出一個樣本中的某個相關性必須要多大，才能讓統計學家確定它所代表的母體中有某種大於零的關係存在。

表 2-3　很可能不是碰巧發生的相關性

| 樣本大小 | 被視為具有統計顯著性的最小相關性 |
|---|---|
| 5 | .88 |
| 10 | .63 |
| 15 | .51 |
| 20 | .44 |
| 25 | .40 |
| 30 | .38 |
| 60 | .26 |
| 100 | .20 |

就我們五個人的樣本而言，任何的相關性都至少必須大到 .88，才會被視為具有統計顯著性（意味著「它大到很有可能會出現在你從之抽取樣本的任何母體中」）。

## 還有哪裡適用？

只要符合特定條件，你就能產生一個相關係數作為任何兩個變數間關係強度的一種度量值：

- 在你測量變數的方式之下，數字必須有真正的意義，而且代表某種底層的連續概念。連續（*continuous*）變數的例子有態度、感受、知識、技能，以及你無法計數的東西，例如因為對於起司蛋糕的喜愛而增加的體重（若你所測量的東西不是連續的，例如有像性別或政黨等那些不同的類別之時，你還是能夠計算出一個相關性，只不過不是用這裡的公式）。

- 這些變數必須實際有變動。如果每個人對於起司的感受都一樣，你就無法計算與起司蛋糕或巧克力或任何其他東西的態度之相關性了。它的數學需要一些變異性。

- 具備統計顯著性所需的最小相關性大小（如**表 2-3** 中所示）只在樣本是隨機從母體抽取的情況下才會精準。研究人員，例如我們的起司蛋糕行銷員，必須確定他們的樣本是否像隨機樣本那樣具代表性。

## 關於相關性的嚴厲警告

你可能會傾向於把相關性的證據當成因果的證據來看待。當然，兩件事情之所以相關可能有各式各樣的理由，而非其中之一導致了另一個。

舉例來說，在對起司的態度和對起司蛋糕的態度之間存在有這樣強烈的相關性，你可能會想要做出結論說，一個人對於起司的喜好導致（*causes*）了他喜歡起司蛋糕，因為裡面有起司，但其實可能有非因果的解釋存在。喜歡起司的那群人也傾向於喜歡起司蛋糕，也有可能是因為那種鬆軟可愛的食物他們全都喜歡。

## HACK #12 圖形關係

只要兩個變數之間的某個關係被發現而且有了定義，我們就能使用其中一個變數來猜測另一個。畫出一條迴歸線（regression line）能讓你圖形化這個關係並做出預測。

所以，你剛被任命為冰淇淋銷售的區域協理，負責堪薩斯州東北部向日葵湖（Sunflower Lake）沿岸 10,000 平方英尺的優質湖畔零售空間。恭喜！關於如何最大化利潤，你有很大的責任並有許多策略性決策要制定。你將

會面對一個兩難的問題是要不要開店。店一開就會花費金錢並耗用資源，而如果那天賣出的冰淇淋甜筒太少，可能連打開漆得明亮的夾板棚屋的服務窗口都不值得。

如果有神奇的方法可以知道給定的任何一天的業績會如何，那就好了。身為業餘統計學家，你會假設必定有某種科學的方法能猜測會賣出多少甜筒，而不用實際開張營業來測試當天銷量。你很幸運，確實存在有一種方式可以使用其他資訊來估計某些變數（例如冰淇淋銷量）的值或分數。

關鍵在於，這個其他的資訊必須來自與感興趣的變數有關連的變數。為你已知資料的那些天畫出一條線來顯示你變數間的關係，你就能看到那條線延伸到未來（或過去）你不知資料的那幾天的趨勢，並猜測會發生什麼事。這種圖形工具就叫做迴歸線（regression line）。

## 描繪出未來

觀測人員經常會發現變數間的相關性（correlations）[Hack #11]。然而，知道某個關係存在的實用性遠超出敘述統計。

想像你有向日葵湖周邊活動的資料。除此之外，你還收集了前任區域協理那時的冰淇淋銷量（售出的冰淇淋甜筒數）以及每天的高溫（華氏溫度）等資訊。代表有多熱與想吃冰淇淋的渴望之間關係的相關係數應該是正的，並且相當大。也就是說，隨著熱度升高，銷售量很有可能也會上升。

直覺上，我們可以合理的說，只要有了一些經驗，你就能看一下溫度計，然後大概知道那天的冰淇淋攤販會有多忙。一旦你知道兩個變數間有一種正的或負的關係，那麼知道其中一個的分數就能讓你知道另一個的分數大致為何，也算是合理的事情。

只要你像這樣找出了兩個變數之間的關係，就能合理假設你的兩個變數之間的關係是線性（linear）的。換句話說，如果你製作了一個圖，其中一個變數所有可能的值為 X 軸（沿著底部的水平線），而另一個變數所有可能的值為 Y 軸（沿著側邊的垂直線），然後繪製出每一對的分數，所產生的點基本上會構成一條直線。

## 連接那些點

**圖 2-1** 顯示了繪製氣溫與湖邊冰淇淋銷量之間關係的一種方式。

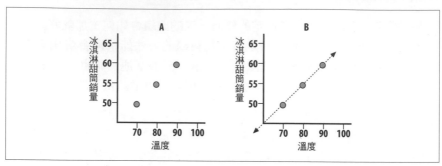

圖 2-1　銷量與溫度之間的一個線性關係

圖 A 上的點代表兩個變數的兩個值，依據你收集到的歷史資訊。舉例來說，最低的那個點意味著華氏 70 度的時候，賣出 50 個冰淇淋甜筒，而 90 度的時候，賣出 60 個甜筒。這裡有一個明顯的模式，而此關係看起來像一條直線。溫度每往上跳 10 度，銷量就多 5 個甜筒。對於氣溫的每 1 度改變，銷量就增加 1/2 個甜筒。圖 B 依據此規則畫出了一條線，那條線經過每一個點。

在**圖 2-1** 中，分析一下圖 B 就能大略感受到迴歸方程式的威力。那條線包含了沒有樣本資料的領域。舉例來說，我們並沒有 100 度那些天的資料。不過有了迴歸方程式之後，我們就能估計銷量可能會是怎樣。如果我們在該條線上 100 度的位置放上一個點，它看起來會對應到 65 個甜筒。藉由這個迴歸方程式，我們就能估計 100 度的那些天可能賣出 65 個甜筒。我們也能為氣溫較低的那些天做同樣的事。我們的圖指出，當天 60 度時，會賣出 45 個甜筒。

## 把玩「如果這樣，那會怎樣？」的問題

熱度與甜筒銷量之間的關係能以數學表達。我們**圖 2-1** 中圖 A 與圖 B 的資料看起來像這樣：

| 高溫售出的 | 冰淇淋甜筒數 |
|---|---|
| 70 | 50 |
| 80 | 55 |
| 90 | 60 |

讓我們看看如何建構一個方程式使用數字來描述這個關係。畢竟迴歸線是統計工具。請注意，如果我們從 70 度開始，就會得到 50 個甜筒。如果我們把 70 輸入到我們的公式，則會希望輸出是 50。我們也希望 80 得到 55，而 90 帶給我們 60。

我使用這些值嘗試了不同的可能性，試圖找出必須要對輸入數字做什麼才能得到正確的輸出數字。我注意到「售出的冰淇淋甜筒數」一直都小於溫度變數，所以我想要一個能夠縮小溫度的方程式。線性方程式需要一個常數（constant，在每個方程式中使用的某個值）才能產生一條直線，所以我的方程式中也需要一個常數。除了嘗試錯誤（trial and error）的方法，你也可以把這個資料輸入到一個統計程式中，像是 SPSS 或試算表（例如 Excel）以產生正確的組成部分。我發現這個公式運作得很好：

$$\text{Cones Sold} = 15 + (\text{Temperature} \times .50)$$

Cones Sold：售出的甜筒數　　Temperature：溫度

代數上來說，如果你從一個常數開始，然後加上只會透過基本的數學函數（例如乘法）更動的一些標準量，你就會定義出可以繪製成圖的一條直線。

「如果這樣，那會怎樣？（What if？）」是很適合用迴歸線來玩的有趣遊戲。在一端輸入一個值，而猜測就會出現在另一端。你甚至能為不真實的場景取得答案。把某個瘋狂的值丟入那條線中，例如 200 度，你仍然可以得到甜筒銷量的一個估計值：115！

這種關係的迴歸方程式描述的是能被畫出以視覺化的方式展示此關係的一條線。使用真實資料時，關係很少會像這個例子中那麼清楚（我們虛構的這個小型資料集的相關性是完美的 1.0）。

在統計學中，迴歸公式會用到兩組變數之分數的相關係數、平均值，以及標準差，不管資料集中關係的強度為何。「使用一個變數來預測另一個」[Hack #13] 提供了統計方法來產生迴歸方程式。

## 這為何行得通？

這類迴歸估計的準確度取決於幾個重要的因素。首先，變數間的關係必須相當大。小型的關係會產生散布各處的點，形成完全不是直線的模式，而在這樣一團亂中畫出的迴歸直線會錯失很多點，並不準確。遺憾的是，在社會科學中，我們找不到太多非常強烈的關係，所以迴歸預測經常會產生一定數量的錯誤。在統計學中，誤差伴隨著涵蓋領域出現。

其次，這個關係必須至少有點線性。在我們冰淇淋甜筒的例子中，如果該關係的本質在迴歸線延伸的某處發生了改變，它就會錯失其中一些資料。幸好，自然世界中大多數的關係都是線性的，或至少接近線性。

## 何處行不通？

實際的關係可能不完全是線性的，但如果它大致上是，那麼迴歸分析就能運作得相當好。舉例來說，就我們的冰淇淋例子而言，溫度每跳升一度，可能就會帶來特定的銷售增益。如果這個增益無論我們在標尺上的何處都是相同的，我們就會看到一種線性關係。不過也有可能的是，銷售量會在達到某個特定溫度時一次跳升。或許在湖畔超過 90 度之時，人們真的會一擁而上尋求清涼。

圖 2-2 中的圖 C 與圖 D 顯示了真實的關係並不完全是線性時，會發生什麼事。

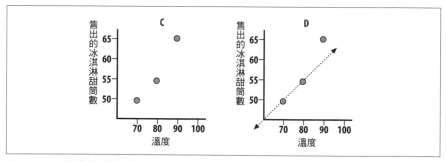

圖 2-2　一種非線性關係

依據線性迴歸的要求，迴歸方程式永遠都會產生一條直線，而在此例中，其中兩個點正好落在線上，但有一個沒有。藉由圖形化這個關係，這條線很不錯地解釋了那些資料，但因為該關係不是線性的，迴歸方程式就會犯些錯誤。

## 使用一個變數來預測另一個

簡單的線性迴歸是度量看不見的東西或預測尚未發生的事件之結果的強大
工具。藉由我們特別的朋友統計學的幫忙，你就能在只看到另一個變數的
表現時，準確猜測某人在目標變數上可能的得分。

許多專業人士，無論是否為社會科學領域的，經常都需要預測一個人在某
項任務上的表現，或某個變數的得分，但他們無法直接測量關鍵的變數。
舉例來說，這是大學做出招生錄取決策時常見的需求。招生人員想要預測
大學的學業表現（或許是畢業前的平均成績點數或修業年數）。然而，因
為潛在的學生尚未實際入學修業，招生人員必須運用他們目前所能得到的
任何資訊來猜測未來可能的情況。

學校經常使用標準化的大學入學考試作為未來表現的指標。讓我們想像
有一家小型學院決定使用 ACT（American College Test，美國大學測驗）
作為學生第一年結束的大學成績平均點數（GPA）的預測指標。招生辦
公室針對數百名學生回溯幾年的記錄，並收集 ACT 分數和大學第一年的
GPA。他們很高興的發現，這兩個變數之間有一種中等大小的關係：.55
的相關係數。

相關係數（correlation coefficients）是兩個變數間線性關係 [Hack #11] 強
度的一種度量方式，而 .55 代表一種相當大的關係。這是個好消息，因為
這兩者之間有關係存在，讓 ACT 成為了猜測 GPA 的一種良好的預測指標
候選。

簡單線性迴歸（*simple linear regression*）的程序所產生的值就是我
們製作預測未來的神奇公式所需的那些。這個程序會產生一條迴歸線
（regression line），我們可以繪製它以判斷未來情況 [Hack #12]，不過只
要有了公式，我們不用真的去繪圖就能做出猜測。

### 製作公式

首先，檢視創建這種公式的「食譜」（參閱補充說明的「迴歸公式的食
譜」），然後我們會看到如何將它與真實資料一起使用。你可以把這個食
譜剪下來，放到廚房抽屜裡保存。

## 迴歸公式的食譜

**材料：**

來自相關變數的 2 個資料樣本：

- 1 個判據變數（criterion variable，你想要預測的變數）
- 1 個預測變數（predictor variable，你用以做出預測的變數）

兩變數間關係的 1 個相關係數（correlation coefficient）

2 個樣本平均值

2 個標準差

**容器**

形狀像這樣的一個空的方程式：

$$\text{Criterion} = \text{Constant} + (\text{Predictor} \times \text{Weight})$$

Criterion：判據　Constant：常數　Predictor：預測子　Weight：權重

**指引**

計算你的預測變數要乘的權重：

$$\text{Weight} = \text{correlation coefficient} \frac{\text{Criterion Standard Deviation}}{\text{Predictor Standard Deviation}}$$

Criterion Standard Deviation：判據標準差
Predictor Standard Deviation：預測子標準差

計算常數：

$$\text{Constant} = \text{Criterion Mean} - (\text{Weight} \times \text{Predictor Mean})$$

Criterion Mean：判據平均　Predictor Mean：預測子平均

將你剛才準備好的權重和常數填入迴歸方程式中。

**適合**

對於猜測如果…會發生什麼事感興趣的任何人。

這個迴歸食譜還需要其他兩種材料，也就是兩個變數的平均值和標準差。
這裡是我們範例中的那些統計量：

| 變數 | 平均值 | 標準差 |
|------|--------|--------|
| ACT 分數 | 20.10 | 2.38 |
| GPA | 2.98 | .68 |

你可以在「僅用兩個數字描述世界」[Hack #2] 中複習平均值和標準差。

藉由這份資訊，招生辦公室建構出了一個迴歸方程式。結果就是，當申請人的信件來到招生辦公室，招生人員就能將該名學生的 ACT 分數輸入到迴歸公式中，並預測他的 GPA。讓我們為這個例子找出迴歸方程式的各個部分：

$$\text{Weight} = \text{correlation coefficient} \frac{\text{Criterion Standard Deviation}}{\text{Predictor Standard Deviation}}$$

$$\text{Weight} = .55\frac{.68}{2.38} \qquad \text{Weight} = .55(.29) \qquad \text{Weight} = .16$$

$$\text{Constant} = \text{Criterion Mean} - (\text{Weight} \times \text{Predictor Mean})$$

$$2.98 - (0.16 \times 20.10) = 2.98 - 3.22 = -.24$$

把所有的這些資訊放入迴歸方程式的格式中，我們就能得到使用 ACT 分數預測新鮮人 GPA 的這個公式：

$$\text{Criterion} = \text{Constant} + (\text{Predictor} \times \text{Weight})$$

$$\text{Predicted GPA} = -.24 + (\text{ACT score} \times .16)$$

Predicted GPA：預測的 GPA　　ACT score：ACT 分數

請注意此例中的常數是一個負數。這也 OK。

## 預測分數

在我們的大學招生範例中，想像有兩封申請函寄過來了。其中一名申請人 Melissa 有 26 的 ACT 分數。另一名申請人，我們就叫他 Bruce 吧，則有 14 的 ACT 分數。

使用我們建置好的迴歸方程式，對於這些人最終的成績點數平均，就會有兩個預測值：

*Melissa*

- 預測的 GPA = −.24 + (26×.16)

- 預測的 GPA = −.24 + 4.16

- 預測的 GPA = 3.90

*Bruce*

- 預測的 GPA = −.24 + (14×.16)

- 預測的 GPA = −.24 + 2.24

- 預測的 GPA = 2.00

我希望 Bruce 申請的地方不只一個。

> 此範例中的兩個變數，即 ACT 分數和 GPA，使用的尺度
> （scale）不同，其中 ACT 分數通常是從 1 到 36，而 GPA
> 則是從 0 到 4.0。相關性分析的魔法有部分就是變數可以
> 使用各種不同的尺度，不會有影響。預測出來的結果不知
> 為何就是會使用判據變數的尺度。有點詭異，對吧？

## 這為何行得通？

當兩個變數與彼此相關（correlate），它們提供的資訊就會有所重疊。這
就好像它們共用（share）了資訊一般。統計學家有時會使用相關性資訊
來談論變數的共有變異數（*sharing variance*）。

如果一個變數的變化程度受到另一個變數的變化程度影響，那麼聰明的
數學家使用一個相關變數來估計另一個變數與平均的變異（或與平均的
距離），也是合理的事情。他們必定會用到代表變數平均值和變異性的數
字，以及代表資訊重疊量的一個數字。我們的迴歸方程式使用了所有包含
平均值、標準差和相關係數的那些資訊。

## 它還能用在何處？

迴歸能幫忙回答的研究問題不僅限於做出預測。有的時候，統計學家只是
想要了解一個變數和它的運作方式，或是它在一個母體中如何分布。他
們可以檢視該變數如何關聯至他們了解更多的另一個變數，藉以達成此
目的。

統計學家之所以稱簡單線性迴歸（simple linear regression）為簡單（*simple*），並非因為它很容易，而是因為它只用到一個預測變數。它的簡單是相較於複雜（*complex*）而言。類似我們範例的那些真實預測通常會用到許多預測子（predictors），而不僅一個。使用一個以上的預測子來預測某個判據變數的方法被稱作多元迴歸（**multiple regression**）[Hack #14]。

## 何處行不通？

在三種情況下，預測中會有錯誤存在。首先，如果兩個變數間的相關性並不完美，預測的準確性也不會完美。既然預測子和判據之間幾乎未曾真的有大型的關係存在，更別提完美的 1.0 相關性了，真實世界的迴歸應用會犯很多錯誤。不過，只要有任何的相關性存在，預測起來還是會比瞎猜還要準確。你能以估計的標準誤差（**standard error of estimate**）[Hack #18] 來判斷你誤差的大小。

其次，線性迴歸假設關係是線性的。這在「圖形關係」[Hack #12] 中詳細討論過，但若是關係的強度在分數範圍的不同位置會有所變動，那麼迴歸預測在某些狀況下就會產生很大的誤差。

最後，如果一開始收集來建立迴歸方程式中那些值的資料對於未來的資料並沒有代表性，結果也會有錯。舉例來說，在我們的大學招生範例中，如果某位申請人的 ACT 分數為 36，那麼預測出來的 GPA 就會是 5.52，這是個不可能的值，甚至無法放入 GPA 的標尺上，因為它最高就是 4.0。因為用來建立預測公式的過去資料只包含少數 36 的 ACT 分數，或甚至完全沒有，該方程式就沒有辦法處理這麼高的分數。

## 使用多個變數來預測另一個

預測未來並看見隱形事物的超能力是任何統計駭客都能運用的，只要他們認為值得那麼做。統計學家經常會使用一個變數來預測另一個變數，以回答疑問並運用相關性資訊來解決問題。不過對於更為精確的預測，我們可以使用多元迴歸（multiple regression）的方法來將多個預測變數結合到單一個迴歸方程式中。

「圖形關係」[Hack #12] 討論了迴歸線實用的預言式特質。這些程序能讓管理人員和統計研究者預測未曾實際進行的評估之表現、了解變數，並建構理論解釋那些變數間的關係。他們僅使用單一個預測變數（predictor variable）來達成這些把戲。

「使用一個變數來預測另一個」**[Hack #13]** 討論了大學判斷要錄取哪些申請人時會有的問題。他們想要錄取會成功的學生,所以他們試著預測未來的表現。那個 hack 中的解決方案用到一個變數(一個標準化測驗的分數)來估計一個未來變數(大學成績)的表現。

真實世界的研究人員通常想要利用在一組變數中找到的資訊,而不僅限一個,以預測或估計分數。當他們想要更高的準確度,科學家會試著找出看起來全都與感興趣的判據變數(criterion variable,你試圖預測的變數)相關的數個變數。他們會運用所有的這些資訊來產生一個**多元迴歸方程式**(*multiple regression equation*)。

## 挑選預測變數

繼續閱讀這個 hack 之前,你或許應該一讀或重讀「使用一個變數來預測另一個」**[Hack #13]**,複習我們所面臨的問題,以及迴歸如何解決它。這裡是我們在那個 hack 中使用單一個預測子(即 ACT 分數)所建構的方程式,用以估計未來的大學成績:

$$\text{Predicted GPA} = -.24 + (\text{ACT Score} \times .16)$$

Predicted GPA:預測的 GPA　　ACT Score:ACT 分數

這單一個預測子(predictor)產生了一個迴歸方程式,其輸出與判據(criterion)有 .55 的相關性。相當不錯,也相當準確,但它可以更好。

想像我們的行政人員對於這種準確程度並不滿意,她可能想要使用她建置的迴歸線或方程式,以達到更好的效果。如果她能找到更多與大學成績相關的變數,她就能得到更準確的結果。讓我們想像我們的業餘統計學家找到了與大學表現相關的其他兩個預測變數:

- 一個態度測量(attitude measure)

- 撰寫的短文品質

或許大學態度調查的表現是由大學所收集(分數範圍介於 20 和 100),而被發現與未來的 GPA 有某種相關性。此外,分數範圍從 1 到 5 的個人短文品質可能與大學 GPA 有相關性,可以包含在多元迴歸方程式中。

## 建構一個多元迴歸方程式

先讓我們看一下迴歸方程式廣義的抽象格式，然後我們會把此工具套用到手上的任務。這裡是僅使用一個預測變數的基本迴歸方程式：

$$Criterion = Constant + (Predictor \times Weight)$$

Criterion：判據　Constant：常數　Predictor：預測子　Weight：權重

如果你想要使用更多的資訊，你可以擴充此方程式以包含更多的預測子。這裡是有三個預測子的一個方程式，但你能夠擴充這種形式的方程式以包含任意數目的預測子：

$$Criterion = Constant +$$
$$(Predictor\ 1 \times Weight\ 1) +$$
$$(Predictor\ 2 \times Weight\ 2) +$$
$$(Predictor\ 3 \times Weight\ 3)$$

每個預測子都有自己關聯的權重，它們是透過基於預測變數和判據變數之間相關性的統計公式所決定出來的。這個過程的方程式有點複雜，所以我不會在此展示（感謝我吧！）。在真實世界的迴歸方程式的建構過程中，幾乎一定會使用電腦來產生多元迴歸方程式。

我使用統計軟體 SPSS 來進行本書中的許多計算工作，使用我輸入到 SPSS 資料檔案的資料（經常是虛構的）。Microsoft 的 Excel 是進行簡單統計分析的另一個便利工具。

使用有三個預測子與判據相關，而且它們彼此之間也有某種相關性的真實資料，我們能夠產生其中的值像下列的一個迴歸方程式：

$$Predicted\ GPA = 3.01 +$$
$$(ACT\ Score \times .02) +$$
$$(Attitude\ Score \times .007) +$$
$$(Essay\ Score \times .025)$$

Attitude Score：態度分數　Essay Score：短文分數

依據我在我的電腦上用來產生這些權重的虛構資料，這整個方程式能夠很好地預測大學的 GPA，觀測到的 GPA 值與預測的 GPA 值之間有 .80 的相關性。這比我們單一預測子所找出的 .55 相關性還要好很多。

當我們為此模型（*model*，對於一組變數以及它們之間如何關聯的一種描述）加上另外兩個預測子，具體而言就是態度測量值與短文分數，ACT 分數的權重就會改變。這是因為所用的是部分相關性（*partial correlations*）而非每個預測子的一對一相關性（*one-to-one correlations*）。此外，常數也會改變。這會在之後，這個 hack 的「這為何行得通？」那節中討論。

## 做出預測並了解關係

要估計一名潛在學生的大學表現會如何，我們的行政人員會收集該名學生每個預測子的分數，並將它們輸入到方程式中。她會將每個預測子分數乘以其權重並加上常數，所產生的值就是未來表現的最佳猜測值。當然，它可能不是全然正確（事實上，最有可能的情形就是不完全對），但比起完全沒有資訊的情況，它算是比較好的猜測。

如果你沒有任何資訊，但還是必須猜測某位學生在大學可能表現得如何，你應該猜測她會得到平均的 GPA，無論那對你們學校而言是什麼。

如果你想要做的不僅是預測未來，而是還想要真正了解你的預測子和判據之間的關係呢？你這麼做可能是因為你想要建構一個更有效率的公式，不需要不是非常有用的那些資訊。你這麼做也有可能是因為想要建構出理論來了解世界，你這個瘋狂科學家！問題在於，光是檢視那些權重，你很難知道每個預測子的獨立貢獻為何。

多元迴歸方程式中每個變數的權重都會被調整到各個變數實際的分數範圍。這使得我們很難比較每個預測子以找出哪一個在預測判據上提供了最多資訊。比較這些原始的權重可能有誤導之虞，因為一個變數的權重較小，有可能只是因為它所用的尺度（scale）較大。

舉例來說，把 ACT 分數的權重與態度分數的權重相比。ACT 的 .02 權重比態度分數的 .007 權重還要大，但不要被誤導以為 ACT 分數在預測 GPA 上所扮演的角色比態度還要重要。請記住，GPA 分數的範圍是從 1.0 到 4.0，而態度分數的範圍則是 20 到 100。態度分數較小的權重實際上所導致的判據差異，可能會比 ACT 分數較大的權重所產生的還要大。

用於多元迴歸分析的電腦程式通常會提供表 **2-4** 中那種格式的資訊。

表 2-4　多元迴歸之結果

| 判據 | 非標準化權重 | 標準化權重 |
|------|------------|----------|
| 常數 | 3.01 | ----- |
| ACT 分數 | .02 | .321 |
| 態度分數 | .007 | .603 |
| 短文分數 | .025 | .156 |

表 2-4 中的第三欄在識別關鍵預測子和比較每個預測子估算判據的獨特貢獻上，會比「非標準化權重」還要有用。

標準化的權重（standardized weights）是你先把所有的原始資料轉換為 z 分數（z scores）[Hack #26] 時會得到的權重，即每個原始分數與平均值之間的距離以標準差表達。

標準化的權重把所有的預測子都放在相同的尺度上計量。藉此，每個預測子與判據的相對重疊量就能公平比較並被理解。舉例來說，在我們的資料中，我們應該可以貼切的說，關於大學的 GPA，態度所解釋的是 ACT 表現的兩倍，因為態度的標準化權重是 .603，大約是 ACT 分數的標準化權重（.321）的兩倍。

## 這為何行得通？

多元線性迴歸在預測結果上做得比簡單線性迴歸還要好，因為多元迴歸使用額外的資訊來為每個預測子計算確切的權重。多元迴歸知道每個預測子與其他預測子的相關性，並用那個來建立更準確的權重。

這點複雜性是必要的，因為如果預測子與彼此有關聯，它們就會共用某些資訊。若是它們與彼此相關，它們就不是預測真正獨立的來源。為了使迴歸方程式盡可能準確，統計程序從方程式中的每個預測子移除了共用的資訊。這會產生從不同面向影響判據的獨立預測子，以產出可能的最佳預測。

想像與彼此完美相關（也就是相關性等於 1.00）的兩個預測變數。在一個迴歸方程式中同時使用這兩個變數所產生的預測並不會比僅使用一個（不管哪一個）還要來得更準確。更進一步說，預測子之間的任何重疊（即預測子之間大於或小於 0.00 的任何相關性）都是多餘的資訊。

圖 2-3 演示了使用獨立資訊的多個來源以估算一個判據分數。

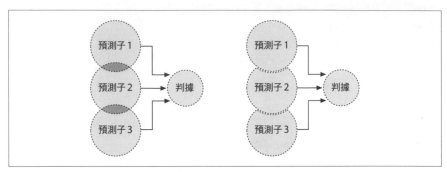

圖 2-3　多元迴歸中的多個預測子

多元迴歸中用來為每個預測子決定權重的相關性資訊並非一個預測子和判據之間一對一的相關性。取而代之，它是所有預測子間的重疊已被移除時，一個預測子和判據之間的相關性。

這個過程所產生的預測變數與實際的測量變數有點不同。藉由在統計上移除（或控制）預測子間的共用資訊，這些預測子在概念上變得與之前不同了。如圖 2-3 所示，現在它們是帶有不同「形狀」的獨立預測子（independent predictors）。這些更動過的預測子和判據變數之間的相關性則被用來產生權重。

 所有多餘的共用資訊已經在統計上從預測子移除時，預測變數和判據變數之間的相關性被稱為部分相關性（partial correlations）。如果預測變數與彼此不相關，那麼每個預測子和判據之間所得到的一對一相關性，就是部分相關性。

## 這適用於其他哪些地方？

多元迴歸會因為兩個理由之一在真實世界中被真正的人每天使用。首先，多元迴歸能讓人建構一個預測方程式，所以人們會使用他們面前一組變數的分數來估計他們拿不到手的另一個變數的分數（因為它可能在未來，或是出於某些原因無法輕易測量）。這就是多元迴歸的工具在應用科學（applied science）的世界中被用來解決問題的方式。

多元迴歸也能讓我們檢視一組變數對其他某個變數所做出的獨立貢獻
（independent contribution）。它讓我們能夠看見變數間哪裡有資訊重疊
（information overlap），並建構理論來了解或解釋這個重疊。這是多元迴
歸的工具在**基礎科學**（*basic science*）的世界中被用來解決問題的方式。

## HACK #15　識別出未預期的結果

你要怎麼知道你的觀測是正確的或你只是有所偏差？你要如何知道比起碰
巧發生那多多少少有背後的原因存在？你可以使用有彈性的單向卡方檢定
（chi-square test）來確定這些事情。

在科學中，最古老的一種觀測研究涉及了計數（counting）人、動物和
事情：

- 這艘船上有多少人？

- 有多少比例的蝴蝶翅膀上有小小的綠色斑點？

隨著推論統計這個領域的成熟，這些問題就變得更具體：

- 1812 年在倫敦出生的男女數目相等嗎？

- 一天中不同時段發生的犯罪行為數目相等嗎？

這些情況中的研究問題是「它們相等嗎？」（或者至少是，它們足夠接近
以致於任何的波動都大概是出於偶然嗎？）。不相等的分布所產生的推論
會是**有什麼事情正在發生**。到底是什麼正在發生，無法以這類的提問回
答，但這是一種開始，是很好的第一個問題。

你是否曾經注意到**某件事情好像正在發生**，但無法確定那是否只是你的
想像？當地社區市集裡的嬉皮店家數是否比預期碰巧出現的還要多嗎？
如果答案是肯定的，而你想要認識一些嬉皮人士，你就應該開始在那裡
閒晃。

在商業中，或對那些必須提供服務的人而言，辨識出什麼地方的需求最
大，是很關鍵的。觀測資料（observational data）可被用來解決那類問
題。即使是在日常生活中，我們也都有基於觀察的信念（可能是有偏差
的）。我**有**注意到社區市集裡有很多嬉皮人士，但或許只是我在店裡的時
候特別留意了嬉皮人士的關係。那裡的嬉皮人士真的比正常多嗎？嬉皮人
士比非嬉皮人士多嗎？

這類的問題能以一種統計工具來回答,它很適合用來檢驗某個數目的幾個類別中,每個類別的「東西」數是否比一般自然產生的數量還要來得不均等。這個工具的名稱叫做**單向卡方**(*one-way chi-square*)。

> 這種統計分析之所以叫做 chi-square(卡方),是因為用於所產生的臨界值(critical value)的符號是一個 X,它是希臘字母 chi(唸作「kye」)。計算中所需的值全都會經過平方(squared)運算,因此整個東西就稱作 *chi-square* 或 *chi-squared*。

## 判斷某件事情是否正在發生

想像你負責你們鎮警員的排班工作。問題在於你不知道是要每班都排等量的警員,或是特定時段的犯罪率比較高要排比較多人。如果某一班可能比較忙,你或許就應該指派更多警員。當然,在那個時間排定更多警員的另一個原因是巡邏可能會稍微減少犯罪行為。

這裡有個例子,其中虛構的資料描述三個時段的犯罪事件。想像這些資料是 30 天的期間收集而來的,而你想要使用這些資料來計劃來年。這裡的數字代表這三個警務輪班時間中每一個時段發生的犯罪事件數。

| 午夜 – 8 a.m. | 8 a.m. – 4 p.m. | 4 p.m. – 午夜 | 總計 |
|---|---|---|---|
| 120 | 90 | 90 | 300 |

看起來當然是越晚發生的犯罪事件越多。單論觀察結果,我們也許可以總結說越晚犯罪率越高。但那或許只是在我們的樣本中那樣而已,在我們能為之收集資料的母體中,實際上可能沒有任何差異。

## 計算卡方

我們能為這個資料計算一個卡方(chi-square)值。如果這個卡方很大,那麼 120 個犯罪事件就是不尋常地多於另外兩個犯罪時段。多大算「真的大」是我們會在這個 hack 後面會探討的重要問題。

> 這裡是思考我們即將要做的分析的一種方式。如果在一個 24 小時的時段中,發生了 300 次犯罪行為,我們可以預期其中的 33.3% 或者是 100 件會發生在當天三個等長的時段中的每一個。如果那些時段每一個中發生的犯罪事件數多於或少於 100,就表示有某件事情正在發生。當然,可能會有機遇帶來的某些波動,但預期次數和實際次數之間的差距越大,就代表那些差異越不可能只是偶然。

這裡是卡方的公式：

$$\text{Chi-square} = \sum \frac{(\text{Observed Frequency} - \text{Expected Frequency})^2}{\text{Expected Frequency}}$$

Chi-square：卡方值　Observed Frequency：觀察到的次數
Expected Frequency：預期的次數

Σ 是代表加總（sum 或 add up）它後續東西的一個符號。

讓我們為此資料計算出一個卡方值。每個類別觀察到的次數是給定的，而每個類別預期的次數則是 300 除以三個類別，也就是 100：

$$\frac{(120 - 100)^2}{100} + \frac{(90 - 100)^2}{100} + \frac{(90 - 100)^2}{100}$$

$$\frac{(20)^2}{100} + \frac{(-10)^2}{100} + \frac{(-10)^2}{100} = \frac{400}{100} + \frac{100}{100} + \frac{100}{100} = 4 + 1 + 1 = 6$$

這個資料的卡方值為 6。好了，那現在呢？6 是大是小，還是算什麼呢？大小為 6 的一個卡方值有可能是偶然出現的嗎？

## 判斷卡方值是否「真的很大」

就跟所有的統計工具（像是相關係數 [Hack #11]、t 檢定 [Hack #17]、比例等等）一樣，統計學家已經找出了卡方的分布（distribution）。換句話說，我們知道不同大小的卡方值偶然發生的可能性。找到特定大小的卡方值的可能性取決於類別的數目（number of categories）。

表 2-5 是一個理論上很巨大的表格的一部分，顯示為了 95% 確信（顯著性水平 = .05）其值不會只因為樣本中的隨機波動就變得那麼大所必須有的卡方值。我們知道這些臨界值只有 5% 或更小的機率會偶然發生，因為卡方就跟統計有條理的世界中幾乎所有的其他東西一樣，有已知的分布，即特定值會發生的一組已知的可能性。就像常態曲線，卡方分布也是定義良好的 [Hack #23]。

表 2-5　顯著性水平 .05 的關鍵卡方值

| 兩個類別 | 三個類別 | 四個類別 | 五個類別 |
| --- | --- | --- | --- |
| 3.84 | 5.99 | 7.82 | 9.49 |

我們的卡方值為 6，它比三個類別的臨界值（5.99）還要高。這意味著非常具體的事情，所以我會強調它。雖然我特別指的是目前手上的犯罪率問題，但我所用的詞語模式也能描述顯著性水平為 .05 的所有統計發現。

> 若是在母體中，一天的那三個時段所發生的犯罪事件數並沒有差異，你偶爾還是可能抽出帶有差異、能夠產生 6 或更大卡方值的隨機樣本，但這發生的機率小於 5%。

那麼，我們似乎可以合理地總結說，母體中確實存在有隨著一天時間不同而有所差異的犯罪次數。因為這些差異是「真的」，就能夠合理地根據它們排定一整年的警察巡邏班表。

## 這為何行得通？

卡方分析的資料排列的方式能讓我們比較每個類別（category）中觀測到的東西數和每個類別中的預期東西數。這裡的「每個類別中的預期東西數」通常定義為一個相等的數字。如果沒有事情發生（也就是如果類別不會造成差異），我們就能預期每個類別中的東西數目相等。

卡方適用於類別資料（categorical data）。基本上，這會為每個類別計算出預期和觀測之間的差異。這些差異會與預期次數進行比較（作為標準化所有差異的一種方式），然後那些比值（ratios）會被加在一起。所產生的數字之大小決定了偶然發生的可能性。該數字越大，偶然性就更不可能單獨用來作為解釋。有一個已知的分布（與每個可能的卡方值關聯的機率清單）存在，它會被一個表格（或電腦）用來指定一個特定的機率給每個卡方值。

若有兩個或更多個類別，而且研究人員想要知道跨越這些類別的實際分布是否單憑機遇就可以預期，那麼卡方就是合適的檢定方法。實際被檢定的值，就是研究者預期找到的跟現實發生的之間的差異。

適用卡方檢定的情境會有特定的預期（*expectations*），而我們想要知道那是否符合觀測到的（*observed*）資料。這是一種簡單形式的模型試驗（model testing）。研究人員有一個信念體系（belief system），由一些模型或假說所構成，說明世界應該如何運作。然後她會觀測世界（收集資料）並把觀測結果與她的模型做比較。如果資料符合模型，這就支持了她的假說。所以說，卡方檢定被視為一種適合度檢定統計量（*goodness-of-fit statistic*）。它所回答的問題是資料與一個模型的吻合度。

某些統計學教科書會把單向卡方（*one-way chi-square*）
稱作單樣卡方（*single sample chi-square*），所以別搞混
了。不過，你幹嘛去讀別的統計書？

統計學家知道相較於預期次數，觀測到的次數中正常的波動大小應該為
何。有了這個知識之後，他們就能計算出觀測到的值偏離預期值是出於偶
然還是因為有某些其他事情正在發生。

## 這適用於其他哪些地方？

雖然是一個簡單而且從歷史上來說很古老（大約 80 歲，就統計學的標準
而言很老了！）的統計方法，卡方還是很適合用來回答測量水平最低兩階
的各種統計問題，此外，對於非常進階的統計方法而言，它也出乎意料的
有用。因為它是一種相當簡單明瞭的模型試驗（或量化適合度）的方式，
卡方會被用作複雜的相關性分析和測量診斷中的一部分。

卡方分析被用來探討對於世界的複雜理論模型，也就是變數間關係的詳細
地圖，是否真的與真實世界的資料相符。如果真實世界與這些模型之一所
隱含的預期偏離太遠，就可以做出結論說該模型太弱。一個有顯著性的卡
方值，就是用來判斷偏離「太遠」的判據（criterion）。

舉例來說，如果測驗的開發者關心試題偏差（item bias，也就是一個試題
對於某組辨識得出來的人，例如種族、性別等等，可能會有不同效果），
他們會檢查答題的模式是否符合特定的期待，而不管資料是由哪個群組所
產生。卡方分析會把預期跟實際的測驗表現做比較。

## 也請參閱

- 「識別出未預期的關係」[Hack #16]。

## 識別出未預期的關係
#16

如果你想要驗證你在兩個變數之間觀察到的某個關係是否真的存在,你有各式各樣的統計工具可用。不過,問題會發生在你以不怎麼精確的方式測量那些變數之時,也就是使用類別測量(categorical measurement)的時候。解法是使用雙向的卡方檢定(two-way chisquare test),它的功能之一就是能用來對你剛認識的人的特徵做出未經證實的假設。

「識別出未預期的結果」[Hack #15] 用了單向的卡方檢定(*one-way chi-square test*)來做出警察排班的決策,以「一天中不同時段的犯罪率是否相等」這個問題的答案為依據。那個工具可以很好地解決任何分析問題,只要:

- 資料用的是類別層次的測量水平(例如性別、政黨、種族)。

- 你想要判斷在特定的類別中是否有分數的出現次數比預期中偶然發生的還要多。

當你好奇的是兩個類別變數(categorical variables)是否與彼此關連(*related*),你面對的就是另一種常見的分析問題。類別變數之間的關係能以便利的雙向卡方(*two-way chisquare*)檢定加以檢視。

> 如果兩個變數是在等距水平(interval level,沿著一連續體上的許多分數都是可能的值)測量的,相關係數 [Hack #11] 就是能用的最佳工具,但它不適合用來處理類別測量。

我們無時無刻都在為這類變數之間的關係做出假設。我們對於不同類別的人常見的刻板印象都隱含著關於這些關係的假說。這裡有幾個你可能有的假設,隱含著類別變數之間的某種關係:

- 教授經常心不在焉。

- 電腦程式設計師會玩龍與地下城(*Dungeons and Dragons*)。

- 收集漫畫書的大人會撰寫 *Statistics Hacks* 這種書。

- 教授經常心不在焉。

如果你在派對上遇到一名電腦程式設計師,而你對這類人有此種刻板印象,你可能會假設她很熟悉 20 面的骰子。但如果你是錯的,這可能會導致很尷尬的對話。比較好的方法是去搞清楚感興趣的這些類別變數之間的這種關係是否真實存在。計算雙向的卡方值就能解決這種問題,並能確認或駁回關於他人的這些假設。

## 回答關係問題

單向卡方檢定分析單一個類別變數,而雙向卡方檢定則分析兩個類別變數之間的關係。過程是相同的:為每個類別或每種類別組合比較預期次數和實際次數。如果其間的差異加總起來是個大數字,那麼就有某種事情正在發生。

這裡是我們可能想要回答的一個類別關係問題。它類似於其他可被探討的刻板印象議題:

女性比較可能是民主黨員(Democrats)或共和黨員(Republicans)?

對此你大概已經有一些假設存在,但你要如何檢查這種假設的準確性呢?

---

### 複習單向卡方

適用卡方檢定的情境會有特定的預期(*expectations*),而我們想要知道那是否符合觀測到的(*observed*)資料。統計學家知道相較於預期次數,觀測到的次數中正常波動的大小。知道這點之後,他們就能找出觀測值與預期值之間的任何偏離是碰巧發生的,還是有某些其他事情正在發生。這些分析的原始資料通常是某個變數的每個類別中的人數(次數)。

這是通用的卡方公式:

$$\text{Chi-square} = \sum \frac{(\text{Observed Frequency} - \text{Expected Frequency})^2}{\text{Expected Frequency}}$$

Chi-square:卡方值　Observed Frequency:觀察到的次數
Expected Frequency:預期的次數

Σ 代表加總它後續的東西。卡方值越大,結果就越不可能是隨機發生的。

---

**進行初步分析。** 表 2-6 是作為起點的一個例子，其中包含單一個類別變數的類別次數資料。這個資料是虛構的，但與已發表的研究一致，後者通常會發現共和黨員比較有可能是男性，而女性較常認為自己是民主黨的。

表 2-6    共和黨員的虛構樣本

| 男性 | 女性 |
|------|------|
| 45   | 30   |

在這有 75 名共和黨員的隨機樣本中，45 名是男性，而有 30 名是女性，那代表 60% 男性及 40% 女性。我們能下結論指出一般來說共和黨員比較可能是男性而非女性嗎？若非如此，那麼我們的樣本中應該預期有 50% 的男性和 50% 的女性。

> 單向（one-way）卡方分析能讓我們看出共和黨員男性是否比女性多，但那不是我們在此要探討的 hack。

不過這並非我們的研究問題。

**計算雙向卡方值。** 我們最初的問題只包括共和黨員，所以儘管政黨看起來好像是我們第一個分析中的變數，它其實只是對於母體的一個描述，它完全沒有變動（vary）。不過我們可以把政黨（party）加到我們的分析中，方法是新增另一個類別，即民主黨，並招募另外的 75 個參與者，然後突然之間我們就有具備兩個變數的資料了。假設次數資料如表 2-7 所示。

表 2-7    假想的選民樣本

| 政黨 | 男性 | 女性 | 總數 |
|------|------|------|------|
| 共和黨 | 45 | 30 | 75 |
| 民主黨 | 34 | 41 | 75 |
| 總數 | 79 | 71 | 150 |

在此，我們有兩個類別變數：所屬政黨和性別。我們能夠繼續以單向的分析來檢視這兩列資料中的任一列。然而，一個更為典型的問題會是：「政黨與性別之間是否有某種關係存在？」

> 問：「政黨（party，也指「派對」）與性別（sex，也指「性愛」）
> 　　之間是否有某種關係存在？」
> 答：「這讓我們想到我大學新鮮人的日子。」
> 　　（哈！我收到超多這種問題。我整個禮拜都會待在這裡。
> 　　大家晚安啦！）

要計算預期次數和觀測到的次數之間差異的一個標準化的度量值,我們使用跟單向卡方分析一樣的公式。如「識別出未預期的結果」[Hack #15] 所示範的,我們一開始先加總每格(cell,表格中的每個方格)中預期和觀測次數之間的差。

在雙向卡方分析中,我們做的也一樣。每格中的預期次數等於該格那列中的人數乘以該格那欄中的人數,然後除以總樣本大小。使用表 2-7 中的資料,預期次數的計算過程如表 2-8 中所示。

表 2-8　雙向卡方分析的預期次數

| 政黨 | 男性 | 女性 |
|------|------|------|
| 共和黨 | (75×79) / 150 = 39.5 | (75×71) / 150 = 35.5 |
| 民主黨 | (75×79) / 150 = 39.5 | (75×71) / 150 = 35.5 |

因此,這裡雙向卡方值的計算過程就像這樣:

$$\text{Chi-square} = \frac{(45-39.5)^2}{39.5} + \frac{(34-39.5)^2}{39.5} + \frac{(30-35.5)^2}{35.5} + \frac{(41-35.5)^2}{35.5}$$

Chi-square:卡方值

$$\text{Chi-square} = \frac{(5.5)^2}{39.5} + \frac{(-5.5)^2}{39.5} + \frac{(-5.5)^2}{35.5} + \frac{(5.5)^2}{35.5}$$

$$\text{Chi-square} = \frac{30.25}{39.5} + \frac{(30.25)}{39.5} + \frac{(30.25)}{35.5} + \frac{(30.25)}{35.5}$$

$$\text{Chi-square} = .77 + .77 + .85 + .85 = 3.24$$

**判斷卡方值是否夠大。**統計學家知道 2×2 的表格的臨界卡方值(像是我們剛才計算的卡方值)是 3.84。大於 3.84 的卡方值是偶然出現的機率大約是 5% 或更小 [Hack #15]。

因為我們的卡方值是 3.24,小於關鍵 5% 的值 3.84,所以我們知道這種波動是偶然發生的機率大於 5%。在此我們無法宣稱統計顯著性,因此我們必須做下結論,指出雖然我們的樣本看似好像顯示了所屬政黨和性別這兩個類別變數之間有某種關係,但它有可能是因為隨機的抽樣誤差而產生。在作為此樣本來源的母體中,可能沒有任何這種關係存在。

## 這為何行得通？

雙向卡方分析回答這種關係問題的方法是檢視其間的差異。這看起來似乎違反直覺，因為大多數的統計工具尋找差異是為了顯示，嗯，沒錯，就是差異，而非顯示相似性。但這背後的思維是：

- 如果政黨與性別之間沒有關係，那麼每個性別都應該同等分布在共和黨與民主黨之中。

- 此外，若是沒有關係，那麼每個政黨都應該平均分配在男性與女性之中。

- 這種雙向的均等分布是預期中會偶然發生的。與這些預期的大型偏差就暗示著有某種事情正在發生。

這個 hack 所解決的問題就是要判斷我們持有的某種刻板印象是否正確。當然，在真實世界之外的科學世界中，研究人員會使用這個工具來探討各式各樣廣泛的複雜問題。

任何時候只要你有兩個類別變數，而且想要看看其中一個變數是否對另一個有某種依存性（dependency），那麼有時被稱為**列聯表分析**（*contingency table analyses*）的雙向卡方分析就能派上用場。我們的例子用到僅有兩個類別的變數，但類似的分析也能用於具有許多類別的變數之上。技術上的需求複雜了一點，但程序是相同的。

## 也請參閱

- 「識別出未預期的結果」[Hack #15]。

## 比較兩個群組

**#17**　哪個比較好？哪個擁有比較多？人與人之間真的有差異嗎？像這樣的量化問題主導了我們時代的禮貌性對話。如果你想要為你的這些關於最好、最多或最少的信念找出一些真實的證據，你可以使用叫做「t 檢定（t test）」的統計工具來支持你的論點。

我叔叔 Frank 的意見很多。綠色的 M&M 巧克力比藍色的好吃。女人永遠不會收到超速罰單。音樂情境喜劇 *Brady Bunch* 中的小朋友唱得比另一部 *Partridge Family* 中的小孩好。格紋又開始流行了。他可以滔滔不絕整天爭論一件又一件他一知半解的事情。雖然上面這四點我跟他意見不同（特別是格紋又**回來**了那點，畢竟它根本從未離開！），但我有的，也只是意見而已。

如果有某種科學方法可以證明 Frank 叔叔是對還是錯，那就好了！你無疑會注意到我這懇求的修辭性質居多，畢竟，可以用來測試這類假說的統計工具大概只有幾百萬種而已。其中一個最簡單的工具就是設計來測試最簡單的主張。如果問題是判斷一個群組是否與另一個群組不同，那麼稱為獨立 $t$ 檢定（independent $t$ test）的程序就是最佳的解決方案。

## 證明 Frank 叔叔是錯的（或對的）

要應用 $t$ 檢定來調查 Frank 叔叔的其中一個理論，我們必須計算出一個 $t$ 值（$t$ value）。讓我們假設我決定實際挑戰 Frank 叔叔，並收集資料來看看他是對是錯。

Frank 叔叔認為男性比女性更常收到超速罰單。要測試這個假說，想像我從他家附近隨機 [Hack #19] 挑選了各有 15 名司機的兩個群組。一組是女性，另一組是男性。我向他們詢問了一些問題。假設在過去五年間，男性那組平均收到 1.71 張超速罰單，而變異數為 .71。女性那組平均收到 1.35 張超速罰單，而變異數為 .25。

變異數（*variance*）是在給定的一個群組中，變異性（variability）的總量。它的計算方式是找出群組中每個分數與平均分數的距離，然後將那些距離平方，並取它們的平均值以得到變異數。

這裡是用來產生一個 $t$ 值的方程式：

$$t = \frac{\text{Mean of Group 1} - \text{Mean of Group 2}}{\sqrt{\dfrac{\text{Variance for Group 1}}{\text{Sample Size of Group 1}} + \dfrac{\text{Variance for Group 2}}{\text{Sample Size of Group 2}}}}$$

Mean of Group 1：群組 1 的平均值　　Mean of Group 2：群組 2 的平均值
Variance for Group 1：群組 1 的變異數　　Variance for Group 2：群組 2 的變異數
Sample Size of Group 1：群組 1 的樣本大小
Sample Size of Group 2：群組 2 的樣本大小

這個 $t$ 值越大，在你的樣本群組之間找到的任何差異就越不可能是隨機發生的。一般來說，大於 2 左右的 $t$ 值就算大到足以達到「該項差異存在於整個母體中，不僅是在你的樣本中」的結論。

在此顯示的 $t$ 公式在兩個群組中的人數都相同時效果最好。有一個類似的公式可在樣本大小不相等時用來平均變異數資訊。

Frank 叔叔的信念有支持的證據嗎?為了判斷這個,我們的計算需要**表 2-9** 中的資料。

表 2-9 超速罰單檢定的資料

|  | 群組 1(男性) | 群組 2(女性) |
|---|---|---|
| 平均值 | 1.71 | 1.35 |
| 變異數 | .71 | .25 |
| 樣本大小 | 15 | 15 |

如果我們把那些關鍵的值放到我們的 $t$ 公式中,它看起來就會像這樣:

$$t = \frac{1.71 - 1.35}{\sqrt{\dfrac{.71}{15} + \dfrac{.25}{15}}}$$

計算的過程如下:

$$t = \frac{.36}{\sqrt{.047 + .017}} = \frac{.36}{\sqrt{.064}} = \frac{.36}{.253} = 1.42$$

在此例中,.36 的平均差會產生 1.42 的 $t$ 值。

## 解讀 t 值

我們 1.42 的 $t$ 值有可能是偶然發生的嗎?換句話說,如果母體中實際的差為零,那從這單一個母體中抽取的兩個樣本所產生的平均會差那個量嗎?

前面我提過,通常需要 2 或更大的值才能達到這個結論。在這個標準之下,我們可以做出結論說,沒有證據顯示男性真的比女性收到更多罰單。當然,在我們的樣本中,是那樣沒錯,但如果我們測量每一個人(整個母體)可能就不是了。沒有證據支持 Frank 叔叔是對的。這與總結他是錯的有重要的差異存在,但仍然意味著他在這個爭論中應該會輸。

不過統計學談的就是準確性,所以讓我們稍微更進一步探討我們的 1.42。它到底要多大,我們才能做出結論說 Frank 叔叔其實是對的?

答案是,依照慣例,如果 $t$ 大到其隨機發生的機率小於 5% 或更小,那麼 $t$ 就夠大了。幸好,從一個母體隨機抽取時,找到各種大小的 $t$ 之機率已由辛苦工作的數學家使用**中央極限定理 [Hack #2]** 的假設決定出來了。具備統計顯著性的確切 $t$ 值取決於兩個群組合起來的總樣本大小。**表 2-10** 提供了宣稱 .05 水平的統計顯著性必須達到或超過的 $t$ 值。

表 2-10　小於 5% 的機率偶然發生的 *t* 值

| 兩個群組合起來的樣本大小 | 臨界 t 值 |
|---|---|
| 4 | 4.30 |
| 20 | 2.10 |
| 30 | 2.05 |
| 60 | 2.00 |
| 100 | 1.99 |
| ∞（無限大） | 1.96 |

對於表 **2-10** 中所示的那些以外的樣本大小，你可以估計所顯示的那些值之間的值，以找出你必須達到或超過的大略 *t* 值。此外，這個表假設你想要識別出群組間兩個方向的差異。它假設你想要知道任一個群組平均是否大於另一個。這就是統計學家稱作雙尾檢定（*two-tailed test*）的東西，而它通常也是我們感興趣的比較。

藉由表 **2-10**，我們看到 1.42 的 *t* 值小於受試者總共有 30 名的臨界值。我們必須看到大於 2.05 的一個 *t* 值，才能確信我們觀察到的樣本差並非隨機發生。

## 這為何行得通？

社會科學家一直都在使用這種比較方法。實驗設計和準實驗設計（quasi-experimental designs）經常都會有我們相信它們之間有某種差異的兩組人。你可能對於共和黨員與民主黨員或女孩與男孩之間的差異感興趣，或者你想要看看服用一種新藥物的一組人得到感冒的比例是否比完全不服用藥物的另一組人還要少。

這樣的設計會產生兩組分數，而那些值經常會不同，至少在所用的樣本中是那樣。研究人員（而我也是，特別是要證明 Frank 叔叔是錯的時候）比較感興趣的是那兩個樣本所代表的**母體**是否會有差異。

推論統計背後的邏輯就是分數的一個樣本代表（represents）較大的一個分數母體。如果樣本在某個變數上有差異，那這個差異可能會反映在從之抽取樣本的母體中。又或者這個差異可能出於抽樣所導致的誤差。

一個 t 檢定所回答的問題是在兩個樣本之間發現的任何差異是否是真的（也就是說，它們是否存在於作為那些樣本來源的母體之中），或是出於抽樣誤差（即它們大概僅存在於樣本中）。如果樣本間的差異大到不太可能是隨機發生的，研究人員就能做出結論說母體之間有一種真正的差異存在。

t 檢定的公式用到有關分數的樣本分布（sample distributions）之形狀（shape）的資訊。所需的資訊是每組中研究變數的平均分數、每組的變異數，以及每組的樣本大小。樣本平均為母體平均提供了一個很好的猜測值，變異數指出樣本平均可能偏離母體平均多少，而樣本大小則顯示估計的準確度。這兩個平均之間的差是標準化的，並表示為一個 t 值。

統計學家談論真實差異的方式是「這兩個樣本很可能取自不同的母體」。你我和研究人員談論真實差異的方式可能是「共和黨員與民主黨員有差異」或「這種藥物減低了得到感冒的機率」。

## 這適用於其他哪些地方？

數字不知道它們源自何處。你可以使用 t 檢定來查看任兩組數字中的差異，不管那些數字描述的是人或東西。事實上，t 檢定最早被發展出來，是為了判斷用於啤酒製造過程中，裝滿整部升降機的穀物之品質。

因為沒辦法檢查所有的穀物，啤酒統計學家（算是一種夢幻工作吧？）想要只需檢視隨機從較大的穀物母體抽出的一個小型樣本的方法。其餘的就是歷史了，所以我們可以說今日的統計研究者所做的許多工作，基本上都是由啤酒所推動的。

## HACK #18    找出你實際上錯了多少

只要你有使用統計學來為某些觀測做出摘要，你大概都是錯的。如果你需要知道你有多接近真相，就使用標準誤差（standard errors）。

統計學家或許是唯一不只會驕傲地承認他們的答案是錯的，還會詳細告訴你他們有多錯的專業人士。當你進行某種調查、記錄觀測值或做某種實驗時，你的結果所描述的只是你的**樣本**（*sample*），不管是客戶、病人、學生、金魚，或你面前的一塊氪星石。推論統計使用為一個樣本所計算出來的值來估計對樣本應該代表的**母體**（*population*）而言，那個值會是什麼。舉例來說，樣本的平均是母體平均相當好的猜測值。問題是如何知道是否能相信你的結果。

## 調整誤差與計算準確度

一個樣本的平均不太可能跟母體的平均完全相同，但可能很接近。如果你想要知道你差了多遠，你可以使用標準誤差（*standard errors*）來調整你的準確度。平均值的標準誤差能讓我們估計我們樣本平均和實際母體平均之間的差距。

「精確測量」[Hack #6] 討論如何在測量時使用標準誤差。計算測量的標準誤差（*standard error of measurement*）能讓你知道你的測驗分數與你典型的表現水平有多接近。就像測量能讓我們產生個別觀測分數周圍 95% 的信賴區間（confidence intervals），統計學家經常會產生一組範圍廣泛的樣本值周圍的 95% 信賴區間。

幸好，對於好奇想要知道某個統計發現與隱藏的真相距離有多遠的任何人來說，每種熱門的統計程序都提供一個標準誤差。介紹下列基本的概念之後，這個 hack 會解釋如何應用接下來的標準誤差：

- 敘述統計中平均的標準誤差（*standard error of the mean*）

- 抽樣調查中比例的標準誤差（*standard error of the proportion*）

- 迴歸分析中估計的標準誤差（*standard error of the estimate*）

中央極限定理 [Hack #2] 是得知我們抽樣時有多錯的一個關鍵工具，因為它提供了公式來計算標準誤差並指出所有的樣本摘要值（sample summary values）都是常態分布的。

使用標準誤差驗證統計分析結果的準確性有三種常見的方式。到底要用哪個工具取決於你是想要知道你估計下列哪個值有多正確：

- 母體中某個變數的平均分數（例如非終身聘教授的平均薪水）

- 母體中具有某些特徵的比例（例如誰會投票贊成我的 Frank 叔叔成為捕狗員隊長）

- 未來的表現（例如你訓練來做多選題測驗的寵物猴可能的大學 GPA）

## 平均估計值

樣本平均作為母體平均估計值的準確度依據的是樣本大小。以下是公式：

$$\text{Standard Error of the Mean} = \frac{\text{Standard Deviation}}{\sqrt{\text{Sample Size}}}$$

Standard Error of the Mean：平均的標準誤差　　Standard Deviation：標準差
Sample Size：樣本大小

隨著樣本大小增加，樣本平均就會更加接近真正的母體平均。如果你把樣本大小看成是獨立觀測的數目，這就滿合理的：你對某樣東西觀測得越多，你的描述就會越準確。

> 平均的標準誤差（*standard error of the mean*）是樣本平均與它們母體平均的平均距離。

## 比例估計值

當一群作為樣本的人被調查，結果會呈現為某種百分比（percentage）或比例（proportion，例如所有的水手中有 72% 膝蓋有問題），這個百分比會與你調查整個母體所找到的實際百分比有些距離。如果樣本是隨機選取的，則比例的標準誤差所代表的就是樣本百分比與母體百分比有多接近。

比例的標準誤差的基礎是樣本大小和比例的大小。這裡是公式：

$$\text{Standard Error of the Proportion} = \sqrt{\frac{(\text{proportion})(1 - \text{proportion})}{\text{Sample Size}}}$$

Standard Error of the Proportion：比例的標準誤差
proportion：比例　　Sample Size：樣本大小

就像平均的標準誤差，隨著樣本大小增加，比例的標準誤差也會跟著縮小。如果你是數學導向的，你可能會注意到，隨著比例移離 .50，公式頂部中的數字就會變小。

因此，計算的時候，樣本比例離 .50 越遠，比例的標準誤差就會越小。另外一個有趣的地方是，此公式頂端部分顯示出樣本中變異的程度。proportion)(1 – proportion) 是比例的標準差平方。

比例的標準誤差是樣本比例與母體中真實比例的平均
距離。

## 估計未來表現

在迴歸分析中，**一或多個變數的分數會被用來估計另一個變數的分數**
[Hack #13]。然而。那個預測分數不太可能是完全正確的。

就像我們可以計算一個樣本平均距離母體平均有多遠，或是我們調查的結
果跟理論上母體的結果差多少，我們也可以計算，就平均來說，我們的迴
歸預測距離一個人會得到的實際分數有多遠。這裡是公式：

$$\text{Standard Error of the Estimate} = \text{Standard Deviation} \sqrt{1 - \text{correlation}^2}$$

Standard Error of the Estimate：估計的標準誤差
Standard Deviation：標準差　correlation：相關係數

這個方程式中所用的標準差是判據變數（criterion variable）的標準差，也
就是你正在預測的那個。相關係數是你的預測子（predictors）和判據變
數之間的相關性。

若你感興趣的是準確度（畢竟那就是這個 hack 的重點所
在），我應該指出，前面所給的估計的標準誤差之公式值
並不完全正確。然而，它所提供的結果幾乎與這個較為複
雜但正確的方程式所產生的相同：

$$\text{SE}_{\text{estimate}} = \text{Standard Deviation} \sqrt{(1 - r^2)\frac{\text{Sample Size} - 1}{\text{Sample Size} - 2}}$$

SE$_{\text{estimate}}$：估計的標準誤差　Standard Deviation：標準差
Sample Size：樣本大小

請注意在這個公式中，相關係數越大，估計的標準誤差就越小。這有其道
理，因為兩個變數間如果有很多的資訊重疊，你只要查看其中一個，就能
大致掌握另一個的分數。

估計的標準誤差是實際分數距離每個預測分數的平均
距離。

## 使用標準誤差

這裡是如何使用這些工具來有信心地指出真相所在的範圍。因為抽樣誤差是常態分布的，標準誤差（standard error）可以像標準差（standard deviation）那樣被用來定義常態曲線底下特定比例的分數。

舉例來說，如果我想要提供一個範圍的值，而母體的值有 95% 的機率落在其中，我們可以在我們樣本值的周圍建置一個 95% 的信賴區間（confidence interval）。根據常態曲線 [Hack #23]，樣本值任一邊 1.96 個標準誤差應該能提供一個範圍的值，讓我們能以 95% 的確定性指出其中含有母體值。

表 2-11 展示了各種標準誤差的一些例子，以及使用樣本資料來產生這些信賴區間 [Hack #6]。請注意，較大的樣本大小如何能創造出更接近母體值的樣本估計值，而較大的樣本大小也指向更為精確的信賴區間。

表 2-11　建立 95% 的信賴區間

| 標準誤差的類型 | 標準差 | 樣本大小 | 樣本值 | 標準誤差 | 95% 的信賴區間 |
|---|---|---|---|---|---|
| 平均的標準誤差 | 15 | 30 | 100 | 2.74 | 94.63–105.37 |
| 平均的標準誤差 | 15 | 60 | 100 | 1.94 | 96.20–103.80 |
| 比例的標準誤差 | .25 | 30 | .50 | .09 | .32–.68 |
| 比例的標準誤差 | .25 | 60 | .50 | .06 | .38–.62 |
| 估計的標準誤差 | 15 | 30 | 100 | 14.81 | 70.97–129.03 |
| 估計的標準誤差 | 15 | 60 | 100 | 14.65 | 71.29–128.71 |

> 表 2-11 中估計的標準誤差的「樣本值」欄是某個變數之估計或預測分數的一個例子。此範例中的計算假設預測子和判據之間有 .25 的相關係數。

## Frank 叔叔的捕狗員競選

作為 Frank 叔叔最近競選捕狗員的活動策畫人，我有機會用到標準誤差。在選舉前幾週，我從 Frank 居住的堪薩斯州湯加諾西（Tonganoxie）鎮隨機挑選了選民。我的調查發現，50% 的受訪者說他們會投給他。我警告 Frank 叔叔這個樣本太小以致於無法非常精確反映整個母體的選民。

參考過表 2-11 之後，我判斷出來，如果我們調查了該鎮所有的選民，他們說會投給 Frank 的百分比可能會合理地落在 32% 與 68% 之間，雖然最有可能的值是 50%。當然，我的樂觀主義者叔叔將這解讀為他可能會有 68% 的選票，大幅領先。他將剩餘的競選經費花在投票前規模龐大的勝

利派對上。作為一名現實主義者，也知道我叔叔在鎮上的名聲，我預期真正的結果會是另一個方向。事實也是如此。不過那沒關係，至少派對很棒。

## 這為何行得通？

如果我們接受下列假設並應用一些常識，我們就能信任標準誤差的準確度：

### 抽樣誤差是常態分布的

這意味著這些誤差大小的值在其範圍中的分布符合常態曲線。這能讓我們產生那些有說服力的精確信賴區間。

### 抽樣誤差沒有偏誤（*nonbiased*）

這代表樣本值有同等的可能性大於或小於母體值。這是很方便的事情，因為這意味著在重複的研究中，我們可以瞄準到真正的母體值。

這個公式是如此建構的：如果你有的母體相關資訊很少或完全沒有，那麼你樣本估計中的誤差大小就大概會是母體標準差的大小。

看看當樣本大小是 1 的時候，平均的標準差或比例的標準差會發生什麼事，或者當相關係數為 0.00 的時候，估計的標準誤差會怎樣。直覺上來說，找出標準誤差大小的良好公式應該要在母體的已知資訊增加時，產生更小的誤差。

## HACK #19　公正地抽樣

如果你想要找出你事業中每名客戶或雇員相關的某件事情，你可以跟他們每一個人談話。如果你在意你酒吧提供的啤酒品質，你可以在端給客人前先嚐嚐看。又或者，為了節省時間、金錢或腦細胞，改為有效率地「抽樣（sample）」。

好的管理品質仰賴了解每個產品、進行過的每筆交易，以及幫助過的每位客戶的特性。當然，所有的這些產品、互動和人物永遠都無法被帶到顯微鏡底下觀察並評估。沒有夠大的載玻片。

對於在社會科學中的我們而言，道理也相同：對人類感興趣的研究人員單純就是無法測量每一個人。儘管我們很樂意探詢、驚嚇、注射、打擾、使人難堪，或一般而言的麻煩世界上所有的人，我們就是做不到。我們沒有那個時間、空間或金錢，而且老實說，沒有人真的想要了解那麼多人。

問題是「你要如何在沒辦法檢視每個東西的情況下，了解所有的事情？」。就跟本書中的所有其他 hack 一樣，解決方法是由統計學提供。我們有具備科學根據的方式，可以在僅查看其中一小部分的情況下就準確的描述整組東西。

## 使用樣本來做出推論

推論統計學（*Inferential statistics*）能讓我們依據來自較小樣本的資料推廣泛化到一個較大的母體。不過為了讓這些一般化的推廣有效，樣本必須公正地代表母體。

> 一個 *population*（*母體*），在我們這裡的用法中，很少是指一個國家或城市或行星的「population（人口）」，跟這個詞在社會研究中的使用方式不同。在推論統計學中，一個母體是對於你正在研究的人物或東西之類型（type）的一種描述。母體可以是內布拉斯加（Nebraska）州的三年級男生、堪薩斯州梅里亞姆（Merriam）市 Shawnee Mission 醫學中心的護理人員、南美的大水獺，或美國國會圖書館（Library of Congress）中的書。唯一的規則是，一個母體大於它對應的樣本。

一個好的樣本代表（represents）一個母體。這表示母體中每個重要特徵的分布，在樣本中都必須以相同的方式成比例分布。這個 hack 有很大部分是關於如何建構一個良好的樣本，所以讓我們來看個優良的樣本。

想像由方形、菱形和三角形組成的一個母體，如圖 **2-4** 所示。

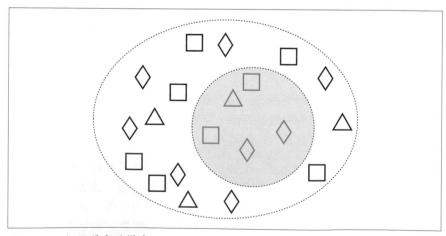

圖 2-4　一個母體中的樣本

---

從方形、菱形、三角形的一個母體中取出的一個公正的樣本所含有的這些形狀之比例，會跟在母體中相同。在我們的示意圖中，外層的橢圓代表一個母體，而不同形狀分布的比例是 40% 方形、20% 三角形，以及 40% 菱形。內層的橢圓是樣本，為其中含有母體中那些元素的一個子群組（subgroup）。該樣本中那些形狀分布的比例剛好就跟母體中完全一樣：40% 方形、20% 三角形，以及 40% 菱形。

這個樣本是公正（fair）的。它很好地代表了母體，至少以形狀（shape）這個特性來講是這樣。抽樣人或東西時，樣本通常代表各式各樣的特徵（trait）。人或事物並非三角形或方形，所以一個樣本人類具有代表性（representative），是指它特徵的平均水平（mean level of traits）與母體的水平很相符。每個人都會有某個水平的所有特徵，而非完全取決於一個特徵，不同於我們的形狀範例（不過根據我嬸嬸 Heloise 所說的，我叔叔 Frank 差不多整個是方形的沒錯）。

> 詢問問題的人可以挑選他感興趣的母體，但推廣泛化時的
> 準確性僅限於那個母體，而非任何其他母體。

如果你知道用來產生該樣本（內層橢圓中的元素）的抽樣方法是正確的，你就能單看那個樣本推論出有關母體的一些事情來。程序簡單而且直覺：

1. 觀察樣本。譬如說，20% 的樣本是三角形。

2. 推論到母體。我打賭母體有 20% 是三角形。

假設不用一個理論母體中的抽象三角形，想像你感興趣的是檢查你酒吧賣的啤酒品質。要對啤酒的母體有些掌握，就建構出你所賣的啤酒的一個良好樣本，並品嘗其中每一個：

1. 觀察樣本。譬如說，20% 的啤酒只有一股負鼠（possum）的餘味。

2. 推論到母體。我打賭你賣的所有啤酒裡面有 20% 只有一股負鼠味。你可能要考慮清潔你的打酒器了。

推論很容易做，但它只有在樣本優良的時候才有好的效果。建構良好的樣本是關鍵所在。

## 建構最佳的隨機樣本

一個良好的樣本代表其母體。具代表性的抽樣，第一步是定義宇集合（universe），換句話說，就是研究人員希望從中抽取樣本的事物母體。概念化其中的元素有各式各樣的方式可用，母體的選擇和樣本的抽取也能明確或隱含地識別出各種層次的分組方法。你必須知道組織你母體的這些方式，否則，你就無法創造良好的樣本。

**全宇集（*General universe*）**

> 研究人員想要推廣泛化他發現的抽象母體。舉例來說，我可能想要描述有關所有漫畫書收藏家（*comic book collectors*）的一些事情。

**工作宇集（*Working universe*）**

> 能讓我們實際抽樣的具體母體。我無法真正確定我找出並算入了所有的漫畫書收藏家，但我可以把這個母體定義為 *Comics Buyer's Guide*（大多數認真的收藏家都會讀的月刊雜誌）的所有訂閱者，來使之具體化。這個工作母體和全宇集並不完全相同，但它應該差不多一樣大，並且捕捉到感興趣的抽象母體的絕大部分。

**抽樣單元（*Sampling unit*）**

> 定義母體的元素。在我們的例子中，該月刊的單一名訂閱者，就會是一個抽樣單元。

**抽樣架構（*Sampling frame*）**

> 一個母體中抽樣單元的清單（list），不管是真實的或想像的。在我們的例子中，這會是我或許可從該雜誌購得的訂閱者清單。

> 對於不是你樣本一部分的人或事物很可能為真的一項觀測被說是可推廣的（*generalizable*）。如果樣本並不代表母體，該樣本就是偏差的（*biased*，即一個不好的樣本）。

毫無疑問，最好的抽樣策略就是從一個有效的抽樣架構隨機（*randomly*）取樣。隨機選擇最能夠創造出代表母體中所有感興趣的特徵的一個樣本。不過隨機選擇真正的威力在於，你也能藉此代表你甚至沒有考慮到的各種變數，而它們對於你的觀測可能也有所影響。

嚴格來說，隨機（*random*）描述的抽樣過程是一個母體的每個成員都有相等且獨立的機會被選取。相等（*equal*）意味著抽樣架構中的每個抽樣單元被抽取的機率都跟其他任何單元一樣。獨立（*independent*）意味著一個人或東西被選取的機率與其他任何特定的人或東西是否已被選取無關。

所以，假設一個選擇程序是打電話給一份客戶清單上的顧客，請求參與調查，但在第一次嘗試時，如果對方不在家或辦公室，就停止聯絡那個人，這就沒有賦予所有可能的參與者被選取的一個相等機會。不容易聯絡到的人比較不會被選到，而如果有人表示他們辦公室的某個誰已經被選取他們才要參與，那麼母體的每個成員就沒有被選取的獨立機會。

隨機抽樣的進行方式可以是將抽樣架構清單上的所有名字都一一編號，然後使用產生隨機號碼的某種方法來挑選每位參與人。

## 真實世界的抽樣策略

在真實世界中，要隨機抽樣通常很困難或根本不可能。這裡有些抽樣策略沒有像隨機抽樣那麼好，但在想像的科學實驗室之外，可能更為實際：

### 便利抽樣（*Convenience sampling*）

樣本是基於可及性（accessibility）來挑選。這有時被稱為隨意抽樣（*haphazard sampling*）。前往當地的購物中心，詢問遇到的前 10 個人，對你們公司的產品有何感受，你所進行的就是便利抽樣。

### 系統抽樣（*Systematic sampling*）

單元是從抽樣架構依照相等間隔（equal intervals）挑選出來。舉例來說，你可能會在很長的清單中每十個挑一人。只要名字的順序與你試圖查清的東西沒有關係，那麼這在代表母體上，可能就會跟真正的隨機選取一樣好。統計理論學家和實務從業員在此議題上其實有學術爭論存在。

### 分層抽樣（*Stratified sampling*）

抽樣架構被分割為有意義的子群組（subgroups），而單元會從每個子群組隨機選出。如果定義子群組的特性對於你所詢問的問題很重要，那麼這可能產生更具代表性的樣本，甚至比隨機抽樣還要好。

群集抽樣（*Cluster sampling*）

> 單元所成的群組（Groups of units）會隨機被挑選出來，而那些群組中的所有單元都作為樣本。舉例來說，你可能會隨機挑選一家出版公司，然後訪問他們的每名員工，了解如何在出版業成功。

判斷抽樣（*Judgment sampling*）

> 樣本會依據你的專業判斷，決定是否代表母體而被挑選出來。你可能會選擇只訪談你最好的客戶，因為他們對你們的產品了解最多。

## 挑選樣本大小

如果你有辦法建構出一個良好樣本（*good sample*），如我們剛才所定義的那樣，那麼即使是小型樣本，也可能會有足夠的效力。但就像巧克力餅乾一樣，當然越大越好。樣本越大，對於母體的代表性就越高。因此，觀測的可推論性就越強，而你也可以更相信他們的準確性。

此外，如果你觀測的變數之間有某種有趣的關係存在，你就更可能找到那個關係，並且因為你觀察過的樣本元素更多，你就可以更加確信那不是偶然發生的。

最後，如果你的抽樣有某種社會科學目的在其中，就有一定的技術性統計特徵必須符合，才能進行特定分析。較大的樣本比較容易符合這些標準，例如由 30 或更多個產品所構成的樣本。

### 也請參閱

- 「找出你實際上錯了多少」[Hack #18] 示範如何判斷推論統計中的誤差大小。

## 加水威士卡的抽樣
### HACK #20

統計學家從母體選人作為樣本時，他們實際上是從變數的連續分布（continuous distributions）抽樣。不過有的時候，把你的變數視為離散的物件（discrete objects）而非連續的分數，抽樣會更好懂一些。

最強大的統計程序在測量的等距水平或更高水平 [Hack #7] 使用分數。要從一個母體抽樣，社會科學研究人員通常會選人，而非分數。然後這些人會被量測，產生分數的一個樣本。到目前為止都沒問題。

然而，討論抽樣過程時，聰明的研究者提到他們的抽樣策略時，有時聽起來不怎麼聰明。舉例來說，若有一名研究人員感興趣的是測量某種治療在一個連續（*continuous*）變數（例如**幸福感**）上的效應，他可能會說（並且想）：「好的，首先我需要找到滿是快樂和不快樂的人所成的一個樣本。」他正把幸福感（happiness）視為一個二分（*dichotomous*）變數，至少在目前的這個思維中是那樣。

> *Dichotomous*（二分）是一個統計術語，代表「只有兩個值」。譬如說，生物性別就是一種二分變數。

他談論那些人的方式就好像他們要不是完全開心，就是完全不開心。當然，在現實中，他知道要描述人的幸福感有一個很大的分數範圍可用，這正是他使用的統計方法假設等距測量的原因。

他以**要不是…就是**的措辭來指稱他的參與者，是因為這麼做能讓他更容易想像他抽樣的代表性（representativeness）。這是一種聰明的策略，因為把樣本視為代表大型的、離散的類別，而非更精確的連續值，有時可以讓關於抽樣的問題更容易回答與驗證。

## 一個抽樣問題

這理有以抽樣問題為中心的一個腦筋急轉彎。一名喝醉酒、非終身聘的統計學家（我認識幾個）在聚會上混著飲料喝。他正在為他們系主任製作威士卡（Scotch）酒和蘇打水的混合飲品。主任要求的是威士卡和水有某種確切比例的飲品（具體細節無所謂，我們的英雄從沒機會用到）。

這名統計學家從兩個同等大小的玻璃杯開始。一杯（第一杯）中有兩盎司（ounces）的威士卡；另一杯（第二杯）有兩盎司的水。他先從水杯把一盎司的水倒到威士卡中。他顯然已經搞砸了，因為他改變心意，把新的混合體（三盎司的加水威士卡）的一盎司倒回到水杯中。現在兩個玻璃杯都有兩盎司的液體，但每一杯中的液體都是水和威士卡的某種混合。

感到緊張的統計學家試圖從頭來過，但他的系主任阻止了他。她說道：

> 我為你準備了一個命題。我們現在無法知道每一杯中威士卡和水
> 的精確比例，因為我們不知道所有東西混合的情況。但如果你能
> 正確回答下列問題，我就會寫一封有力的支持信給你的終身聘評
> 估委員會。如果沒有，嗯，我很確定具有你這樣資格的人，要在
> 飯店或餐飲業找到工作，應該沒有問題。這裡是我的問題：現在，
> 第一杯裡的水比較多，還是第二杯裡的威士卡比較多？

把這想成是一種抽樣問題。第一個樣本，也就是第一個玻璃杯中的液體，
有比較多的水？還是第二個樣本，即第二個玻璃杯中的液體，有比較多的
威士卡？因為威士卡和水都是由非常小的粒子所構成，很難想像每個樣本
代表每種液體的程度有多少。即使從比例上來說，我們也無法確定有多少
水分子（或等於「水」的樣本分數）被混合到「威士卡」分數的樣本中，
因為誰知道有多少水沉到第一個玻璃杯的底部，並且在接近表面的頂端那
部分的液體被倒回第二個玻璃杯時，仍然停留在那裡。我們想要直覺的答
案。遺憾的是，這是錯的。

聰明人產生的直覺解答通常是，第一杯，也就是威士卡那杯，所含有的水
比裝水的玻璃杯中所含的威士卡還要多。這是合理的，因為倒進威士卡中
的是純水，然而倒回水杯的是水和威士卡的某種混合體。很神奇的是，這
種聰明的想法卻讓我們走錯路。正確的答案是比例是相等的！威士卡那杯
中的水量與裝水那杯中的威士卡量一樣。

## 使用隱喻來解決此問題

如果我們不把我們的變數想成是微小的粒子，而改為想像它們是大型的類
別（例如藍色和白色的彈珠），那麼這個抽樣問題的解答就會更為清楚。
我們不去想一杯威士卡，而是想像裝了 100 顆藍色彈珠的一個玻璃杯，並
以有 100 顆白色彈珠的玻璃杯取代一個玻璃杯的水。

這些玻璃杯夠大，所以彈珠可以很好地混在一起，例如大型魚缸。這是必
要的，以確保隨機選取是可能的，就像混合起來的液體那樣。請在混合的
每個步驟盯好那些彈珠。

我們的英雄從第二個杯子拿了 50 個白色彈珠，並將它們混到第一個杯子
中。這兩個變數的分布現在是：

樣本 *1*

100 顆藍色彈珠、50 顆白色彈珠

樣本 *2*

50 顆白色彈珠

現在，他（記住，是隨機的，以模擬混合的液體）從第一個玻璃杯拿了任意的 50 顆彈珠，並將它們混合回第二個玻璃杯。讓我們想像各種可能性。

如果他選的剛好都是白色彈珠，那麼它們就全回到第二杯中，而現在的分布會是：

樣本 *1*

100 顆藍色彈珠

樣本 *2*

100 顆白色彈珠

若他碰巧都沒選到白色彈珠，而把 50 顆藍色彈珠放到了第二杯中，那分布會是：

樣本 *1*

50 顆藍色彈珠、50 顆白色彈珠

樣本 *2*

50 顆白色彈珠、50 顆藍色彈珠

現在，想像一種更可能的場景：他隨機抽出的彈珠有些是白的，而有些是藍的。譬如說，他可能抽出了 10 顆白彈珠和 40 顆藍彈珠，並把它們放入了第二杯中。在這種情況中，新的分布會是：

樣本 *1*

60 顆藍色彈珠、40 顆白色彈珠

樣本 *2*

60 顆白色彈珠、40 顆藍色彈珠

以你希望的任何比例的彈珠來試試看，但記住你必須抽出總數為 50 顆的彈珠（以模擬一盎司，或是原本混合的水的一半）。

請注意，你所嘗試的任何混合方式最終都會讓每個玻璃杯剩下 100 顆彈珠。此外，更重要的是，請注意第一杯中藍白彈珠最後的比例永遠都會等於第二杯中藍白彈珠的比例。沒有在第二杯裡的任何藍色彈珠必定會在第一杯中，而沒有在第一杯中的任何白色彈珠必定會在第二杯裡面。

對於威士卡和水來說，也是相同的。正確的答案是比例會相等，不管它們原本是如何混合的。

## 這適用於其他哪些地方？

真實世界的民意調查公司，也就是生計與名聲都仰賴選舉預測準確性的那些人，主要考量的，也是在數個關鍵類別中各個類別的樣本比例。如果人們投完票了，而候選人共有兩名，那麼沒有投給候選人 A 的人就是投給候選人 B。它們沒在一個類別中出現，就保證了他們會出現在其他類別中。將預測回報為百分比創造了更高準確度的可能性。它也允許了更大的誤差，因為被預測會在類別 A 中但最終出現在類別 B 的選民，會使兩個類別都產生誤差。

當社會科學的統計研究者想要被說服他們的樣本能代表其母體，主要的考量永遠都會是他們樣本中特徵的比例，而非具有那些特徵的人數。最重要的是，那些關鍵研究變數每個分數的比例在樣本和母體中都相同。

## 挑選誠實的平均

資料驅動的決策，例如你是否能負擔在一個新的城鎮買間房子，或你業務的核心市場包含了誰，經常仰賴「平均（average）」作為一個大型資料集的最佳描述。問題在於，有三種完全不同的值都可以被標示為「平均」，而這些不同的平均經常會導致不同的決定。請使用正確的平均來做下你的決策。

大部分的人聽到像「這個鎮一間房子的平均價格是 $290,000」（這聽起來可能是低、高或剛好，取決於你住在哪裡）這樣的陳述時，他們會想像得出這個數字的方式是加總該鎮所有房子的售價，然後將那個總和除以房子數。但統計學家知道，決定「平均」的方式不只一種，而有的時候其中一種會比另一種好。

這個 $290,000 是否真正代表典型的房價取決於此平均實際上是平均數（*mean*）、中位數（*median*），還是眾數（*mode*）。這也取決於被取平均的所有數字之分布的形狀。明智的人會確定他們是用最佳的摘要值（summary value）來做出決策。這裡是信任各種平均的時機。

## 集中趨勢的度量

為一組值，不管是房價、期末考成績，或某堂瑜珈課的學生數，算出平均的目的都是為了有效溝通那些值的集中趨勢（central tendency）。大多數時候，集中趨勢的判斷方式都是加總一個分布中所有的值，然後將總和除以值的數目，這是真的沒錯。不過統計學家不會把這稱作 average（平均），他們把這個叫做 mean（平均數）。所以，為什麼不總是使用這種平均數來決定集中趨勢呢？因為在某些情況中，這個 mean 無法代表任何實際的值！

思考我們開頭關於平均房價的例子。讓我們假設你為某個鎮中的 300 間房子收集了資料，並想要判斷出這個樣本中的平均售價。一般來說，平均數（mean）並不是房價集中趨勢很好的指標。**圖 2-5** 解釋了原因。

在這種情況中，平均數之所以不是非常誠實的平均，是因為售價的分布是偏斜（skewed）的，有幾個偏遠的值非常的大。在抽樣的 300 間房子中，有 231 間售出的價格落在 $100,000 和 $600,000 之間。剩餘的 69 間售價高於 $600,000，其中有 56 間高於一百萬美元。平均數嚴重受到那些偏遠的值的影響，因此對於樣本中的任何房子都不是很有代表性。

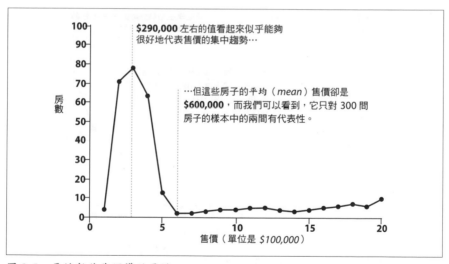

圖 2-5　平均數作為誤導的平均

對於大多數的金錢變數而言，平均數（means）作為平均（averages）都不是很合適。以平均數形式回報的平均薪資比大多數人的所得都要高很多。總是會有一些類似 Bill Gates 和 J.K. Rowling 之類的人把平均數拉得太高。

所以，什麼是這類值的「誠實平均（honest average）」呢？我們可以不用平均數，對於圖 **2-5** 中那樣的分布，誠實的統計學家一般會偏好使用中位數（*median*）。中位數是一個分布中位於第 50 百分位數（50th percentile）的那個值，會有一半的值低於它，而另一半的值高於它（就像在高速公路上一樣，*median*，也就是**中央分隔島**，會把道路分為兩半）。這個資料分布的中位數差不多就比 $290,000 低了一點，因此非常適合用來度量集中趨勢。

### 選擇中間地帶

中位數在這些實例中運作得很好，因為跟平均數（mean）比起來，它對於偏遠的值較不敏感，所以一個分布若有某個方向的偏斜，就應該優先選用它。中位數因此也是分布因為少數幾個遠小於其他值的偏遠值而偏斜時，最為「誠實」的集中趨勢度量法，就像圖 **2-6** 中那樣，它是虛構的一組 50 名學生的考試分數。

圖 **2-6** 展示了平均數可能導致錯誤結論的另一種類型的資料。在此仰賴的若是中位數，所產生的結果可以更精確解讀班上的表現。

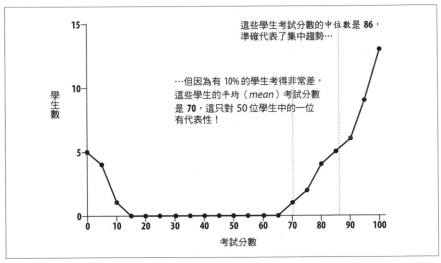

圖 2-6　中位數作為集中趨勢的誠實度量

### 這在何處行不通？

但即使是中位數，也不一定都是誠實的。請思考下列場景。假設你是一位瑜珈講師，而你班上有一半的學生介於 25 到 35 歲，而另一半則是在 50 和 60 之間。你要如何描述你學生的平均年齡呢？

在像這樣的情況中，問題就是平均數（mean）和中位數（median）都不適合用來描述這群人。那要怎麼辦呢？在這種情況下，作為平均最誠實的選擇會是回報眾數（*mode*），它單純就是一個資料樣本中最常出現的值，如圖 2-7 中的範例所示。

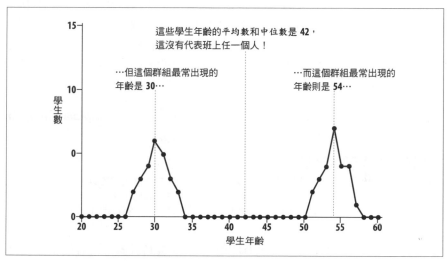

圖 2-7　眾數作為誠實的平均

在此例中，有兩個眾數：一個是 30 歲，另一個則是 54 歲。這兩個值都回報會是挑選誠實平均最佳的方式。就這種資料而言，平均數和中位數都有誤導之虞。

## 如何挑選誠實的平均？

所以，平均數（mean）到底什麼時候是誠實的平均？基本上，當眾數只有一個，而且分布是對稱的，平均數就是最佳選擇，這表示在任一個方向都沒有明顯的偏斜。如果你的瑜珈課只有你那些 25 到 35 歲的學生參加，那麼平均數就會是誠實的平均。

該說的都說了，該做的也做了，你到底要如何挑選最合適的平均呢？回報摘要的時候，遵循這三個簡單的規則就能讓你保持誠實，並且會在你是依據資料下決策的那個人時，幫助你做出明智的選擇：

- 如果資料中有兩個或更多個「趨勢（trends）」（即兩個或更多個高頻率值所成的區域），就選擇眾數（*mode*），並為每個趨勢都回報一個眾數。

- 如果分布是偏斜的（即有少數幾個離群值大大影響了平均數）就選擇中位數（*median*）。

- 如果分布相當對稱且只有一個眾數，就選擇平均數（*mean*）。

很有趣的一點是，在大多數情況中，平均數、中位數以及眾數全都會相當接近彼此相等。所以為何要執著於平均數呢？平均數之所以仍然是回報平均最常見的方式，是因為它是我們拿到另一個資料樣本並要尋找集中趨勢時，最可能被複製出來重現的。中位數和眾數的變動可能會大很多，但平均數則保持穩定。

*—William Skorupski*

## 避開邪惡軸心
表達數量、關係和研究結果時，圖形（graphs）是很強大的工具。但在錯的人手上，它們可能被用來欺騙人心。選擇你的命運吧，年輕的路克（或者，你年齡小於 25 的話，那就是「年輕的安納金」），並且避開黑暗面。

曾有段時間，只有科學家、工程師和數學家會看到圖表。隨著越來越多針對一般大眾的新聞媒體崛起，數值資訊的視覺化表達方式也變得越來越常見。只要想想昨天的 *USA Today*（*今日美國*）日報就知道了，它包含了至少十幾個圖表。

在商務會議中，圖表經常被用來溝通資訊並演示成功（或失敗）。圖表的製作者如果不小心，看似任意的選擇將會影響到資訊的解讀，即使資料沒改變，你也可能改變其意義。

所以，如果你製作圖表並不是想要操弄你的觀眾，或者你只是想有辦法認出誤導（無論是否刻意）的圖表，那麼使用這個 hack 就能幫助你有效製作和解讀圖表。

### 挑選誠實的圖表

要理解正確和錯誤的繪圖選項，我們首先得涵蓋一些圖表的基礎知識。一個圖表有各種組成部分，而對於那些部分的操弄可能準確表達資訊，也可能有誤導之虞。

典型的圖表有兩個軸（*axes*），因為它們描述兩個不同的變數。如果軸是沿著底部延伸的直線，就叫做 X- 軸（*X-axis*），而沿著側邊的叫做 Y- 軸（*Y-axis*）。

你可以這樣記：垂直軸（vertical axis）之所以稱為 Y- 軸，是因為那個可愛的小小字母 Y 把它的小手垂直往上舉，朝向天空。懂了嗎？（歡迎來到統計教育的創意世界。）

何種圖表適合（而且非欺騙性質）展示你所測量的變數，取決於你變數的測量水平 [Hack #7]。你可以從三種常見類型的圖表中選取，而只有一個會是你變數的正確選擇：

長條圖（*Bar chart*）

在圖 2-8 中，X- 軸代表類別或群組，例如男性或女性。Y- 軸則是連續的：長條（bars）越高，變數 Y 的值就越高。

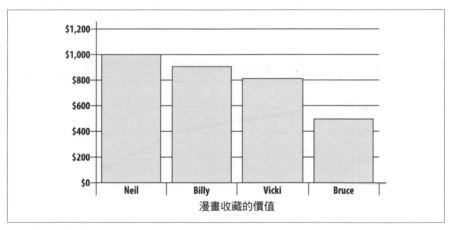

圖 2-8　長條圖

直方圖（*Histogram*）

在圖 2-9 中，X- 軸代表連續的值。如果 X- 軸代表反映某個底層連續變數的常見類別，例如一年中的月份，或是其他明確並能以有意義的順序排列的分組，那麼經常就會使用直方圖。它們看起來類似長條圖，只不過那些長條被擠壓在一起，其間沒有空格。

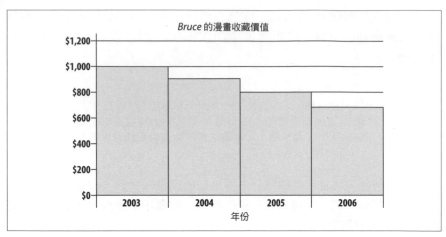

圖 2-9　直方圖

## 折線圖（*Line chart*）

在**圖 2-10** 中，X- 軸和 Y- 軸都是連續變數，在這個例子中，它們是時間和價值。在任何點上，線條所在位置如果越高，Y- 軸所代表的數量就越大。

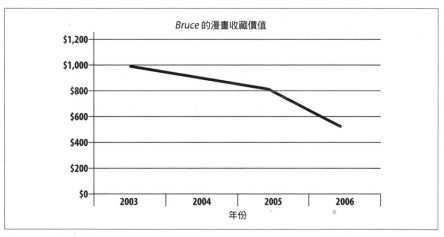

圖 2-10　折線圖

要挑選正確的圖表（也就是其格式最不具欺騙性，而且最為直覺的那種），需識別出你所用的 X 變數之類型（注意到在所有的這些格式中，Y 都是連續的）：

- 如果 X 代表不同的類別，而 Y 是連續的，就用長條圖。

- 如果 X 可被視為類別，但它們之間也具備某種有意義的順序，而且 Y 是連續的，就使用直方圖。

- 如果 X 和 Y 都是連續的，就使用折線圖。

## 圖形暴力

繪製圖表時，一個常見的錯誤，不管刻意與否，都與為 X- 軸設定標度（scale）有關。這裡解釋為何它是種問題，以及你可以如何避免它。

以兩個變數繪製圖表，讓我們能夠跨越類別或時間或某個變數不同的值進行比較。正如他們所說的，一圖勝千言，圖表可以是非常有說服力的證據。線條或長條被用來比較值的大小時，這種比較只在線條的高度或長條的長度是相對於某個標準最小值來決定的，才會準確。這個最小值通常是零。如果圖表沒有被校準到某個合理的基準值，微小的差異看起來都會很大。

舉例來說，請比較圖 2-11 中所示的兩個圖表。兩者所傳達的資料完全相同，但你對它們的解讀可能非常不同。上方的直方圖反映美國股市過去五天的表現。請注意，第五天的跌幅看起來很嚇人。毫無疑問的，　定有震撼全球的新聞在第四天結束時出現。你可能也注意到 Y- 軸（道瓊指數）並非從零開始，它的起點是 9,900，一個低到足以涵蓋所有五個長條頂部的值，但除此之外就沒有特殊意義了。

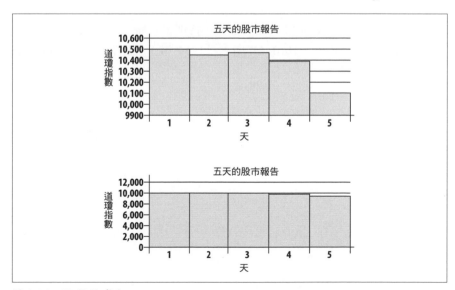

圖 2-11　Y- 軸的威力

更靠近一點觀察圖 2-11 中第二個直方圖，下方的那個。這兩個圖表所呈現的都是相同的資料，但第二個圖表使用零作為起點。這個圖表呈現資料的方式解讀起來顯示出過去五天的波動非常微小，而第五天那嚇人的跌幅只不過是個小問題。

哪種展示方式是正確的？兩者皆反映了第 4 天到第 5 天股票市值 2.8% 的跌幅。這真的取決於圖表建構者的意圖和目標觀眾。涉及數字的計數或金錢時，最有意義且最公正的起點通常是什麼都沒有（nothing）。許多新聞報紙提供每日股票資訊的格式正如第一個直方圖所示。他們相信他們的讀者對於微小的改變感興趣，所以他們將 Y- 軸的起始值設得盡可能高，但低到足以包含 X- 軸上所有的資料點。

畢竟，對一名經常變更她投資組合且頻繁買進賣出的熱衷投資者而言，2.8% 的跌幅可是很嚴重的事。設計來使微小的改變看起來很嚴重的圖表，對那樣的讀者而言可能最為合適。然而，如果投資者是「放長線釣大魚」的類型，那麼相對微小的變化就顯得沒有意義。

要從像這樣的圖表得到最大的意義，永遠都要檢查 Y- 軸底部的值。如此，你才能在比較長條時，掌握 X- 軸上真正的差異。如果你正在製作像這樣的圖表，請思考呈現資訊最誠實的方式是什麼。你想要傳達資訊，而非詐欺（應該啦！）。

### 也請參閱

- 最早向大眾指出圖表可以如何騙人（特別是在廣告中）的書，是 *How to Lie With Statistics*。Huff, D. 所著（1954 年）。由紐約的 Norton and Company 出版。

# CHAPTER THREE

# 測量世界

## Hacks 23–34

了解現象時,為它掛上一個數量(quantity,或稱「量值」),有很大的價值存在。儘管有的時候從想法轉化為數字的過程中,有些重要的東西失落了,建立分數(scores)來表示我們感興趣的東西確實能在理解中讓我們獲得某個程度的精準度,而這也允許了比較的可能。本章的 hack 全都涉及了分數的測量(measurement)和解讀(interpretation)。

一整個家族的 hack 都仰賴**常態分布**(**normal distribution**)[Hack #23],以及它的無所不在。藉由常態曲線(normal curve),你可以知道與其他人比較起來 [Hack #24] 你所在的位置,甚至在你接受某個測驗前 [Hack #25] 就得知你可能的表現,並在較深的層次了解你的測驗結果 [Hacks #26 和 #27]。

說到測驗(testing),你會學到如何產生一組良好的問題 [Hack #28],並製作有品質的測驗 [Hacks #31 和 #32]。你能夠識別出不好的題目、沒用的問題,以及在不知道答案 [Hack #29] 的情況下,在某個測驗上表現良好。你也可以**一本書都不用讀完就改善你的測驗表現** [Hack #30]。

最後,學會一組扎實的測量原則後,你就能判斷**一個時代、人類或事業的壽命** [Hack #33],並且習得如何運用**醫療資訊** [Hack #34] 來增長你自己的壽命。

一個測量接著一個測量,這裡是充滿測量 hack 的一章。

## 看見每樣東西的形狀

#23 自然世界中，幾乎所有的東西都是以相同的方式分布的。只要你能進行測量，不管那是什麼，而且分數也能變動的話，它就會有定義良好的「常態分布（normal distribution）」。如果你知道這種常態曲線的形狀之具體細節，你就能對表現結果做出非常準確的預測。

統計學的世界有幾個奇蹟存在。至少有三種工具，也是三種發現，非常的酷炫而且神奇，一旦統計的學生學到它們，並且開始理解它們的美，他們經常都會驚嘆到爆掉。

好吧！或許我誇張了一點，但這裡有三個很好的工具用以了解世界：

- 相關係數（**correlation coefficient**）[Hack #11]

- 中央極限定理（**Central Limit Theorem**）[Hack #2]

- 常態曲線（normal curve）

既然我們已經在其他的 hack 中討論過了前兩個奇蹟，現在就讓我們花時間來了解第三個的形狀和用途，即**常態曲線**。我很高興獻上常態曲線、常態分布、鐘形曲線（bell-shaped curve），也就是整個世界，如**圖 3-1**所示。

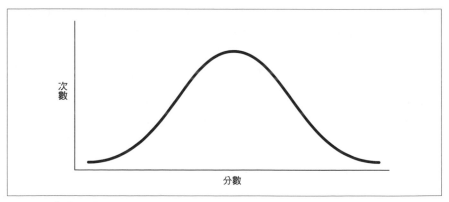

圖 3-1　常態曲線

### 應用常態曲線底下的面積

統計學家非常具體的定義了常態曲線。藉由微積分（calculus）以及數百年來在真實世界所收集的資料，關於常態分布的形狀，這兩種方法得到了相同的一組結論。**圖 3-2** 顯示了常態曲線重要的特徵。平均數（mean）位於中間，而隨著你移離中心，能容納的分數就越來越少。

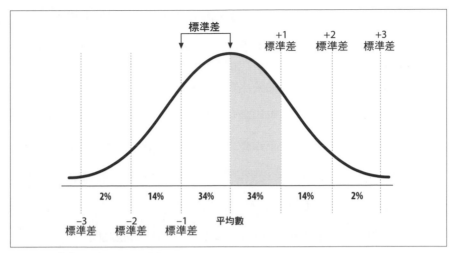

圖 3-2　常態曲線底下的區域

雖然常態曲線理論上是無限寬，但兩邊的三個標準差（standard deviations）通常就足以涵蓋所有的分數。

一個分布的標準差就是**每個分數與平均數的平均距離**
[Hack #2]。

**預測測驗表現**。回想我前面提出的主張：你所測量的任何東西都會分布為一個常態曲線。這意味著，我們測量的所有東西大多數的分數都會接近平均數，而只有少數一些分數會遠離平均數。測量足夠的人，你就會得到偶爾出現、距離平均數非常遠的極端分數，但遠離平均數的分數會很罕見。獲得任何特定分數的人之預期比例會隨著與平均數的距離增加而變小。

你所參加的下一個測驗呢？我不知道有關你或那個測驗的任何事情，但我願意打賭你會得到接近平均數的一個分數。我預測你的分數會在平均值附近。你得到的分數可能高於平均或低於平均，但常態曲線告訴我，你得到的很有可能相當靠近平均數。

要做出這類預測並且對它們的準確度有相當的信心，你可以使用常態曲線已知的面積大小來估計落在 X- 軸（圖上底部水平的部分）上任兩點之間的分數之百分比。標尺上成對的標準差點之間分數的百分比如**圖 3-2** 所示。這些百分比加總起來是 100%，但那是因為捨入進位（rounding）的關係。請記得，有些分數（雖然很少）與平均數的距離將會比三個標準差還要遠。

這裡有關於這種曲線的一些關鍵事實，你可以用它們來預測表現：

- 大約有 34% 的分數落在平均數和平均數之上的一個標準差之間。看到圖 3-2 中有陰影的部分嗎？如果你用墨水把常態曲線底下整個空白都塗滿顏色，你有 34% 的墨水會用在那個區域。

- 大約有 34% 的分數落在平均數和平均數之下的一個標準差之間。

- 大約有 14% 的分數落在平均數之上的一個標準差和兩個標準差之間。

- 大約有 2% 的分數落在平均數之下的兩個標準差和三個標準差之間。

你也可以結合這些百分比來做出像這樣的陳述：

- 所有分數中，大約有 68% 會在平均數的一個標準差之間。

- 大約有 50% 的分數會小於平均數。

你可以使用這些已知的百分比來做出預測和機率陳述。講到常態曲線時，我們會說落在曲線底下給定區域的**分數百分比**（*percentage of scores*），或是任何給定的測驗考生落在給定區域底下的**可能性**（*likelihood*）：

- 下一次測驗，你有 2% 的機率分數會高於平均數之上的兩個標準差。

- 這名求職者在我們的工作技能考試上，只有 16% 的機率分數會低於平均之下的一個標準差。

**設定標準。**政策制定者設定表現水平時，所仰賴的假設是，能力是常態分布的。他們所挑選的表現水平會保證有特定百分比的人符合資格。為入學申請或服務設立政策時，如果你想要神奇地預先得知有多少人會合格，那麼常態分布將會是非常寶貴的工具。

舉例來說，具有高學術標準的大學可能會要求能力測驗的分數至少必須是平均數之上的一個標準差。如此一來，他們能夠確保自己只接受能力在前 16% 的人。

同樣地，美國的特殊教育政策為學生在特殊教育身分（因此關係著聯邦和州的撥款）的資格測驗設下了特定的切截分數（cut scores）。這些切截分數是一個人的分數必須高於（或低於）的固定分數。若是政策制定者只有預算為所有學童的百分之二規劃特殊的課程和教員，他們就會把切截分數設為平均數之下的兩個標準差。對於常態曲線的信念讓他們能計算會需要撥款的學童數。

## 懂得欣賞常態曲線之美

要理解常態分布的神奇之處，你永遠都可以為自己建置一個。想像你測量了某樣東西（例如態度、知識、高度或速度）。你有某種評分系統，其中的分數可以變動（例如態度調查的分數、SAT 分數、英寸，或每小時英里數）。你有很多分數，因為你量測了很多人、建築物或麻雀。現在，把這些分數繪製成圖，使得 X- 軸從左到右（如果你喜歡的話，另一方向也行）代表從最低到最高的實際分數值。Y- 軸（垂直的左邊部分）應該代表你分數群組中每個值的相對次數。

在這樣的圖表上，線條或點的高度代表位於特定任何值的分數之相對比例。請注意，在常態曲線上，最高的那些點位在中間，而最低的那些點位在兩端。中間的分數是平均分數，也是最常見的分數。在常態曲線上，**中位數（median）等於平均數（mean），也等於眾數（mode）[Hack #21]**。

也請注意到常態曲線是對稱（symmetrical）的：你可以把它對摺為一半，一邊會完美地覆蓋另一邊。常態曲線值得知道的其他重要特徵還有它會延伸到永遠。它是一個理論曲線，所以曲線的兩端永遠都不會碰到基準線。

常態曲線是連結整個自然的共通真理。它有完美的平衡。它持續到永遠。它是永恆的。它看起來也有點像恐龍，感覺很酷。

## HACK #24　產生百分位數

了解測驗表現的一個簡單但強大的方式是透過百分等級（percentile ranks）的使用。這裡將說明如何把只有一點解說價值的原始分數，變換為含有更多資訊且實用的東西。

在學校裡，教師（或輔導人員，或任何需要回報標準化測驗結果的人）可能只會把結果告訴你，而不會讓你知道你的分數。取而代之，你大概會看到像是百分比的一個數字，他們告訴你，這個數字代表的是你（或你的孩子）與其他參與考試的人比較之後的結果。這樣的分數就叫做一個**百分等級**（*percentile rank*）。

當你看到代表你測驗表現的一個百分等級，除非你知道它意味著什麼，否則它一點用都沒有。反過來說，如果你必須說明某個人的測驗表現，而你只把原始分數拿給該名考生看，你其實並沒有幫上什麼忙。有能力建置或解讀百分等級，對於測驗遊戲的兩邊來說，都是一種實用的技能。

常模參照評分（**norm-referenced scoring**）[Hack #26] 是讓分數互相比較來使測驗分數含有更多資訊的一種做法。你在真實世界中最常看到的常模參照分數（norm-referenced score）就是百分等級。百分等級的定義是「一個分布中，小於我們感興趣的一個給定分數的那些分數的百分比」。舉例來說，如果你在一個小考中，20 題對了 15 題，而班上有一半的人答對的題數比你少，你的百分等級就是 50。

## 產生並回報百分等級

如果你是一位班級導師、人力資源經理，或必須回報測驗結果給其他人的任何人，那麼回報百分等級而非原始分數將能夠幫助考生了解他們表現得有多好，並且也能幫助決策制定者了解設定各種表現標準的後果。

**組織你的資料**。要產生百分位數，第一步就是組織你所有的測驗分數。對於小型的資料集，**次數表**（*frequency table*）的建構相當簡單，它能回答各式各樣的問題，還能提供百分等級。這裡是某次班上考試 30 個分數的樣本分布（從最低到最高排列），其中 100 點是可能的最高分數：

59, 65, 72, 75, 75, 75, 80, 83, 83, 85, 85, 85, 85, 85, 85, 86, 86, 86, 86, 88, 88, 88, 90, 90, 90, 90, 90, 92, 94, 97

**計算次數和百分比**。為了效率起見，這個資料可以被顯示出來，而每個分數的次數也能被計算出來，如**表 3-1** 中所示。

表 3-1　班級測驗的累積次數（cumulative frequency）

| 分數 | 次數 | 累積次數 | 百分比 | 累積百分比 |
|------|------|----------|--------|------------|
| 59 | 1 | 1 | 3.33% | 3.33% |
| 65 | 1 | 2 | 3.33% | 6.67% |
| 72 | 1 | 3 | 3.33% | 10.00% |
| 75 | 3 | 6 | 10.00% | 20.00% |
| 80 | 1 | 7 | 3.33% | 23.33% |
| 83 | 2 | 9 | 6.67% | 30.00% |
| 85 | 6 | 15 | 20.00% | 50.00% |
| 86 | 4 | 19 | 13.33% | 63.33% |
| 88 | 3 | 22 | 10.00% | 73.33% |
| 90 | 5 | 27 | 16.67% | 90.00% |
| 92 | 1 | 28 | 3.33% | 93.33% |
| 94 | 1 | 29 | 3.33% | 96.67% |
| 97 | 1 | 30 | 3.33% | 100.00% |

表 3-1 顯示人們實際得到的分數以及有多少人得到該分數、得到給定的分數或更低的總人數、所有的人得到每個分數的百分比，還有得到給定分數或更低的人數總百分比。累積（*cumulative*）那幾欄回報的都是分布中的總人數（或分數，在我們範例中是 30），以及人數的總百分比（永遠是 100%）。

**判斷百分等級**。要判斷分布中任何分數的百分等級，就用「累積百分比」那欄。找出感興趣的分數，查看那個分數所在那列的**上一列**。舉例來說，分數是 94 的話，百分等級就是 93.33 或大約是第 93 百分位數。86 的分數，百分等級則是 50。

> 如果你翻閱過一些統計或測量學教科書，你會發現百分等級實際上有兩種不同且相互競爭的定義。我偏好的是「一個分布中，小於我們感興趣的某個分數的那些分數之百分比」，但某些書可能會給出這樣的定義：「一個分布中，**等於**或小於我們感興趣的某個分數的那些分數之百分比。」這兩種定義都是合理的，而百分比等級可以使用次數表以這任一種方式計算出來。在第一種定義之下，不能有第 100 百分位數。而使用第二種定義時，不可以有第 0 百分位數。選好你喜歡的定義，然後就用下去，但永遠都要把你的定義和結果放在一起呈現。

## 解讀百分等級

想像你正坐在你的輔導老師旁邊，並被告知你的百分等級是 93。所以，這代表什麼意思呢？嗯，最直接的解釋是，參加這項考試的所有人裡面，有 93% 的人得分比你低。你也可以說，有 7% 的人得分跟你一樣或更高，這也是正確的。我們也能把百分等級想成是在說「分數離正常有多遠」。這意味著百分等級通常都在第 50 百分位數附近，而且分數如果是常態分布的話，就會剛好是那樣，就像它們**正常來說**（*normally*）會是的那樣。因此，我們也可以說，第 93 百分位數距離平均相當遠。

不要犯了許多在其他方面都很精明的老練統計駭客有時也會犯的錯。在這個 hack 前面，我們用過測驗分數的一個例子，其中你在某次小考的 20 題中對了 15 題，而班上有一半的學生正確的題數比你少。在那個例子中，你的百分等級就是 50。請注意，在那個例子中，你正確的百分比是 75%（15/20），但你的百分等級是 50。別把兩者搞混了！得知你的百分等級並不會讓你知道你對了幾題。

## 這不適用於其他什麼地方？

請注意，百分等級只在你要找的是常模參照解讀時，才會有用處。如果你想要知道你是否已經精通了一組關鍵的技能，知道有多少百分比的人或多或少精通了那些技能，這並沒有什麼幫助。想要知道與某組標準比起來（而非與其他人相比）你所在位置為何，你想要的就是**標準參照分數**（**criterion-referenced score**）[Hack #26]。在這種情況下，分數的*正確百分比*（*percent correct*）類型對你來說會更有意義，而非*百分等級*（*percentile rank*）。

## 也請參閱

- 若你假設你的分數是常態分布的，或至少是從常態分布的一個母體中抽取出來的，你可以單純把任何的標準化分數直接轉換成百分等級，只要使用**常態曲線底下區域** [Hack #25] 的相關資訊就行了。

## 以常態曲線預測未來

因為我們在自然世界中測量的所有東西幾乎都有一種已知的分布形狀，也就是「常態曲線（normal curve）」，我們可以使用這種分布的確切細節來預測未來，並回答各種機率問題。

本書中有各式各樣的 hack 都強調統計學家與**常態曲線**緊密的個人關係。**「看見每樣東西的形狀」**[Hack #23] 顯示如何使用常態曲線以一種通用的方式預測測驗表現。不過我們可以做得比那更好。

對於這個神秘曲線的確切形狀我們已經知道很多了，所以我們能就獲得一個特定範圍中的分數的機率做出精確的預測。關於測驗表現，我們有許多其他類型的問題可以問，而統計學能夠幫助我們回答這類問題，而且是在參加考試之前！

舉例來說：

- 你的得分會落在任兩個給定分數之間的機率有多少？

- 有多少人的分數會在那兩個分數之間？

- 你通過你下個測驗的機率有多少？

- 你會被哈佛（Harvard）錄取嗎？

- 美國有多少百分比的學生符合 National Merit Scholars（優異學生獎學金）的資格？

- 我的 Frank 叔叔通過 Mensa（知名高智商同好組織）資格考的機率有
  多少？

對於這些類型的問題，我們需要一種精準的工具。這個 hack 就提供了
那種工具：常態曲線底下區域表（*a table of areas under the normal
curve*）。

## 常態曲線底下區域表

常態曲線是由一個分布（distribution）的平均數（mean）和標準差
（standard deviation）所定義，而這種曲線的形狀永遠都相同，不管我們
測量的是什麼東西，只要評分系統允許分數變動。落在曲線底下各個區域
中的分數比例已經確定了，例如距離平均數特定標準差之間的空間。

這個 hack 仰賴一個看起來複雜的表，不過它充滿了實用的資訊，很快就
會變成你駭客工具箱裡面主要的一個工具。我們不囉嗦了，深深吸一口
氣，看一下表 3-2 吧！

表 3-2　常態曲線底下的區域

| z 分數 | 平均數和 z 之間分數的比例 | 在較大區域中的分數比例 | 在較小區域中的分數比例 |
|---|---|---|---|
| .00 | .00 | .50 | .50 |
| .12 | .05 | .55 | .45 |
| .25 | .10 | .60 | .40 |
| .39 | .15 | .65 | .35 |
| .52 | .20 | .70 | .30 |
| .67 | .25 | .75 | .25 |
| 84 | .30 | .80 | .20 |
| 1.04 | .35 | .85 | .15 |
| 1.28 | .40 | .90 | .10 |
| 1.65 | .45 | .95 | .05 |
| 1.96 | .475 | .975 | .025 |
| 4.00 | .50 | 1.00 | .00 |

## 解碼這個表

在我們使用這個精巧的工具前，我們得深深吸進第二口氣，先了解一下基
本的狀況。我以幾種方式簡化過了這張表上的資訊。首先，在能夠計算出
來的值裡面，我僅列出了少數幾個。確實，在統計學書籍中，有許多的表
會有 .00 的 z 到 4.00 的 z 之間的每個值，以 .01 的差距遞增。那要呈現的

資訊會有很多，所以我選擇僅顯示幾個最常用到的值，包括 90% 的信賴區間所需要的 $z$ 分數（1.65），以及 95% 信賴區間所需的 $z$ 分數（1.96）。有關信賴區間（confidence intervals）的更多資訊請參閱「精確測量」[Hack #6]。

我也將比例捨入到兩位小數。最後，我在表中使用符號 $z$ 來代表與平均數的距離，以標準差為單位。你可以在「妝點原始分數」[Hack #26] 中學到有關 $z$ 分數的更多資訊。

知道我們對這個表所做的簡化動作之後，想要用它來做出關於表現的機率預測或是回答統計問題，第一步就是了解那四個欄位。

### $z$ 欄

想像一下常態曲線 [Hack #23]。如果你感興趣的是可能沿著底部水平線散落的某個分數，它與平均數之間會有些距離。它可能大於平均分數或小於。與平均數的距離以標準差為單位來表達，就是 $z$ 分數（$z$ score）。如果 $z$ 分數為 1.04，那就代表一個分數與平均數的距離稍微大於一個標準差。因為常態曲線是對稱的，我們不必特別標註這個距離是負值或正值，因此這些 $z$ 分數全都顯示為正的。

### 平均數與 $z$ 之間的分數比例

在一個給定分數與平均數之間的那個空間中，會有特定比例的分數。那就是一個隨機分數會落在平均數與任何 $z$ 所定義的區域中的機率。

### 在較大區域中的分數比例

你也能夠描述任何給定的 $z$ 和 $z$ 為 4.00（曲線末端）之間的區域。

理論上來說，這個曲線並不會真的結束，但 4.00 的 $z$ 分數將會非常接近涵蓋了 100% 的分數。

不過這個曲線有兩端。除非你的 $z$ 是 0.0，不然 $z$ 和曲線一端之間的距離，將會大於這個 $z$ 和另一端之間的距離。這一欄指的是 $z$ 與曲線最遠那一端之間的區域，而這欄中的值就是會落在那個空間中的分數比例。換句話說，它是一個隨機的人所產生的分數會落在那個區域中的機率。

### 在較小區域中的分數比例

此欄指的是 $z$ 和曲線最接近那端之間的區域。它是會落在那個空間中的分數比例。

## 估計得分超過或低於任何分數的機率

如果你需要知道你被你所選的大學錄取的機率，就找出在那間學校的入學考試中，你得超過的必要分數，也叫做**切截分數**（*cut score*）。知道那個分數之後，找出那個考試的平均數和標準差（所有的這些資訊大概都會在 Web 上）。將你的原始分數轉為一個 $z$ 分數 **[Hack #26]**，然後在**表 3-2** 中找到那個 $z$ 分數，或接近它的分數。

判斷切截分數是否高於平均數：

- 如果是，就看「在較小區域中的分數比例」那欄。那代表你的得分是那個切截分數或超過它的機率，以及你被錄取的機率。

- 如果切截分數低於平均數（不太可能，但為了完整地訓練你如何使用這個工具，還是納入了），就找「在較大區域中的分數比例」。在其他的條件都相同的情況下，那會是被接受的學生比例，因此也是你的機會。

至於得分**低於**一個給定分數的機率，程序就跟剛才提的選項相反。得到的分數低於平均數之下的一個特定切截分數的機率會顯示在「較小區域」那欄。得分低於平均數之上的一個給定的切截分數的機率會顯示在「較大區域」那欄。

## 估計得分介於任兩個分數間的機率

得到的分數是在任何範圍的得分之中的機率可以這樣判斷：查看正常會落在那個範圍中的分數之比例。

如果你想要知道多少比例的分數落在曲線底下任兩點之間，就以它們的 $z$ 分數定義那些點，並找出相關的比例。取決於那兩個分數是否都落在平均數的同一邊，兩個方法之一會給你那些點之間正確的比例：

- 如果那些 $z$ 分數在曲線的同一邊，就在「較大區域」或「較小區域」任一者中為那兩個 $z$ 分數查找分數的比例，然後把較高的值減去較低的值。

- 如果那些 $z$ 分數落在平均數的兩邊，而平均數介於它們之間，就用「平均數和 $z$ 之間分數的比例」那一欄。為兩個分數查找對應的值並把它們加起來。

## 產生百分等級

這個表的第三種用途是計算百分等級（percentile ranks）。你可以在「產生百分位數」[Hack #24] 中讀到更多有關這種常模參照（norm-referenced）分數的資訊。對於在平均數之上的分數，百分等級是「平均數和 z 之間分數的比例」加上 .50。對低於平均數的分數，百分等級是「在較小區域中的分數比例」。

## 判斷統計顯著性

這類表的另一個用途是指定統計顯著性（statistical significance）[Hack #4] 給分數的差異。藉由知道會落在與彼此有一段特定距離或更遠的分數比例，你可以指定一個統計機率給那個結果。

更有用的是，其他的統計值，像是相關係數（correlations）和比例（proportions），都可被轉換為 z 分數，而這個表就可被用來將那些值與零或彼此做比較。

## 這為何行得通？

「看見每樣東西的形狀」[Hack #23] 為常態曲線提供了很好的畫面。然而。單純只是在表 3-2 中查看那些值的變化，你就能對常態分布的形狀有不錯的了解。接近平均數，列有較小的 z 分數的地方，會有很大比例的分數落在那裡。隨著你越來越遠離平均數，包含相同比例的分數所需的曲線面積也越來越大。

舉例來說，單純只是要涵蓋最後 5% 的分布，z 值就得從 1.65 跳到 4。但在接近平均數的地方，只需要從 $z = .12$ 跳到 $z = .25$ 就能涵蓋 5% 的分數。這個表展示的是，常見有多常見，稀少有多罕見。

## 也請參閱

- 你可以使用這個網站來計算你在常態曲線底下的確切區域：*http://www.psychstat.missouristate.edu/introbook/sbk11m.htm*。這個由 David Stockburger 維護的網站還有對於相關主題很不錯的討論，以及一些互動式的計算工具。訪問這個網站時，別被像是 *Mu* 或 *Sigma* 這樣的字詞搞混了，那是統計的行話，分別代表平均數（mean）和標準差（standard deviation）。

## 妝點原始分數

測驗的原始分數（raw score）所具備的意義很少，甚至完全沒有。但只要
將那可憐的原始分數改為一個「z 分數」，你就會無法置信那一個小小的超
級數字裡竟然能塞下那麼多資訊。

令人驚訝的是，在類似高中考試這類的測驗上所得到的那單一個原始分數
所傳達的資訊竟然那麼少。讓我解釋我的意思是什麼。如果我從高中放學
回到家，告訴我老媽說，我在學期中的大考得到一個 16，她大概會跟我
說幾件事，包括「為什麼你 42 歲了還住在家裡」，還有「那不錯啊，親
愛的。16 很好吧？」。

當你告訴某個人一個原始分數，你所分享的真正資訊其實非常稀少。你不
知道 16 到底好不好。你不知道 16 是相對地高或低。大多數的人都得到
16 分或以上嗎？又或者大多數人的得分都低於 16？即使我們知道該項測
驗的分數範圍，以及可能的點數等等，我們仍然無法將那項測驗的表現與
過去測驗或下次測驗或其他科目的測驗的表現做比較。原始分數幾乎可說
是沒有意義的。

別擔心。你仍然可以了解你的表現，以及其他人的表現。你仍然可以做下
選擇決策，並比較不同人或測驗的表現。仍有希望存在！

原始分數可以被變為一個新的數字，做到原始分數那個弱雞永遠做不
到的那些事情。原始分數可被變換為一個超級數字，即一個 z 分數（z
score）。不同於原始分數，z 分數能夠告訴你表現是在平均之上或之下，
以及高於或低於平均多遠。一個 z 還能讓你比較不同測驗或場合的表現，
甚至是不同人的表現。

### 計算 z 分數

z 分數是經過變換的原始分數，其變換方式會讓新的數字代表該原始分數
高於或低於平均數多少。

這裡是方程式：

$$z = \frac{\text{raw score} - \text{mean}}{\text{standard deviation}}$$

raw score：原始分數　　mean：平均數　　standard deviation：標準差

要把一個原始分數轉為一個 z，就從它減去平均數，然後除以標準差。一
**個分布的標準差是每個分數距離平均數的平均距離 [Hack #2]。**

## 了解表現

$z$ 分數通常會有介於 -3 與 +3 之間的值範圍。請留意 $z$ 分數方程式頂端的部分，你可能會注意到這些事情：

- 如果原始分數大於平均數，$z$ 就會是正的。

- 如果原始分數低於平均數，$z$ 就會是負的。

- 如果原始分數剛好是平均數，$z$ 就會是 0。

> $z$ 分數的範圍通常會介於 -3 與 +3，是因為分數的常態分布一般只有六個標準差那麼寬 [Hack #23]。

聰明的專業測量人員會在回報結果時使用 $z$ 分數的技巧。他們不提供原始分數，你所看到的只會是基於 $z$ 分數的分數，一般稱為**標準化分數 [Hack #27]**。這些標準化分數具有已知的穩定特徵。因此，如果你知道這些分數的特徵（它們的平均數和標準差），你就能把它們變回 $z$ 分數，並且知道你與其他人比起來如何。

要看看如何使用這個公式來揭露關於你表現的隱藏資訊，讓我們使用 ACT 測驗的例子。許多美國高中的高年級生都會參加 ACT（American College Test，美國大學測驗），很多大學也會要求它作為錄取參考。它是一種成就和能力的測驗，被相信能預測大學表現。

這個考試各部分的分數範圍都是從 1 到 36 分。雖然實際的敘述統計結果在過去幾十年間有所變化（表現改善了），官方的 ACT 平均數經常都還是 18 分，並有標準差 6。想像有三位學生參加了 ACT，並得到了三個不同的分數。我們可以使用 ACT 分數分布的平均數和標準差來把它們變換為 $z$ 分數，如**表 3-3** 所示。

表 3-3　將原始分數變換為 z 分數

| 學生 | ACT 分數 | $\dfrac{\text{raw score} - \text{mean}}{\text{standard deviation}}$ | Z 分數 |
|------|---------|------------|--------|
| Zack | 14 | $\dfrac{14 - 18}{6} = -\dfrac{4}{6}$ | -.67 |
| Taylor | 18 | $\dfrac{18 - 18}{6} = \dfrac{0}{6}$ | 0.00 |
| Isaac | 24 | $\dfrac{24 - 18}{6} = \dfrac{6}{6}$ | 1.00 |

Zack 的 z 是負的,所以我們知道他的得分低於平均。他得到的分數大約是平均數之下的三分之二個標準差。Taylor 的 z 值 0.00 代表他與歷年來參加過 ACT 的其他人比起來表現平均。Isaac 表現得最好,分數在平均數之上的一整個標準差位置。

實際的 ACT 平均數和標準差會隨著每年舉辦的考試而變。過去幾年真正的平均數和標準差大約是在平均數 21 和標準差 4.5 附近。

## 識別出你的表現的稀有度

雖然知道你與其他考生相較之下的分數表現比僅僅知道原始分數還要有用,z 分數真正的解釋力量來自於它與常態曲線的關係。**圖 3-3** 是類似於「看見每樣東西的形狀」[Hack #23] 中那樣的的常態分布。

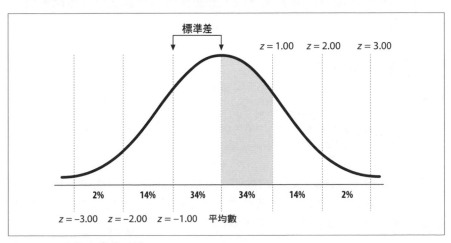

圖 3-3　z 分數和常態曲線

「看見每樣東西的形狀」[Hack #23] 中的圖與這一個之間的差異在於，這裡顯示的不是每個標準差與平均數的距離，圖 3-3 將那些值顯示為 $z$ 分數。透過對於常態曲線底下區域的了解，你甚至可以從 $z$ 分數得知更多資訊。如果分數是常態分布的，那麼關於分數在特定範圍內發生的機率，你有很多可以說的事情。

表 3-3 中所顯示的那些學生的分數，也可以被解讀為他們比多少學生表現得更好（或更差）。那些孩子的分數也能以機率化的方式表達。Taylor 有 50% 的機率會得到 0.00 或更好的 $z$ 值。在任何測驗中，要得到 1.00 或更佳的 $z$ 值，只有 16% 的機會，所以 Isaac 與其他考生比起來，表現良好。

## 這為何行得通？

如果你覺得「將原始分數轉換為 $z$ 分數以讓我們能夠比較不同人的表現」聽起來有道理，那你並不孤單。因為過去 100 年來，在教育測量的世界中，社會科學家（以及必須評量人類表現的任何人）都被常模參照詮釋（*norm-referenced* interpretations）的簡單性所吸引。如果我們不確定一項測驗的分數所代表的真正意義，我們至少可以把你的分數與其他人的做比較。我們至少可以知道，不管所測量的到底是什麼，你所擁有的是比其他人還要多還是少。

解讀教育和心理分數的另一種替代方式是標準參照（*criterion-referenced*）。這種做法要對我們所測量的特徵或內容有更多了解，並且得在事前就決定多少算足夠。標準參照測量允許每個人得到相同的分數，只要他們都有達到同等的標準（criteria）就行了。前一種做法從過去到現在都依然還是最熱門的解讀方法，然而後面那種做法最近也剛開始追上來。

## 標準化分數

HACK #27

令人驚訝的是，這些知名的高風險測驗，例如 SAT 或 ACT 或智力測驗，都不會回報你的原始分數。取而代之，在測驗的報告中，那個無用的數字被變換為了一個更有意義的分數，它可用來了解你與參加相同測驗的其他考生相較之下的表現。一旦你了解「標準化（standardized）」的分數，你就能自行計算它們，甚至發明你自己的。

「妝點原始分數」[Hack #26] 討論了 $z$ 分數的超能力。這些標準化的分數為沒有意義的原始分數加上了各種資訊。這都很好，使用這本書的任何人都能解讀 $z$ 分數，並依據這個資訊做出決策。

但如果你想要解讀許多分數報告（例如你得到的 SAT 結果那些），你不會看到哪裡有記載 z 分數，而只有一些怪怪的自訂的標準化分數，僅限那家公司使用，它們看起來像是 z 分數，但差異大到對於外行人來說同樣無意義。

不要害怕。這裡有你需要的工具，讓你不僅可以解讀那些奇怪的標準化分數，如果你想要的話，甚至還能幫你建立自己的（當你有你自己即將席捲全國的怪異考試，有辦法讓你變得跟 ACT 先生或 IQ 小姐或靠著我們考試社會賺錢的那些人一樣富有，而為此你不得不回報分數給其他人時）。

## z 分數的問題

z 分數有著它的…或許應該稱為醜陋之處，使得它沒有被廣泛採用來回報表現結果給考生或他們的家長，或大學及採計那些考試的雇主。取而代之，大多數的測驗公司使用 z 分數作為建立一種更吸引人的標準化分數的第一步，而他們回報的就是後者。

原始分數會透過這個公式被變換為一個 z 分數：

$$z = \frac{\text{raw score} - \text{mean}}{\text{standard deviation}}$$

raw score：原始分數　　mean：平均數　　standard deviation：標準差

如同在「妝點原始分數」[Hack #26] 中詳細描述的，這個方程式所創造出來的 z 分數會有介於 −3.00 和 +3.00 的範圍，其中 0.00 代表平均，而一個標準差等於 1。雖然作為解讀測驗表現的工具是非常有用的，但出於幾個問題，人們看到這些數字時並不會有好感：

- 它可能是負的。事實上，全部的 z 分數中，會有一半是負值。你很難說服參加考試的人負的分數並非壞消息。

- 0.00 的分數代表平均分數！如果我們無法向人們解釋一個負的數字不必然是壞事，那麼試著想像你要如何說服父母說，我們預期他們的兒女在這項大考上會得到零分，而且我們很高興他們拿到零分。

- 你能預期的最高分數是 3.00，而 100 名考生裡面只有 1 名會得到這個分數。如果只是為了拿到微不足道的 3 分，那麼試前的準備工作感覺就會變得又多又辛苦！

測量人員找過也找到了其他的標準化標度（standardized scales）用以回報測驗表現，而且它們具備了更多令人愉悅的特質。技巧就是先從 z 分數著手，然後使用平均數和標準差把它轉為其他更為友善的標度。

## 建立和解讀 T 分數

z 分數的一個問題是其平均為零。好像沒事般地回報零分，會觸怒某些教師、家長和學生。解決這個問題的方式是從字母表尾端往回推，從 z 變為 T。

T 分數（T scores）把 z 分數變換到了一個新的分布，它有 50 的平均數，而其標準差為 10。T 分數的方程式使用這種反向變換的做法。以下是 T 分數的公式：

$$T = z(10) + 50$$

所以，如果一個人的大考表現是平均值，他就會得到 0.00 的一個 z 分數，而我們不會把這個嚇人的分數回報給他的父母，我們可以把它轉換為一個 T：

$$T = 0.00(10) + 50 \qquad T = 0.00 + 50 \qquad T = 50$$

並回報那個人的分數是 50。恭喜！為了讓這個分數有意義，好的老師或學校諮商人員會解釋 T 分數的範圍大約是從 20 到 80，而 50 是平均值。

T 分數被用在某些測驗報告上作為 z 分數較好的替代品。其分數不會是負的，而且平均數是看起來比較好的 50。

> 使用 T 分數分布回報分數的一個熱門測驗是 Minnesota Multiphase Personality Inventory-II，它是測量憂鬱症（depression）、精神分裂症（schizophrenia）等的一種心理測驗。每個 MMPI-II 子標度（subscale）的平均分數都是 50，而標準差為 10。藉由把每個子測驗的分數放到相同的標度上，你就能跨越特徵來進行比較，並發展出分數的一個側寫（profile）以更完整地了解受試者。

## 建立自訂的標準化分數

測驗開發人員找到了回報標準分數的其他方式。表 3-4 列出許多知名的高風險考試，大多數人可能都參加過，或某一天會參與。

表 3-4　常見的標準化分數分布

| 測驗名稱 | 典型的分數範圍 | 平均數 | 標準差 |
|---|---|---|---|
| z 分數 | −3.00 到 3.00 | 0 | 1 |
| T 分數 | 20 到 80 | 50 | 10 |
| American College Test（ACT） | 1 到 36 | 18 | 6 |
| SAT | 200 到 800 | 500 | 100 |
| Graduate Record Exam（GRE） | 200 到 800 | 500 | 100 |
| Graduate Management Admission Test（GMAT） | 200 到 800 | 500 | 100 |
| Law School Admission Test（LSAT） | 120 到 180 | 150 | 10 |
| Medical College Admission Test（MCAT） | 1 到 15 | 8 | 2.5 |
| Wechsler Intelligence Scales（IQ 測驗） | 55 到 145 | 100 | 15 |
| Stanford-Binet Intelligence Test（IQ 測驗） | 52 到 148 | 100 | 16 |

因為測驗表現是常態分布的，想要解讀這其中任何的分數，你可以把它們放到常態曲線上比對，看看你的表現是平均、不尋常的低，或異常的高 [Hack #23]。

## 建立你自己的標準化分數

作為娛樂，你可以建立你自己的標準化分數分布，使用你想要的任何平均數和標準差。不喜歡你 350 的 SAT 分數？把它變換成你所選的某個分布下的一個分數。

舉例來說，想像一下，你比較喜歡平均數是 752,365 而標準差為 216,456 的一個分布（誰不呢？）。讓我們稱呼這個分布為 *Frey Score Distribution*。將 T 分數的公式一般化，你就能把你的 SAT 分數 350 轉為一個 *Frey* 分數。請記住，你必須先從 SAT 分數 350 的 z 分數開始著手：

$$z = \frac{\text{raw score} - \text{mean}}{\text{standard deviation}} = \frac{350 - 500}{100} = \frac{-150}{100} = -1.50$$

raw score：原始分數　　mean：平均數　　standard deviation：標準差

然後將之變換為一個 *Frey* 分數：

$$\text{Frey} = -1.50(216,456) + 752,365 = -324,684 + 752,365 = 427,681$$

現在，得到 427,681 的分數聽起來是不是比 350 分還要好？因為你知道 *Frey* 分布的平均數，這兩個分數解讀起來都相同，它們仍然低於平均，也依然是平均數之下 1½ 標準差。你並沒有更動現實，只是改變用來描述事實的數字。

## 這為何行得通？

z 分數的分布有 0 的平均數和 1 的標準差，這出於所用的方程式。把一群值除以它的標準差，新分布的標準差就變為 1。從一個分布中的每個分數扣除平均數，新的那些值就會在平均數 0 的周圍分布。

如果希望我們所用的分數有我們自己選的特定平均數和標準差，我們可以對每個 z 分數進行逆向工程（reverse engineer），把 0 的平均數和 1 的標準差取代為我們想要的任何東西。

## 了解常模參照評分

我們已經討論過常模參照評分（norm-referenced scoring）中固有的資訊，以及從統計的角度來看，它直觀的吸引力，但它並非產生有意義的分數的唯一辦法，也並不總是最好的方法。

如同在「妝點原始分數」[Hack #26] 中討論過的，設計評分系統和建立測驗時，實際上你有兩種可以挑選的思想體系：

常模參照評分（*Norm-referenced scoring*）

> 驅動它的哲學基礎是：要了解在某項任務上的表現（例如在電影中演出或參加 ACT），一個人的表現水平應該與其他人的表現做比較。

標準參照評分（*Criterion-referenced scoring*）

> 依據一組標準（criteria）來評估表現，例如知識庫、技能組、教學目標（instructional objectives），或診斷特性（diagnostic characteristics）。

如果常模參照的做法對你來說算合理，那麼你就會想要使用這裡所呈現的工具來解讀你在那些常見的標準化測驗上的表現。

## 詢問對的問題
#### HACK #28

如果你是任課老師、工作面試官，或處在想要測量某人理解程度的任何情境之下，你有各式各樣的方式可以詢問問題。這裡有源自測量科學的一些工具，能讓你以對的方式問出正確問題。

超過一百年來，教室都是一種問題與答案的環境。在學校之外，測驗在工作場所和雇用決策中也越來越常見。即使是在日常生活中，我隨手拿起柯夢波丹（*Cosmo*）雜誌也都會看到關於戀愛關係的測驗，要看看我在

派對上遇到人時，是屬於「友善的」還是「冷淡的」（我是冷若冰霜的。想要做出什麼結論呢？）。

許多專業人士必須問好的問題或寫好的測驗：

- 老師會在上課或一對一會談時詢問學生問題，以評估學生的理解程度。

- 教練會撰寫問題來評估研習會的有效性。

- 人事管理員會發展標準問題來測量申請人的技能。

有需要評估其他人知道多少的任何人，都曾面對要詢問何種問題才能直達事情核心的難題。這個 hack 為撰寫測驗或設計問題以測量知識或理解時，最常遇到的兩個問題提供了解決方式：

- 我要如何建構一個好問題？

- 我應該問些什麼？

## 建構一個好問題

就快速且有效測量知識的問題格式而言，很少有東西可以勝過多選（*multiple-choice*）題目。

> 多選題這種類型的題目會讓受試者看一個問題或指示（叫做 *stem*），然後請他們從一串答題選項中選出正確的解答或回應。這種類型的題目有時被稱作選擇（*selection*）題，因為人們會選擇答案。

為了讓我們在談論如何撰寫出良好的多選題目時有正確的詞彙可用，我們需要快速的入門。

這裡是多選題的一個例子：

**Who wrote *The Great Gatsby*?** ← Stem（題幹）
（誰寫了大亨小傳？）

A. Faulkner ← Distractor（誘答選項）

B. Fitzgerald ←正確解答（"keyed" answer）

C. Hemingway ← Distractor

D. Steinbeck ← Distractor

如你所見，問題的每個部分都有一個名稱。正確的答案叫做**正確解答**（*correct answer*，這作為科學術語如何呢？），而錯誤的答案叫做**誘答選項**（*distractors*）。

不是很多，但還是有些真實世界的研究對多選題目以及如何撰寫良好的多選題做了探討。要寫出良好的多選題，請依循下列從研究而來的關鍵的題目撰寫準則：

### 包括 3 到 5 個答題選項

題目應該有足夠的答題選項，以讓純粹的猜測變得困難，但也不要太多，使得誘答選項說不過去或題目要花太多時間完成。

### 不要包括「以上皆是（*All of the Above*）」作為答題選項

有些人會經常猜測這個答題選項，作為他們的應試策略。其他人的應試策略則會避開它。不管哪一種，它作為誘答選項都不適合。此外，評估「以上皆是」是正確的可能性需要分析能力，而這會隨著受試者而不同。測量這種特殊的分析能力不太可能是測驗鎖定的目標。

### 不要包括「以上皆非（*None of the Above*）」作為答題選項

這個準則存在的原因跟前一個準則一樣。此外，基於相同的理由，教師傾向於建立出「以上皆非」最可能是正確解答的題目，而有些學生知道這點。

### 讓所有的答題選項看起來都很合理

若有一個答題選項明顯不正確，因為它看起來與其他的答題選項都沒有關係，或它來自該測驗沒有涵蓋的內容領域，或出題老師顯然就是為了幽默效果才包括它的，那它就不適合當作誘答選項。學生不會考慮這種誘答選項，所以有四個答題選項的問題，實際上變成了三個答題選項的問題，而猜測也變得容易些。

### 以邏輯或隨機的順序排列選項

某些出題老師會發展出特定答題選項（例如 B 或 C）為正確解答的傾向。學生可能會注意到某個老師的這種傾向。此外，某些教人在標準多選題測驗上考得好的課程會推薦這種技巧作為應試策略的一部分。老師可以控制他們自己的這種傾向，只要依據某些規則（例如從最短到最長、字母順序、時間先後）來排列答題選項的順序就行了。

對老師來說，這種順序問題的另一種解決方法是在他們的文字處理程式中掃過測驗的初稿，並試著隨機化答題選項的次序。當然，使用電腦的隨機化會是正解，對商業化的標準測驗開發者而言也是如此。

## 讓題幹比答題選項還要長

如果答題所需的閱讀主要都放在題幹上，後面接著簡短的答題選項，那麼題目的處理速度就會更快。

因為較長的題幹後面跟著較短的答題選項能讓應試者更容易處理題目，一個良好的多選題看起來應該像這樣：

```
========================================
====================
====================
====================
====================
```

## 不要使用否定措辭

比起其他人，有些學生會讀得更仔細或更準確地處理文字，而「not（否）」這個詞可能容易被漏掉。即使該字詞有被強調，讓人不會漏讀它，教育內容通常不會以一組反事實或偽陳述的形式被習得，比較可能是儲存為一組正面用詞的事實。

## 讓答題選項和語幹在文法上一致

舉例來說，如果用於語幹中的文法清楚表明正確的答案是一名女性或者是複數，那請確保所有的答題選項都是女性或複數。

## 題幹請使用完整的句子

如果一個題幹是以問號結尾的一個完整問題或以句號結尾的一個完整指示，學生就能在檢視答題選項之前就開始辨識出解答。如果題幹以一個空白或冒號結尾或單純是一個不完整的句子，那學生就得更辛苦一點。更耗時的處理會增加錯誤的機會。

## 在正確的層次詢問問題

識別出詢問問題的正確層次是建立測驗時必須克服的第二個主要問題。某些問題很容易，它們只會評估一個人回想資訊的能力，代表相當低的知識水平。其他的問題較為困難，所需的答案必須結合現有的知識或是將之應用到新的問題或情況。因為不同層次的問題測量的是不同水平的理解程度，所以正確的問題必須在對的層次提出，我們才能從之獲取有用的資訊。

聰明的教育研究者 Benjamin Bloom 在 1950 年代的寫作中提出了一種思維方式，來探討正確回應所需的問題和理解水平。他的分類系統後來被稱作 *Bloom's Taxonomy*（*Bloom 分類法*），這種教育目標的分類系統是以達到特定成就或熟練度所需的理解水平為基礎。Bloom 與同事提出了學習的六個不同的認知階段。這裡以從最低到最高的順序列出它們：

1. *Knowledge*（知識）
   回想字詞、事實和概念的能力

2. *Comprehension*（理解）
   了解與溝通一個主題的能力

3. *Application*（應用）
   使用推廣泛化的知識解決不熟悉的問題之能力

4. *Analysis*（分析）
   將一個概念拆解為組成部分並了解它們關係的能力

5. *Synthesis*（合成）
   從現有知識創造出新模式或新概念的能力

6. *Evaluation*（評估）
   對新想法的價值做出明智判斷的能力

**挑選正確的認知層次。** 讓我們使用教師作為如何思考所需的問題層次的一個例子。老師會為教學目標挑選合適的認知層次，並設計出品質評鑑來測量達成那些目標的程度。教師所撰寫的大多數題目，以及教科書和教學套件所附的預先寫好的測驗，都是位在知識（*knowledge*）層次。大部分的研究人員都認為這很不幸，因為教學目標應該（而且通常）會在比單純的記憶資訊還要高的認知層次。

然而，引進新的教學材料時（不管是哪個年齡，從學齡前到進階的職業訓練都是），評量應該至少要包括一些檢查來確認新的事實是否已經習得。當老師決定要測量知識層次以上的水平，題目適當的層次取決於學生的發展水平。學生的認知層次，特別是他們抽象思考與理解的能力，以及使用多個步驟解決問題的能力，應該決定教學目標的最佳層次，也就是測驗題目的最佳層次。研究人員相信，教師應該測驗他們所教授的，並以他們教授的方式進行測驗。

所以，每次你發現自己想要評估隱藏在某人腦中的知識時，請先想想你想要評估什麼水平的理解。基本的知識記憶足夠嗎？若是，那麼知識層次就是問題的適當層次。你想要知道你職缺的應徵者有能力使用她的知識來解決她從未遇過的問題嗎？那就在應用層次詢問問題，她就必須展示那種能力。

**設計不同認知層次的問題。**遵循表 3-5 的準則建立 Bloom's Taxonomy 各個層次的題目或任務。

表 3-5　不同認知層次的問題

| Bloom 的層次 | 問題特性 | 問題或任務的範例 |
| --- | --- | --- |
| 知識 | 只需要背誦的記憶能力，以及回想、辨識和複述之類的技能 | 誰寫了大亨小傳？<br>A. Faulkner<br>B. Fitzgerald<br>C. Hemingway<br>D. Steinbeck |
| 理解 | 需要改述（paraphrasing）、總結和解釋之類的技能 | 什麼是卷纏尾（prehensile tail）？ |
| 應用 | 需要進行操作和解決問題之類的技能，並包括了像是使用、計算和產生這類的字詞 | 如果一位農民擁有 40 英畝的土地，並再買了 16 英畝，她有多少畝地呢？ |
| 分析 | 需要像是概述、傾聽、邏輯和觀察等技能，並使用例如識別和分解之類的字詞 | 描繪出你家附近的地圖，並識別出每戶人家。 |
| 合成 | 需要像是組織和設計等技能，並包括比較和對比等字詞 | 根據你對角色的了解，請描述 *Flowers for Algernon* 的續集中可能發生什麼事。 |
| 評估 | 需要像是批評和形成意見的技能，並包括支持和解釋之類的字詞 | 哪部歌劇電影的表演者可能是最好的運動員？捍衛你的答案。 |

**何時使用 Bloom 分類法？** Bloom 的類別有一種隱含的階層架構，其中知識代表最簡單的認知層次，而評估代表最高且最複雜的層次。撰寫問題來評量知識水平的任何人都能為任何給定的層次編寫題目。老師能夠識別出所選的教學目標的層次，並建立評量來比對那些層次。藉由客觀給分的題目格式，Bloom 分類法較低的層次運用起來相當簡單，而在較高層次進行測量，雖然更為困難，但也不是不可能。

你不應該太擔心由 Bloom 所定義的這六個層次之間的細微差異。舉例來說，理解（*comprehension*）和應用（*application*）常被視為同義詞，因為它們都是應用所學的能力，代表著理解。今日大多數的測驗理論學家和課堂教師都會把注意力放在知識層次和其餘所有層次之間的差異。大部分的老師，除了嶄新領域的入門階段以外，都喜歡教授並測量知識層次以上的目標。

## 也請參閱

- 這裡是我跟一些同事寫的稍微學術一點的東西：Frey, B.B., Petersen, S.E., Edwards, L.M., Pedrotti, J.T., 與 Peyton, V.(2005)."Item-writing rules: Collective wisdom." *Teaching and Teacher Education*, 21, 357–364.

- 關於撰寫題目的規則之回顧，請參閱 Haladyna, T.M., Downing, S.M., 與 Rodriguez, M.C. (2002). "A review of multiplechoice item-writing guidelines for classroom assessment." *Applied Measurement in Education*, 15(3), 309–334.

- Bloom 分類法有影響力的概念是在 Bloom, B. S.(Ed.).(1956). *Taxonomy of educational objectives: The classification of educational goals. Handbook 1. Cognitive domain*. New York: McKay 中引進的。

- Bloom, B.S., Hastings, J.T., 與 Madaus, G.F. (1971). *Handbook on formative and summative evaluation of student learning*. New York: McGraw-Hill.

- Phye, G.D. (1997). *Handbook of classroom assessment: Learning, adjustment, and achievement*. San Diego, CA: Academic Press.

## 公正的測驗

課堂教師經常會建立他們自己的測驗來測量他們學生的學習成果。他們常會擔心他們的測驗是不是太難或太容易，以及他們是否測量了應該測量的東西。試題分析工具（item analysis tools）為老師的這些疑慮提供了解決方案。

課堂評量應該是現代校園裡最常見的一種活動了。老師總是在製作測驗和為測驗評分，學生總是在為測驗研讀並參加考試，而整個過程就是為了支持學生的學習。測驗必定不可以太難（或太容易），而它們必須測量到老師希望測量的。測驗分數和成績也是老師與家長、學生及行政人員之間溝通的方式，所以考卷上的分數必須公正。它必須準確反映學生的學習成效，而它應該是品質評鑑的結果。

憂心的教師常會試著改善他們的測驗，但他們經常是在黑暗中摸索，沒有可靠的資料引導他們。一名聰明且在意這些事的老師可以做些什麼來改善他的測驗，或增進他所給成績的有效性呢？有一個體系的統計方法叫做**試題分析**（*item analysis*），可在教師追求公正評量和成績時為他們提供方向。

### 試題分析

試題分析是檢視個別測驗題目上的課堂表現的過程。課程教師可能會想要審視她所編寫的測驗某個部分的表現，來看看她的學生精通了哪些領域，而什麼領域還需要更多的複習。為護理師證照設計考試的商業測驗開發人員可能會想要知道他的測驗中，哪些題目最有效，而哪些似乎測量到其他的東西，因此應被移除。

在這兩種情況中，測驗的開發者感興趣的都是題目的困難度以及題目的有效性。儘管一個例子是高校教師為她自己的學生製作測驗，而另一個例子則涉及大型營利公司，但兩邊的開發人員所感興趣的都是相同類型的資料，而兩者也都套用相同的試題分析工具。

### 三種類型的課堂評量問題

如果你是擔心你自己評量的授課教師，有三種不同類型的問題你或許必須回答。幸好，也有三種試題分析工具能提供你所需的那三種不同類型的資訊。

**我的測驗問題太難嗎？**任何特定測驗問題的困難度都能使用難度指數（*difficulty index*）的公式相當輕易地計算出來。藉由計算參加該項考試的學生有多少比例答對了那題，你就能為一個測驗題目產生難度指數。這個比例越大，就有越多受試者知道該題目所測量的資訊。

> *difficulty index*（難度指數）這個術語有點反直覺，因為它實際上所度量的是題目有多容易（*easy*），而非題目的困難度（*difficulty*）。難度指數高的題目是容易的試題，而非困難的。

多難算困難？你得自行決定。某些老師把 .50 或更低的難度指數視為太難，因為大部分的人都答錯。你可能有較高的標準。如果你相信大多數的學生都應該學會你所教授的內容，而你有一個題目的難度指數指出，你班上有可觀的比例都答錯了，那它可能就太難了。

**每個測驗問題都測量到它應該測量的嗎？**測量專家指出，如果一個測驗題目有測量到它應該測量的，那麼它就是有效的 [Hack #32]。除了題目的可靠性（reliability）之外，還有鑑別指數（*discrimination index*）能用來度量一個題目的有效性（validity）。它測量一個題目在整體考試上鑑別高分者和低分者的能力。

雖然它的計算過程有好幾個步驟，只要計算出來，這個指數就能被解讀為內容領域的整體知識或技能熟練度與一個題目的回應之間關聯度的指標。

> *discrimination* index（鑑別指數，但也有「歧視」的意思）之所以如此命名，並不是因為它代表偏見（*bias*）。*discrimination* 是辨別答對一個題目的人屬於高分組或低分組的能力。

**為何我的學生答錯這題？**除了檢視整個考試題目的表現，老師經常也會想要透過答題選項分析（*analysis of answer options*）來審視多選題上個別誘答選項（不正確的答題選項）的表現。藉由計算選擇每個答題選項的學生比例，教師能夠看出學生犯得是何種錯誤。他們對於某些觀念的認知錯誤嗎？他們都對教材感到疑惑嗎？

要從測量的角度改善題目的效果，教師也能識別出哪些誘答選項「行得通」，對不知道正確解答學生特別有吸引力，而哪些誘答選項只是佔據空間，很少學生會選擇它們。

為了消除單純只是依靠機率而答對的精明猜測，教師與測驗開發人員都希望在容許範圍內，看似合理的誘答選項越多越好。對於回應選項的分析能讓教師微調並改善他們未來可能會想要再使用的題目。

## 進行試題分析並解讀結果

這裡是試題分析中所涉及的計算程序，使用來自一個範例題目的資料。對於這個範例，請想像有 25 名學生的課堂，他們都參加了包括表 3-6 中題目的一項測驗（不過要記得的是，即便是大規模標準化測驗的開發者，也會把相同的程序用在有數十萬人參加的考試上）。

表 3-6 中答題選項上的星號代表 B 是正確解答。

表 3-6 試題分析的樣本題目

| 對「誰寫了大亨小傳？」這個問題的回答 | 選擇每個答案的學生數 |
| --- | --- |
| A. Faulkner | 4 |
| B. Fitzgerald* | 16 |
| C. Hemingway | 5 |
| D. Steinbeck | 0 |

要計算難度指數：

1. 計算答對的人數。

2. 除以參加考試的總人數

就表 3-6 中所顯示題目而言，25 個人中有 16 個答對了那題：

16 / 25 = .64

難度指數的範圍是從 .00 到 1.0。在我們的例子中，題目的難度指數為 .64。這表示有 64% 的學生知道正確答案。

如果有位老師認為 .64 太低，她能採取幾個行動。她可以改變她教學的方式以更好地符合該題目所代表的目標。另一種解讀可能會是，此試題太難或令人混淆或無效，在這種情況下，教師可以取代或修改這個題目，或許是透過題目鑑別指數或回應選項的分析所獲得的資訊。

要計算鑑別指數：

1. 以總分排序你的測驗，建立兩組測驗：高分（*high scores*）組，由測驗的前半段所組成，以及低分（*low scores*）組，由測驗的後半段所組成。

2. 對於每個群組，計算該題目的難度指數。

3. 將低分組的難度指數從高分組的難度指數扣去。

想像在我們的例子中，高分組中 13 名學生（或測驗）有十個答對，而低分組中 12 名學生有 6 個答對。高分組的難度指數為 .77（10/13），而低分組的難度指數為 .50（6/12），所以我們可以像這樣計算鑑別指數：

.77 − .50 = .27

這個題目的鑑別指數為 .27。鑑別指數的範圍是從 −1.0 到 1.0。正值越大（越接近 1.0），整體測驗表現和那個題目的表現之間的關係就越強。

如果鑑別指數是負的，那意味著，因為某種原因，在測驗上得分低的學生更有可能答對那題。這是一種奇怪的情況，它代表題目的有效性很差，或是正確解答是錯的。老師通常會希望測驗上的每個題目都能跟測驗的其他部分一樣連接到相同的知識或技能。

鑑別指數的公式是這樣設計的：如果高分組中選擇正確解答的學生比低分組中的還要多，那麼所產生的數字就是正的。老師應該至少都會希望看到正的值，因為那代表著知識會產生正確的答案。

我們可以使用**表 3-6** 中所提供的資訊來看看不同答題選項的熱門程度，如**表 3-7** 中所示。

表 3-7 「誰寫了大亨小傳」的試題分析

| 答案 | 選項的熱門程度 | 難度指數 |
| --- | --- | --- |
| A. Faulkner | 4/25 | .16 |
| B. Fitzgerald* | 16/25 | .64 |
| C. Hemingway | 5/25 | .20 |
| D. Steinbeck | 0/25 | .00 |

回應選項的分析顯示，答錯這題的學生大概有相同的機率會選擇 A 或 C。沒有學生選擇 D，所以答題選項 D 並沒有誘答選項的作用。在這個題目

上，學生並不是在四個答題選項之間挑選，他們事實上僅在三個選項之間進行挑選，因為他們根本沒有考慮選項 D。

這使得正確的猜測變得更有可能，這會傷害到一個題目的有效性。老師可能會把這個資料解讀為大多數的學生都能建立**大亨小傳**（*The Great Gatsby*）和 Fitzgerald 之間關聯的一種證據，它也告訴我們，沒有做出這種關聯的學生無法很好地辨別 Faulkner 和 Hemingway。

## 試題分析和測驗公正性的建議

要改善測驗的品質，試題分析能夠識別出太難的（或太容易的，如果那是老師的考量的話）題目、沒辦法區辨習得內容的人和沒學會的人的題目，或是其誘答選項沒有說服力的題目。

如果作為一名教師，你在意測驗的公正性，你可以改變你的教學方式、改變你測驗方式，或改變你為受試者打成績的方式：

### 改變你的教學方式

如果題目太難，你可以調整你的教學方式。強調沒學會的教材，或使用不同的教學策略。你可能會具體地修改指示，以更正關於內容令人混淆的誤解。

### 改變你測驗的方式

如果題目有很低或負的鑑別值（discrimination values），就可以把它們從目前的測驗移除，也可以從未來測驗的候選題目庫中移除。你也能夠檢視這種題目，試著找出它哪裡有問題並做出更改。當誘答選項被視為無機能（沒人選它們），老師可以試著修正那種題目，並建立出新的誘答選項。有效且可靠的測驗的一個目標就是減低隨機的猜測會導致答對而得分的機率。看似合理的誘答選項越多，測驗通常就會變得更準確、有效和可靠。

### 改變你打成績的方式

你可能會使用試題分析的資訊來判斷哪些素材沒教到，並且為了公正性起見，將那些題目從目前的測驗中移除，再重新計算分數。實務上，課堂教師要這麼做，最簡單的方法是計數一個測驗中不好的題目的數目，並把那個數字加到每個人的分數。嚴格來說，這跟把那個題目當作不存在然後重新計分並不相同，但在這種方法之下，答對難題的學生仍然會得到分數，這對大部分的老師而言，看起來更公平。

教師對於他們測驗品質的這些考量其實跟科學家提出的研究問題沒有太大的差別。就像科學家，老師也能在他們的課堂中收集資料、分析資料，並解讀結果。然後他們就能依據他們自己的個人哲學，判斷如何根據那些結果採取行動。

## HACK #30　在等油漆乾的空檔改善你的測驗分數

如果你不喜歡你在某個重要的高風險考試上得到的分數，或許你應該再考一次。真的應該嗎？

我們已經討論過如何**應用可靠性的概念 [Hack #6]** 來精確測量任何東西。可靠性（*reliability*）是一個測驗評估某些結果的一致性。換句話說，可靠的測驗能產生穩定的分數，而不可靠的測驗則不會。因為不是完全可靠的測驗所產生的分數至少會有部分是出於隨機，它們的分數可能會以統計學家能夠預測的方式改變。因為你重新參加一項測驗的考試分數通常會朝著該測驗的平均分數移動，這種效應被稱為**均值迴歸**（*regression toward the mean*）。

當你參加一項高風險的考試，例如 SAT、ACT、GRE、LSAT 或 MCAT，你經常會有重考以試著改善分數的選項。要判斷這是否值得你的時間、苦工和金錢來試著改善你的測驗分數，你應該先了解該測驗的可靠性，以及有多少改變可能單純是出於均值迴歸的效果。

### 均值迴歸

首先，讓我們重現均值迴歸的現象，如此你就會相信分數可能朝著可預測的方向改變，而且除了因為**常態曲線的特性 [Hack #23]** 之外，沒有其他原因。眼見為實，而我希望讓這種隱藏的神奇現象在你眼前發生。

將**表 3-8** 中的 true（真）/false（偽）小考拿給你最親近的 100 名朋友。好啦，好啦，10 個也可以，看你啦。1,000 個會更好，但我只需要足夠的人來向你證明這種迴歸的事情確實會發生。隨著我們往前進，請牢記在心，若我們有 100 或 1,000 名受試者來參加這個非常困難（或非常容易）的測驗，那麼結果將會更具說服力。

對了，就這個測驗而言，你不需要實際看到那些問題本身。這個測驗的分數會改變，但不會影響到被測量的**構念 [Hack #32]**。所以，你能在這個小考上做的就只是猜測。因為它們是 true/false 的問題，你會有 50% 的機率

答對任何一題，而你 10 個人的群組（或是 100 人，如果你對此很認真的話…或許你至少能找到 30 個人？…有人嗎？）的平均表現應該會是滿分 10 分中的 5 分。

表 3-8　進階量子物理學小考

| 問題 | 圈起你的答案 |
| --- | --- |
| 1. | True 或 False |
| 2. | True 或 False |
| 3 | True 或 False |
| 4. | True 或 False |
| 5. | True 或 False |
| 6. | True 或 False |
| 7. | True 或 False |
| 8. | True 或 False |
| 9. | True 或 False |
| 10. | True 或 False |

把這個進階量子物理學小考拿給你能夠找到的人測驗。而當你與其他人在做這個測驗時，不要偷看正確解答，儘管它現在離你的目光只有幾公分遠（在表 3-9 中）！

表 3-9　進階量子物理學小考的正確解答

| 1. True | 2. True | 3. False | 4. False | 5. True |
| --- | --- | --- | --- | --- |
| 6. False | 7. False | 8. True | 9. True | 10. False |

收集填寫完畢的測驗（確保他們有寫上名字），然後使用表 3-9 中的正確解答來打分數。

現在，挑出最高分的人（這代表像你這樣的人，或許吧，也就是在 SAT 那類的標準化測驗上得分高於平均的人）以及最低分的人（或許代表不像你這樣的人，即分數低於平均的人）。給這兩個人再考一次（別讓他們看到正確解答），並重新評分。

這裡就是**均值迴歸**（*regression to the mean*）出現的地方。即使不知道你或你的朋友，或他們的答案是什麼，我也相當確定兩件事：

- 第一次得到最低分的人，這次得到的分數會變高。

- 第一次得到最高分的人，這次得到的分數會變低。

如果真的是這樣，哈哈，我就跟你說吧！如果不是，要記得我跟你說的只是「相當確定」。使用較大的樣本時，這比較有可能行得通。

## 這為何行得通？

這兩個分數預期會發生的是，低於 5 分（或你任何的測驗平均）的所有測驗分數都會往上移向平均數，而高於 5 分的那些則會往下移向平均數。這或許會發生在你的那兩個分數上，或許不會，但這是最有可能的結果。

記得這是知識對於分數沒有影響的一個測驗，兩次測驗中，分數完全是出於機率。但這種效應也會出現在真實的考試中，即便那時知識會影響你的分數。這是因為沒有真實考試是完全可靠的，而機率在每個測驗中都會扮演某種角色。這個演示只是誇大了這種效果，因為在它所提出的測驗中，受試者的測驗分數 100% 是由機率決定的。

所以，為什麼在第二次中，分數可能改變，而且更靠近平均數呢？長期來講，若有 100 或 1,000 組測驗分數，我們會預期結果是類似常態分布的東西。就像丟銅板一樣（它可能各有 50% 的機率會出現人頭或數字），在一個 true/false 測驗（或任何的測驗，就這裡的目的而言）中，每個特定的結果都有關聯的機率。表 3-10 展示了這個*進階量子物理學小考*的受試者可能的分數和對應的可能性。

表 3-10　可能的小考分數分布

| 分數 | 機率 |
|---|---|
| 0 | 0.001 |
| 1 | 0.010 |
| 2 | 0.044 |
| 3 | 0.117 |
| 4 | 0.205 |
| 5 | 0.246 |
| 6 | 0.205 |
| 7 | 0.117 |
| 8 | 0.044 |
| 9 | 0.010 |
| 10 | 0.001 |

為什麼較為極端的分數在重複測驗之後會變得較不極端呢？看看得到兩個極端分數的可能性（例如得到 2 分，然後再得到 2 分），以及得到 2 分（機率為 .044）後，再得到 4 分（機率為 .205）的可能性。一個人第一次考到 2 分後，第二次考到 4 分的機率幾乎是連續兩次考到 2 分的五倍。我們幾乎可以 95% 確信再考一次他會考得比 2 分高（1 − .044 − .010 − .001 = .945）。

「regression toward the mean（均值迴歸）」這個名稱源自於有名的 Francis Galton（Charles Darwin 的表親），他研究了父母與其子女的身高。他發現子女的平均身高比較接近所有子女的平均身高，而非該子女之父母的平均身高。雖然 Galton 把這個觀察稱作「迴歸至平庸」（「regression toward mediocrity」，Galton 並非以善於交際著稱），我們取得名稱就友善了一點。這與遺傳學沒有關係，全都歸因於，你猜得沒錯，就是統計學。

在這個分數完全出於機率的測驗中，有 65.6% 的機率分數是在平均數或非常接近平均數（結合 4 分、5 分與 6 分的機率）。而對大多數的測驗來說，因為題數比較多，會產生常態分布，你就會有 **68% 的機率考到平均數或接近平均數 [Hack #23]**。

## 預測較高分數的可能性

這些全都很有趣，但這要如何幫助你判斷是否值得再考一次呢？回到我們原本的兩難。再次參加這些重要的考試（例如大學入學考試）會花費更多的金錢、時間、精力，或許還得再加強準備，所以決定是否要再試一次時，需要有點策略才行。

當然，你可以實際提升該測驗所測量的知識水平，以在那項測驗上表現得更好。如果你透過研讀、參加練習考試或預備課程等來為一項測驗做準備，你就很有可能考出更高分。但如果你第一次考得很低，那麼即使在兩次考試間，你什麼都沒做，你也很可能考得更好，單純因為均值迴歸。兩次考試間，你大可盯著牆壁看、等著油漆乾，什麼都不用做，分數還是很有可能增加。幸運的傢伙！

單純考第二次就會讓你表現得更好的可能性取決於兩件事：你第一次的分數，以及該項測驗的可靠性。

### 你的分數

因為分數很可能（單憑機率）朝向平均數移動，第二次你表現得更好的機率就取決於你第一次的分數是高於平均數或低於。想像平均數正發出很大的吸吮聲，把沿著一個分布的所有分數都往它的方向拉。低於平均數的分數增加的機率就比高於平均數的分數還要大。

### 測驗的可靠性

測量統計學家使用一個數字來代表可靠性（reliability），它指出分數變異性不是出於機率的比例。因此，可靠性越高，機率在決定分數上所扮演的角色就越小。可靠的分數是穩定的分數，吸力超強的平均數也不是可靠分數的對手。

統計學家發展出了一個公式，你可以用它來得知你分數變動的空間有多少。如果成長的空間很大，你可能就要考慮再試一次。這裡可用的一個實用工具是測量的標準誤差（*standard error of measurement*）。以下是測量的標準誤差 [Hack #6] 之公式：

$$\text{Standard Error} = \text{Standard Deviation}\sqrt{1 - \text{Reliability}}$$

Standard Error：標準誤差　　Standard Deviation：標準差　　Reliability：可靠性

大多數的標準化測驗都會公布他們的可靠性水平，以及每次舉辦考試所產生的那些好幾十萬的分數之標準差。把這些測驗的值插入到測量的標準誤差的方程式中，我們就能大致了解同一個人從測驗到再次測驗之間可能的分數變動。

然而，對極端的分數而言，即使是標準誤差都有誤導之虞。非常低或非常高的分數很有可能單純因為機率就產生比標準誤差更大的差距。你離常態越遠，就越難抗拒朝向常態的重力。極端的分數無法抗拒這種拉力，除非它們是完全可靠的。

總結來說，關於如何決定是否要再考一次，這裡有一些明智的建議：

* 如果你之前相對來說考得非常高，只是沒有達到你想要的分數，再考一次大概就不怎麼值得。

* 如果你之前考得很低（遠低於平均），那麼第二次幾乎可以肯定會考得更高。再試一次。這次你研讀的時間也可能不用花那麼多。

*—Neil Salkind*

## 確立可靠性

使用、製作和參加高風險考試的人們都會對確立測驗分數的準確度有濃厚的興趣。幸運的是，教育與心理測量領域為「驗證測驗分數是一致且精確的」以及「表達它有多可信」這兩件事都提供了數種方法。

使用測驗來做出高風險決策的任何人都需要確信所產生的分數是準確的，而且不會受到隨機力量的太大影響，例如工作應徵者早上是否吃過早餐，或是考生在測驗過程中是否過度焦慮。測驗設計者需要確立可靠性以說服他們的客戶，所產生的結果是可以仰賴的。

或許更重要的是，當你參加的測驗會影響你是否被某間學校錄取，或是決定你會不會被升職為西餐大主廚，你就得知道那個分數有沒有反映出你典型的表現水平。這個 hack 提供了數個程序用來測量考試的可靠性。

### 為什麼可靠性很重要？

先介紹一些基本知識，告訴你什麼是測驗可靠性，以及為什麼你應該為你所參加的重要考試找出可靠性的證據。測驗和其他的測量儀器都被預期要有一致的行為，不管是內部的（測量行為類似的相同構念）或外部的（長時間重複進行時會提供類似的結果）。這些都屬於可靠性（*reliability*）的議題。

可靠性是以統計的方式測量的，可以計算出具體的數字來表示測驗的一致性水平（level of consistency）。大多數的可靠性指數都基於一個測驗中各個題目的回應之間的相關性 [Hack #11]，或是給定的某個測驗的兩組分數之間的或兩次考試之間的相關性。

有四種類型的可靠性常被用來確立一個測驗所產生的分數是否不包含太多的隨機變異：

內部可靠性（*Internal reliability*）

在單一測驗中，每個受試者跨不同題目的表現是否一致？

測驗與再測可靠性（*Test-retest reliability*）

每位受試者跨越兩次分開舉行的相同考試的表現是否一致？

跨評分員的可靠性（*Inter-rater reliability*）

若由兩個不同的人來為測驗評分，那麼每位受試者的表現是否一致？

並列形式的可靠性（*Parallel forms reliability*）

> 每位受試者跨越不同形式的相同測驗，表現是否一致？

## 計算可靠性

如果你製作了一個你想要使用的測驗，不管你是教師、人事官，或治療師，你都會想要驗證你所進行的測量是可靠的。你要用哪個方法來計算你的精確水平，則取決於你感興趣的是哪個類型的可靠性。

**內部可靠性。** 最常被報導的可靠性標準是對於內部一致性的一種度量，稱為 alpha 係數（coefficient，或 Cronbach 的 alpha 係數）。係數 *alpha*（*coefficient alpha*）是範圍幾乎總是從 .00 到 1.00 的一個數字。這個數字越高，測驗題目的行為就越有內部一致性。

舉例來說，如果你參加了一個考試，並把它分為一半，奇數題一邊，偶數題另外一邊，你就能計算兩邊的相關係數。這種折半相關性（split-half correlations）的公式就是**相關係數的公式 [Hack #11]**，也是估算可靠性的傳統方法，不過現在它被視為有點過時了。

從數學上來說，coefficient alpha 的公式會產生一個測驗所有可能的「一半」之間的平均相關性，也已經取代了折半相關性，成為內部可靠性最常被選用的估量方式。這個值通常會使用電腦來計算，因為方程式有點複雜：

$$\text{alpha} = \frac{n}{n-1}\left(\frac{\text{SD}^2 - \sum \text{SD}_i^2}{\text{SD}^2}\right)$$

其中 $n$ = 測驗中的題目數量，SD = 測驗的標準差，$\Sigma$ 代表加總，而 $\text{SD}_i$ = 每個題目的標準差。

**測驗與再測可靠性。** 內部一致性通常會被視為測驗可靠性的適當證據，但在某些情況中，我們還得展示跨越時間的一致性。

如果被測量的是不應該隨著時間而變的東西，或者應該改變得非常慢，那麼相同的一組人，在兩個不同的場合對於相同的測驗的回應應該大致一樣。這樣兩組分數之間的相關性會反映測驗跨越時間的一致性。

**跨評分員的可靠性**。若為測驗評分或做出觀察的人不只一個,我們也能計算可靠性。如果有不同的評分者來產生分數,我們就必須展示他們之間的一致性。即使僅有一名評分者(就像班上的教師),如果評分有主觀成分在其中,就像大多數的作文題和表現評鑑一樣,這類型的可靠性就有重大的理論意義。

要證實一個人的分數代表這些情況中的典型表現,我們必須顯示不管裁判、評分員或評審是誰,都不會有差異產生。跨評分員的可靠性水平要確立,得依靠評審對於一系列的人之給分之間的相關性,或者是指出它們多常相符的一個百分比。

**並列形式的可靠性**。最後,論證可靠性的另一種方式是顯示無論一個人所參加的是一個測驗的何種形式,她的得分都會大致相同。展示並列形式可靠性只在測驗是從一個較大的題庫建構出來的時候,才是必須的。

舉例來說,就大多數的標準化大學入學考試而言,例如 SAT 和 ACT,不同的受試者會拿到不同版本的測驗,由涵蓋相同主題的不同問題所構成。這些測驗背後的公司已經發展了數以百計的問題,然後使用這些問題的不同樣本來產生相同測驗的不同版本。如此一來,當你星期六早上在緬因州(Maine)參加考試,你就沒辦法打電話給你在加州(California)的表親,告訴他下週考試之前要準備哪些題目,因為你的表親拿到的測驗,很有可能是不同的一組題目。

當這些公司產生相同測驗的不同形式時,他們必須證明這些測驗都有同等的困難度,而且還有其他類似的統計特性。更重要的是,他們必須展示你在緬因州版本得到的分數會跟你在加州版本拿到的分數一樣。

## 解讀可靠性的證據

確立測驗可靠性有各種不同的途徑,而不同用途的測驗應該搭配有不同類型的可靠性證據。你可以仰賴可靠性係數的大小來判斷你所製作的測驗是否需要改善。如果你只是參加考試,或只是仰賴它所提供的資訊,你可以使用可靠性值來決定你是否要信任測驗結果。

### 內部可靠性

設計來作為重要決策的唯一憑據的測驗應該要有極高的內部可靠性,所以一個人得到的分數應該非常精確。係數 alpha 要 .70 或更高最常被視為一個測驗要宣稱內部可靠性的必要標準,雖然這只是經驗法則。你得自行決定對你製作或參加的測驗而言,怎樣是可接受的。

測驗與再測可靠性

用來測量隨著時間的變化的測驗，如同各種社會科學的研究設計那樣，應該展示良好的測驗與再測可靠性，這意味著測驗之間的任何改變都不是出於分數的隨機波動。穩定度的相關性之適當大小取決於一個構念隨著時間推移應該維持怎樣的理論穩定性。那麼，取決於它的特性，一個測驗隨著時間產生的分數的相關性應該在 .60 到 1.00 的範圍之內。

跨評分員的可靠性

只有在評分有主觀成分存在的時候，才會講究跨評分員的可靠性，例如論文寫作的考題。客觀上來說，電腦評分的多選題測驗應該產生完美的跨評分員可靠性，所以客觀的測驗通常不會要求那種證據。如果跨評分員的相關性被用作跨評分員可靠性的估計值，那麼依據經驗法則，.80 就是可靠性的最低要求。

有的時候，跨評分員可靠性估計的方式是回報兩個評分員有多少百分比的時間相符。使用這種百分比一致性（*percentage agreement*）作為可靠性估計值時，85% 通常就被視為夠好了。

並列形式的可靠性

只有形式會有不同的測驗可被描述為具有並列形式可靠性。你的大學教授大概不用確立並列形式可靠性，因為期末考只有一個版本，但大規模的測驗公司通常就需要。

並列形式可靠性應該非常高，如此人們才能把相同測驗、不同形式所得到的分數視為具有同等意義。一般來說，一個測驗之兩種形式之間的相關性應該高於 .90。在測驗公司所進行的研究中，同一組人會參加兩種形式的同一個測驗，以決定這個可靠性係數。

在你參加可能決定哪些路向你開啟的高風險測驗之前，請確定該測驗具備可接受的可靠性水平。你會想要看到其對應證據的可靠性類型，則取決於測驗的用途。

## 增進測驗可靠性

確保高的係數 alpha 或其他任何可靠性係數最簡單的方法，就是增加你測驗的長度。詢問相同概念的題目越多，受試者必須釐清他們的態度或展示知識的機會就越高，那個測驗的總分也就越可靠。這在理論上是合理的，但由於用來計算可靠性的公式是那樣，所以在數學上可靠性也會增加。

回顧係數 alpha 的方程式。隨著測驗的長度增加，測驗總分數之變異性增加的速度會比跨題目的總變異性還要快。在那個公式中，這意味著括弧中的值會隨著測驗變長而變大。*n/n-1* 的部分也會變大，因為題數增加了。從結果來說，較長的測驗就比較容易產生較高的可靠性估計值。

## 這為何行得通？

相關性會比較成對匹配的兩組分數，如此每對分數描述的都是一個個體。如果大多數人的表現都一致，即他們成對的兩個分數的每一個與其他個體比起來都是高、低或大約平均，或是一個測驗的高分一致地對應到另一個測驗的低分，那麼相關性就會接近 1.00 或 –1.00。

分數之間不一致的關係會產生接近 0 的相關性。分數的一致性，或者一個測驗與自身的相關性，被相信代表著分數在**古典測驗理論（Classical Test Theory）**[Hack #6] 所確立的條件底下是可靠的。古典測驗理論指出，如果一個人參加同樣的測驗很多次，那麼除其他事項外，隨機誤差（random error）就是那個人的分數會變動的唯一因素。

### HACK #32 確立有效性

一個測驗最為重要的特點就是，它可用於預期的目標。若要人相信一個測驗分數所具備的意義是它應該代表的，那麼確立有效性（validity）就很重要了。要說服你自己和其他人你的測驗是有效的，那你就得提供特定類型的證據。

一個良好的測驗會測量它應該要測量的東西。舉例來說，應該要找出高中學生有多常會繫上安全帶的調查，顯然會包含有關安全帶使用的問題。沒有這些題目的調查可以被合理地批評為不具有**效性**（*validity*）。有效性是某樣東西測量它被預期要測量的東西的程度。調查、測驗和實驗，全都需要有效性才會被接受。如果你正為心理或教育測量建構一個測驗，或只是想要確定你的測驗有用處，你就應該關心有效性的確立。

有效性不是一個測驗分數有或沒有的東西。有效性是由測驗設計者、仰賴測驗結果的人或有責任接受測驗及其結果的任何人所做出的一種論證（argument）。

想像一下由數學問題所構成的一項拼字測驗（spelling test）。很明顯的，都是數學問題的測驗並不會是有效的拼字測驗。雖然它不是有效的拼字測驗，但它會是很合格的有效數學測驗。測驗或調查的有效性並不是在工具本身，而是在結果的解讀中。

一個測驗可能對某個用途有效，但對另一個無效。把一名孩童的拼字測驗分數解讀為她數學能力的代表，並不恰當，這個分數作為語文能力的一種度量，可能有效，但不是數字處理流暢性的有效度量。這個分數本身既非有效也非無效，能被論證有效與否的是附加在這個分數上的意義。

要闡明如何解決確立有效性（establishing validity）的問題，想像你設計了一種新的方式來測量拼字能力。你想要把這個測驗賣給全國的各個學區，但首先你得提供清楚的證據，證明你的測驗度量的是拼字能力，而非其他的東西，例如字彙量、測驗的焦慮程度、閱讀能力，或（以可能會影響分數的其他因素而言）性別或種族。

## 贏得有效性論證的策略

有效性看起來好像是永遠都無法勝利的論證，因為作為品質的一種隱形指標，它永遠都無法完全確立。不過作為一名測驗開發者，你會希望能夠說服你的考生和會使用你測驗結果的任何人，你在很大程度上測量到了你應該測量的東西。幸好，有數種可接受的方式存在，讓你能夠為測驗提供有效性的證據。

有趣的是，最常被接受的那種有效性證據，剛好也是理論上最薄弱的有效性論證。這種論證是*表面有效性*（*face validity*）的一種，它是這樣說的：這個測驗之所以有效，是因為它（在表面上）看起來有測量到它應該要測量的東西。那些提出或接受表面有效性論證的人相信，他們所談論的測驗具有我們預期會在那樣的測驗中找到的那類題目。舉例來說，前面提過的安全帶調查，如果有具有詢問安全帶使用的題目，那它就會被接受為有效。

表面有效性論證之所以薄弱，是因為它只仰賴人類的判斷，但它也可能是令人信服的。常識是很強大的論據，或許是最強的一種，很適合用來說服別人接受一個評價的任何面向。雖然表面有效性看起來比其他類型的有效性證據還要不科學（而實際上它也*真的*比較不科學），但若是缺乏表面有效性的證據，只有很少數的測驗工具會被製作或使用它們的人所接受。如果你，作為測驗的開發者或使用者，無法提供會在這個 hack 其餘部分討論的其他類型的有效性證據，那你就會被預期至少提供具有表面有效性的測驗。

就你的拼字測驗來說，如果受試者有被要求要拼寫單字，你就確立了表面有效性。

有四種更為科學的有效性證據一般都會被仰賴評鑑的人所接受。它們都是能為有效性做出的論證範圍中的一部分。

### 基於內容的論證（*Content-based arguments*）

測驗上的題目能夠充分代表可能出現在這類測驗中的那些題目嗎？如果一個測驗必須涵蓋某個定義明確的知識領域，那些問題作為樣本，對於該領域有代表性嗎？

### 基於標準的論證（*Criterion-based arguments*）

這個測驗的分數可以用來估計在其他測驗上的表現嗎？

### 基於構念的論證（*Construct-based arguments*）

這個測驗的分數能代表你希望測量的特徵或特性嗎？

### 基於後果的論證（*Consequences-based arguments*）

參加測驗的人有從這個經驗獲得益處嗎？這個測驗會對特定族群有所偏差嗎？參加這個測驗所導致的壓力是否大到不管你得幾分，都不值得呢？

## 基於內容的論證

如果你決定要測量一個概念，那麼一個測驗中，關於那個概念，就有很多面向以及許多不同的問題可以詢問。展示你為你測驗所選的題目能夠代表所有可能的題目，就會是有效性基於內容的一種論證。

這聽起來像是令人生畏的要求。傳統上，這類的證據被認為對於成就測驗來說比較重要。在績效領域中，例如醫學、法律、英語、數學等，有定義相當明確的內容領域，有效的測驗都應該從中抽取樣本。課堂教師想必也會定義測驗應該測量的一組目標或內容領域。然而，測試一個範圍的行為、知識或態度時，受試者很少會有如此精確定義的面向。因此，想要做出合理的論證，指出你所選的問題對於所有可能的問題所構成的一個想像的題庫具有代表性，是很困難的。

所以，建構測驗的時候，就有效性的內容證據而言，什麼是必要的？看起來，測驗的建構至少需要某種有組織的問題挑選或建構方法。舉例來說，測驗自我價值感時，問題可以涵蓋受試者在不同環境（例如工作場所、家裡或學校）中或進行不同任務（例如運動、從事學術研究或工作）時，對自己有什麼看法，或是他對自己的不同面向（例如外表、智力或社交技能）有什麼感受。

對於要測量學生在過去幾週學到了多少的課堂教師而言，*細目表*（*table of specifications*，列出所涵蓋的主題以及代表它們重要性的權重的一種有組織的清單）會是很好的方法。

如何組織一個概念，或如何將之分解為組成部分，是屬於測驗開發者的抉擇工作。開發人員可能受到研究或其他測驗的啟發，或只是依循符合常識的方案走。關鍵是說服你自己，以讓你能說服其他人你有涵蓋到你所測量的領域之重要面向。

就你的拼字測驗而言，如果你能證明學生被要求拼寫的那些字詞足以代表學生應該要能夠拼寫的那個較大的字詞庫，那麼你就提供了基於內容的有效性證據。

## 基於標準的論證

有效性的標準證據（criterion evidence）顯示在一個測驗上的回應能預測在某些其他情況中的表現。這裡的「表現（Performance）」可以代表在某項任務上的成功、測驗分數、其他人的評價等等。

如果測驗上的回應與可以即刻測量的表現標準有關，這種有效性的證據就會被稱作*同時有效性*（*concurrent validity*）。如果測驗的回應所關聯的表現標準必須到未來的某個時間點才能測量（例如大學畢業時、治療成功時，產生藥物濫用時），這種有效性證據就被稱為*預測有效性*（*predictive validity*）。

或許不用特別強調你就知道，你挑選來支持標準有效性的度量方式應該是相關的，這個標準所度量的概念應該在理論上有點關聯。這種形式的有效性證據在測驗的目的是要估計或預測其他某些測量的表現時，最具說服力和重要性。

對於並不宣稱會預測未來或估計其他測量表現的測驗而言，基於標準的證據較無說服力，或許甚至無關緊要。舉例來說，這種證據對於你的拼字測驗恐怕沒什麼用處。另一方面，你還是可能展示在你的測驗得到高分的人，也會在 National Spelling Bee 比賽表現得好。

## 基於構念的論證

第三種類型的有效性證據是構念證據（construct evidence）。構念
（*construct*，發音時重音放在第一個音節：*con*-struct）是一個測驗被設計
要來測量的理論性概念或特徵。我們知道我們永遠都無法直接測量像是智
力或自尊這類的構念。心理測量的方法都是間接的。我們詢問一系列的問
題，希望這會使受試者用到我們想要測量的那部分心智，或是參考到她記
憶中含有過去行為資訊或知識的那部分，或者，最少最少，指引受試者去
審視她對於特定主題的態度或感覺。

我們也希望受試者能夠準確且誠實地回答測試題目。實務上，測試結果經
常會被視為一個構念的直接度量，但我們不應該忘記，它們只是有根據的
猜測。這整個程序的成功，取決於另一組假設：我們有正確定義我們試著
度量的構念，而我們的測驗有反映出那個定義。

因此，構念證據經常會包括捍衛構念本身的定義，以及所用的度量工具有
反映出那個定義的主張。為構念有效性所提出的證據，可能包含回應的行
為正如理論所預期的那樣之證明。構念有效性的證據會在調查或測驗被使
用的過程中累積，而且就跟所有的有效性證據一樣，它永遠都不會是完全
可信的。在某種意義上，構念有效性的論證可以說同時包含了內容及標準
有效性論證，因為所有的有效性證據都是想在一個概念和宣稱測量它的活
動之間建立一個連結。

對於你的拼字測驗，可能會有研究在探討**拼字能力**（*spelling ability*）作
為一項認知活動或人格特徵或其他某種定義明確之實體的本質。如果你能
定義談到拼字能力時，你指的是什麼，並展示你測驗的分數之行為正如你
的定義所預期的，那麼你就能主張基於構念的有效性證據。理論指出較屬
害的閱讀者就是較佳的拼字員嗎？證明這個關係，或許是使用**相關係數**
**[Hack #11]**，然後你就有可能說服其他人的有效性證據。

## 基於後果的論證

在一、二十年前，對於確立有效性感興趣的測量人員只會在意如何展示測
驗分數反映了對應的構念。因為有越來越多人關心特定的測驗是否不公平
地懲罰到整個族群的人，加上對於測驗的廣泛使用所帶來的社會影響之考
量，政策制定者和測量哲學家現在也會去檢視受試者因為參加了測驗而體
驗到的後果。

因為我們已經變得太習慣參加考試，並依據那些測驗的分數做出高風險的決策，我們更應該偶爾退後一步，自問仰賴那些測驗來做出決策，是否真的讓社會變得更好了。這拓展了有效性的定義，從代表構念的分數延伸到了滿足其預設目標的測驗。想當然，測驗是為了幫助世界變得更好，而非傷害它，而基於後果的有效性證據能幫我們展示測驗的社會價值。

如同那些老笑話裡面的政府官員，測驗「是來幫助我們的（here to help us）」。

對你的拼寫測驗而言，你想要排除的關鍵負面後果涉及到測驗的偏差（bias）。如果你的拼字能力理論預期性別、種族或社會經濟地位都不會造成差異，那麼那些族群之間的拼寫分數就應該相等才是。產生群組之間分數類似的證據，或許是透過 $t$ 檢定 [Hack #17]，你就能很好地確立你的測驗是公正且有效的。

## 在有效性選項的選單上進行挑選

這裡所描述的各種類型的有效性證據作為選項，構成了一種策略性選單。如果你想要展示有效性，你可以在這些範圍的有效性證據類型中進行挑選。

顯然，不是所有的測驗都需要提供每一種類型的有效性證據。教師製作的一個歷史小考，只用於一班 25 人的學生，可能就只需要某種基於內容的有效性證據，以說服老師相信得到的結果。基於標準的有效性證據是沒必要的，因為估計其他測驗的表現，並非這種測驗的預設用途。

另一方面，高風險的測驗，例如大學入學考試（ACT、SAT 或 GRE 等）和會被用來評估學生是否有資格接受特殊教育撥款的智力測驗，就應該以所有的這四種類型的有效性證據加以支持。至於你的拼寫測驗，你可以自行決定何種類型的證據，以及何種類型的論證最具說服力。

# 預測生命週期的長度

我們之中有許多人都直覺地相信，已經存在很長時間的東西，很有可能繼續存在更久，而不是這樣的東西，就不會如此。這種直觀推斷形式化之後的結果，就是 Gott's Principle（高特原則），而它的數學並不困難。

物理學家 J. Richard Gott 三世，截至目前為止已經正確地預測柏林圍牆（Berlin Wall）何時倒塌，並正確計算了 44 場百老匯秀（Broadway shows）的延續時間[1]。具有爭議性的是，他也預測人類的存在時間大約會在 5,100 年到 7.8 百萬年之間，但不會更久了。他的論點是，這是創建自給自足的太空殖民地的好理由：如果人類把一些雞蛋放到其他的籃子中，以防小行星撞擊或核子戰爭在我們母星上發生，我們或許就能延長我們這個物種的壽命[2]。

Gott 相信，只要多使用幾個參數，他簡單的計算就能延伸到幾乎所有的事情上。要使用這些計算來預測某樣東西會存在多久，你只需要知道它已經存在多久了。

## 實際操作

Gott 計算的依據是他稱為 Copernican Principle（哥白尼原則，也就是某些人在這種特殊的應用中稱為 Gott's Principle）的東西。這個原則指出，當你挑選一個時間點來計算某個現象的生命週期，那個時間點大概都是相當普通的，並不特殊或擁有什麼特權，就像哥白尼告訴我們地球在宇宙中並沒有什麼特殊地位一樣。

在一般、沒有特權的時間點挑選實驗對象是很重要的。挑選你已經知道是靠近生命週期開端或結尾的時間點（例如新生兒或老人療養院裡面的人），會產生偏差，導致不良的結果。此外，Gott's Principle 在精算資料已經存在的情況下比較沒有用處。人類的壽命長度已經有很多精算資料可用，所以 Gott's Principle 在此沒什麼應用。

挑好了一個時間點之後，讓我們檢視一下它。在所有的其他條件都相等之下，有 50% 的機率那個時間點會在該現象生命週期中間的 50% 中，而有 60% 的機率是在中間的 60% 中，95% 的機率在中間的 95% 中，依此類推。因此，只有 25% 的機率你所挑選的時間點位在生命週期四等分之後的第一個部分中，20% 的機率它位在第一個五等分中，而有 2.5% 的機率它是在生命週期最後的 2.5% 中，依此類推。

表 3-11 為 50%、60%，以及 95% 的信賴水平提供了方程式。變數 $t_{past}$ 代表該物體已經存在了多久，而 $t_{future}$ 代表它預期會繼續存在多久。

表 3-11　Gott's Principle 之下的信賴水平

| 信賴水平 | 最小的 $t_{future}$ | 最大的 $t_{future}$ |
|---|---|---|
| 50% | $t_{past}/3$ | $3t_{past}$ |
| 60% | $t_{past}/4$ | $4t_{past}$ |
| 95% | $t_{past}/39$ | $39t_{past}$ |

讓我們看個簡單的例子。快速回答：你認為誰的作品更有可能在距今的 50 年後繼續被人聆聽？是 Johann Sebastian Bach 的，還是 Britney Spears 的？ Bach 的第一個作品大約是在 1705 年左右被演奏的，在本文寫作之時，那是 300 年前。Britney Spears 的第一張專輯則是在 1999 年一月推出的，大約是 6.5 年或 79 個月之前。

查閱表 3-11，就 60% 的信賴水平而言，我們看到最小的 $t_{future}$ 是 $t_{past}/4$，而最大是 $4t_{past}$。既然 Britney 的音樂的 $t_{past}$ 是 79 個月，那就有 60% 的機率 Britney 的音樂會在接下來的 79/4 個月到 79×4 個之間繼續被聆聽。換句話說，我們可以 60% 確信 Britney 作為一種文化力量，會繼續存在 19.75 個月（1.6 年）到 316 個月（26.3 年）的時間。

對於快速的估算而言，百分之六十是不錯的信賴水平了。它不只是比平均還好的機會，而且 1/4 和 4 這些係數也很容易使用。

出於同樣的原因，我們也可以有 60% 的信賴水平預期 Bach 的音樂會在 300/4 年和 300×4 年之間繼續被聆聽，也就是現在的 75 年到 1,200 年之後。因此，我們可以預測有不小的機率 Britney 的音樂會隨著她的粉絲死去而逝去，而也有不小的機率 Bach 會在第四個千年中繼續被聆聽。

### 這是如何運作的？

假設我們正在研究某個我們稱作目標（*target*）的物體之生命週期。如我們已經看到的，我們有 60% 的機率是在該物體生命週期中間的 60% 中（圖 3-4）[3]。

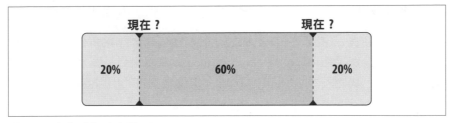

圖 3-4　生命週期的中間 60%

如果我們是位在這中間 60% 的最末端，我們就是在圖 **3-4** 中標示為「現在？」的第二個點上。在這個點上，目標只剩下 20% 的剩餘壽命（圖 **3-5**），這表示 $t_{future}$ 等於四分之一的 $t_{past}$（80%）。這是在 60% 的信賴水平之下，我們所能預期的最小剩餘壽命。

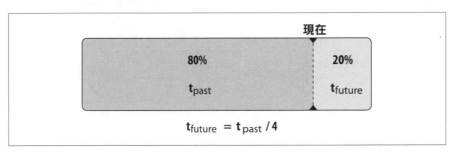

圖 3-5　最小的剩餘壽命（60% 的信賴水平）

同樣地，如果我們是在中間 60% 的開頭（圖 **3-4** 中第一個標示「現在？」的點），那麼目標的存在時間，有 80% 還在未來，如圖 **3-6** 所示。因此，$t_{future}$（80%）等於 $4 \times t_{past}$（20%）。這是在目前的信賴水平上，我們可以預期的最大剩餘壽命。

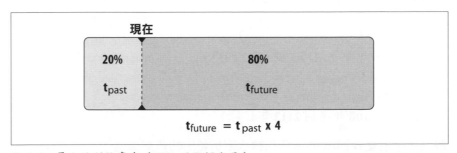

圖 3-6　最大的剩餘壽命（60% 的信賴水平）

既然有 60% 的機率我們是在這兩個點之間，我們就能以 60% 的信賴度計算出目標未來的存在時間（$t_{future}$）介於 $t_{past}/4$ 和 $4 \times t_{past}$ 之間。

## 在真實生活中

假設你想要投資一家公司,所以你想估計那家公司會存在多久,以判斷這是否為好的投資。你可以使用 Gott's Principle 來這麼做。雖然它不是公開交易的公司,我們就舉 O'Reilly Media,也就是本書的出版商為例。

> 我當然不是隨機挑選 O'Reilly Media 的,而關於公司通常會持續多久,也有很多的歷史資訊可用,但無論如何,還是讓我們試著運用 Gott's Principle 來粗略估算 O'Reilly 的壽命。畢竟,百老匯演出的壽命大概也有很好的資料存在,但 Gott 並沒有因此不去分析它們,而我可以說,既然 O'Reilly 已經出版了 *Mind Performance Hacks*,它的永垂不朽就得到了保證。

根據 Wikipedia,O'Reilly 始於 1978 年,一開始是技術寫作的顧問公司。我寫這些的時間點是 2005 年七月,所以 O'Reilly 作為一家公司,大約已經存在 27 年了。我們可以預期 O'Reilly 能繼續存在多久呢?

這裡是 O'Reilly 可能的生命週期,以 50% 的信賴水平計算:

**最小值**

27/3 = 9 年(到 2014 年七月)

**最大值**

27×3 = 81 年(到 2086 年七月)

這裡是 60% 信賴水平之下的預期:

**最小值**

27/4 = 6 年又 9 個月(到 2012 四月)

**最大值**

27×4 = 108 年(到 2113 年七月)

最後,這裡是我們以 95% 的信賴水平所做出的預測:

**最小值**

27/39 = 0.69 年 = 大約 8 個月又 1 週(到 2006 年三月中)

最大值

　27×39 = 1,053 年（到 3058 年七月）

在後網路經濟（post-dot-com economy）中，這些數字看起來很不錯。舉例來說，Apple Computer 也沒有好很多，而 Microsoft 創立於 1975 年，同樣的道理也適用於它。真正的投資者可能會想要考慮許多其他的因素，例如年度營收與股價，但作為初步的猜測，看起來在下個十年中，就市場而言，O'Reilly 至少很有可能存活得比假想的投資者還要久。

## 章節附註

1. Ferris, Timothy. "How to Predict Everything." *The New Yorker*, July 12, 1999.

2. Gott, J. Richard III. "Implications of the Copernican Principle for Our Future Prospects." *Nature*, 363, May 27, 1993.

3. Gott, J. Richard III. "A Grim Reckoning." *http://pthbb.org/manual/services/grim*.

—Ron Hale-Evans

## 做出明智的醫療抉擇

**HACK #34**

醫療檢驗提供診斷用的篩選資訊，但病人經常會理解錯誤，有的時候，甚至醫生也會。了解稱作「敏感度（sensitivity）」和「特異性（specificity）」的機率特徵能提供更為準確且（有的時候）更令人安心的畫面。

作為醫療資訊的消費者，你必須做出有關行為、治療、尋找第二意見等等的決策。你很有可能會仰賴醫療資訊，例如新聞、故事、你醫師的建議、檢驗結果，來做出那些抉擇。然而，你從你的醫師那裡得到的醫療資訊有很多可能都有已知的誤差。這對指出你有多少機率具有特定狀況的診斷性檢驗結果而言，特別是如此。

這個 hack 所談論的正是如何使用有關那些醫療檢驗之特徵的資訊，更精確地捕捉真實情況，並且希望藉此做出更好的治療決策。

### 統計和醫療篩選

要明智地運用醫療檢驗的資訊，我們必須多了解一點，就這些檢驗而言，*準確度（accuracy）*這個概念代表的是什麼意義。醫療檢驗的四種可能結果，以準確度來表達的話，就如同**表 3-12** 中所示。

表 3-12    可能的醫療檢驗結果

|  | 病人實際有該種狀況（A） | 病人實際上沒有該種狀況（B） |
| --- | --- | --- |
| 檢驗結果指出病人<br>有該種狀況 | True positive 真陽性<br>（分數正確） | False positive 偽陽性<br>（分數錯誤） |
| 檢驗結果指出病人<br>沒有該種狀況 | False negative 偽陰性<br>（分數錯誤） | True negative 真陰性<br>（分數正確） |

醫療篩選檢驗的可靠性 [Hack #6] 可由兩個比例來總結，分別是**敏感度**（*sensitivity*）和**特異性**（*specificity*）。基本上，仰賴這些檢驗的人關心的是有關準確度的三個問題：

- 若是一個人真有該種疾病，這個人的檢驗結果為陽性（positive）的可能性有多高？這種可能性就是**敏感度**。就 A 欄中的那些人而言，有多少百分比會得到陽性的檢驗結果？

- 如果一個人**沒有**該種疾病，那麼這個人得到陰性的檢驗結果的可能性有多高？這種可能性就是**特異性**。就 B 欄中的那些人而言，有多少百分比會得到陰性的檢驗結果？

- 如果一個人得到陽性的檢驗結果，那麼這個人真有該種疾病的可能性有多高？從病人的角度來看，這就是最終的問題，它也可被視為這些檢驗基本的有效性考量。醫生，我可以相信這些檢驗結果嗎？有可能哪裡出錯嗎？

請注意在**表 3-12** 中，欄 A 與欄 B 中的人都不同。有該種疾病的人在欄 A 中，而沒有該種疾病的人在欄 B 中。如果你在欄 A 中，你不會看到偽陽性的檢驗結果，因為陽性的結果是正確的。如果你是在欄 B 中，你不會得到偽陰性，因為陰性結果是正確的。

會在哪一欄中，取決於該種疾病的自然分布。某個人會在欄 A 中的機率（真的有該種疾病的機率）取決於該種疾病的**基本比率**（*base rate*）。如果 5% 的人口有該種疾病，那就會有 5% 的人發現自己身處欄 A。

## 了解乳癌的篩檢

乳癌（breast cancer）就是具有診斷性篩檢的重大疾病的一個例子。乳癌的篩檢會先從乳房攝影（mammogram）開始。這種檢驗若得到陽性結果，就需要進一步的檢驗：另外的乳房攝影、超音波或切片檢查。

我們首先要回答的問題跟乳癌篩檢的敏感度與特異性有關。有了這項資訊以及關於乳癌基本比率的知識，我們就能回答最為重要的問題：

> 如果一名女性得到了陽性的檢驗結果，她真的有乳癌的可能性有多高？

藉由詢問你的醫師或做些研究，你可能會發現乳房攝影的敏感度大約是90%。特異性則是92%。

乳癌篩檢確切的敏感度和特異性隨著時間而變，因為有不同的人口接受檢驗。現代年輕的女性比過去更常接受乳房攝影檢查，而這種檢查對於較年輕的女性來說，敏感度和特異性都比較低。當然，目前的準確水平你應該諮詢醫師或專家。

表 3-13 使用表 3-12 的格式來顯示那些數字。因為欄 A 和欄 B 必定是獨立的，加起來為 100%，我們也能夠估算偽陰性和偽陽性的比率。

表 3-13　10,000 名女性的理論性乳房攝影檢查結果

|  | 病人實際上有乳癌（A）N=120 | 病人實際上沒有乳癌（B）N=9,880 |
|---|---|---|
| 乳房攝影指出有癌變 | 敏感度 90% N=108 | 偽陽性 8% N=790 |
| 乳房攝影指出沒有癌變 | 偽陰性 10% N=12 | 特異性 92% N=9,090 |

識別出準確的乳癌發生率實際上是很困難的，因為定義相關人口有不同的方式，當然還因為乳癌檢驗準確度上的限制。我所用的是目前年齡介於 40 到 84 歲的女性中有乳癌的百分比經常被報導且廣為接受的估計值。

現在，讓我們回到解讀醫療檢驗結果之前要問的重要問題清單裡面的第三個問題。如果有一個人拿到了陽性的檢驗結果，那個人真的有該種疾病的可能性多高？在接受乳癌篩檢的 10,000 名女性中，898 名會拿到陽性的結果。在那些女性中，有 790 名的結果是錯的，她們實際上並沒有乳癌。而那些女性中有 108 名的結果是正確的，她們確實有癌症。換句話說，如果有一個人拿到陽性的結果，那個人真的有該種疾病的可能性只有 12%。乳房攝影檢查結果為陽性的受檢者後續的追蹤檢查最常見的結果實際上是沒有癌症的。

那麼陰性結果的準確度呢？在 9,102 名篩檢結果為陰性的女性中，有 12 名真的有癌症。這相對的低，是 1% 的 1/10，但篩檢會漏掉那些人，她們將不會接受到治療。

## 這為何行得通？

醫療篩檢的準確度用到 Thomas Bayes 發展的條件機率（conditional probability）廣義化之後的一種特殊應用，Thomas Bayes 是 1700 年代的一名哲學家和數學家。「如果這樣，那麼…發生的機率會是怎樣？」就是一種條件機率問題。

Bayes 的條件機率方法是檢視事件的自然發生頻率。估計在一個人拿到陽性檢查結果的條件下，那個人有某種疾病的機率之基本公式為：

$$\frac{\text{True Positives}}{\text{True Positives} + \text{False Positives}}$$

True Positives：真陽性　False Positives：偽陽性

以條件機率表達，公式則為：

$$\frac{\text{Base Rate} \times \text{Sensitivity}}{(\text{Base Rate} \times \text{Sensitivity}) + (1 - \text{Base Rate})(1 - \text{Specificity})}$$

Base Rate：基本比率　Sensitivity：敏感度　Specificity：特異性

要在我們乳癌例子中回答最重要的問題（「如果一名女性拿到陽性的檢驗結果，她有乳癌的可能性為何？」），乳房攝影的方程式會有這樣的值：

$$\frac{.012 \times .90}{(.012 \times .90) + (1 - .012)(1 - .92)} = .1202$$

## 做出明智的決定

醫療檢驗被用來判斷病人是否有某種疾病，或是有得到該種疾病的風險。要辨別某種疾病（例如癌症）是否存在，通常至少需要兩個步驟。在第一步中，病人會接受某種篩選檢查，通常是相對簡單而且非侵入式的檢查，尋找罹患特定醫療狀況的跡象。結果若是陽性，第二步就是要進行第二次檢查（或一系列的檢查），通常會比較複雜、侵入式而且昂貴，但也準確得多，以確認或駁回原本的發現。

醫療檢驗的可靠性和有效性並非完美，檢查結果可能是錯的。接受醫療檢驗的人有四種可能性。病人有該種疾病，而檢驗結果也那樣指出，或病人沒有該種疾病，而檢驗結果也發現該種疾病並不存在。在這些情況中，檢驗都運作得很好，得到的結果也是有效的。

反過來說，檢查結果反映的可能是真實醫療狀況的反面，也就是陽性的結果是錯誤地指出實際上不存在的疾病有出現，或是陰性的結果錯誤指出病人沒有疾病。在這些情況中，檢查都沒有正確運作，而結果是無效的。這些結果所構成的表格就類似我們在**統計決策制定 [Hack #4]** 中接受或駁回假說的可能性。

如果真的有，乳癌的篩檢非常擅長找出患病的人。然而，這種用於低發生率疾病的高敏感檢驗會有一個缺點，就是有許多人會被告知他們有實際上沒有的疾病。醫療檢驗在檢查的敏感度和檢查的特異性之間有一種取捨存在。較為敏感的檢查通常會產生更多的偽陽性，但在生死之間的嚴重情況中，這似乎是我們可以接受的代價。

## 也請參閱

- Gigerenzer, G.(2002). *Calculated risks. How to know when numbers deceive you.* New York: Simon and Schuster.

# CHAPTER FOUR

# 戰勝機率

## Hacks 35–49

冒險時，為何要承擔比實際上更多的風險呢？賭場的遊戲會要你接受某些機率，不過本章真實世界的統計 hack 將會幫助你保有優勢，或許甚至戰勝莊家的優勢。

先從「德州撲克」[Hack #36] 開始（或許你有聽過？）。玩撲克牌 [Hack #37] 時，要懂得你的機率 [Hack #38]。

當然，永遠都要確保你「賭得聰明」[Hack #35]，不管你玩的是什麼，不過當我們講到你所承受的風險水平，有些遊戲 [Hacks #39 和 #40] 確實優於其他遊戲 [Hack #41]。

如果你喜歡跟朋友打友善的賭，或是跟陌生人打奇怪的賭，你可以運用統計學的力量以及卡牌 [Hacks #42 和 #44] 或骰子 [Hack #43] 來贏得某些出乎意料容易贏的酒吧打賭，或你可以想到的幾乎任何事 [Hack #46]，包括你朋友的生日 [Hack #45]。

說到奇怪的賭博遊戲（而我認為我們就是），有一些奇怪的統計巧合 [Hacks #47 和 #49] 是你在玩這些遊戲時必須知道的，即使只是簡單的擲硬幣 [Hack #48]。

**HACK #35　賭得聰明**

不管是什麼遊戲，如果有涉及金錢和機率，有一些基本的博弈原則可以幫助快樂的統計學家保持愉快。

雖然本章的 hack 主要是針對特定的遊戲，而它們之中有許多是機率遊戲，有各種的技巧和工具是對所有的賭徒都有用處的。賭博的世界中瀰漫著神祕、迷信和數學的混亂，而知道多一點這個世界的地理學，應該能幫助你渡過難關。這個 hack 示範如何賭得更聰明，教授你下列這些事：

- Gambler's Fallacy（賭徒謬誤），一個直覺但錯誤的信仰體系，使得許多原本消息靈通的玩家付出了代價。

- 賭場與金錢。

- 系統、經驗老到的資金管理，以及行不通的下注程序。

## Gambler's Fallacy

你玩二十一點（blackjack）時，是否曾經連續拿了很多手壞牌，使得你增加了你的賭注，認為情勢隨時可能改變？如果是這樣，你就陷入了*賭徒的謬誤*（*gambler's fallacy*），這種信念讓你認為因為長期來講我們可以預期特定的機率出現，所以短期內的厄運很可能很快就會改變。

賭徒謬誤談的是，機率就像擺盪的鐘擺，它會盪到壞結果的區域一會，然後喪失動量，而再擺回到好結果的區域一下子。依循這種思維所產生的問題是運氣，套用到純粹機率的遊戲上時，會是一連串獨立的事件，其中每個個別的結果都與它之前的結果無關。換句話說，鐘擺的位置是在好的區域或壞的區域，與它一秒前是在哪裡無關，關鍵就在於，它根本就不是一個鐘擺。命運變化無常的手指會隨機的從一個可能的結果跳到另一個可能的結果，而它出現在任何一個結果的機率是與每個結果關聯的機率。並不存在動量。這個事實經常被總結為「骰子沒有記憶」。

與賭徒謬誤一致的信念範例包括：

- 一段時間未開出的吃角子老虎機就快吐錢了。

- 一整晚都拿到壞牌的撲克玩家很快就會拿到一手超級好牌把輸的都贏回來。

- 過去三場比賽都輸的棒球隊更有可能在第四場贏得勝利。

- 因為擲骰子連續得到三次 7 已經很不可能發生了，所以連續擲到三次之後，第四次又擲到，基本上是不可能的。

- 輪盤上已經連續八次落在紅色數字上的球接下來幾乎可以確定會落在黑色數字上。

請不惜一切代價避免像這樣的謬誤，那麼你賭博輸的錢應該會少一點。

## 賭場與金錢

賭場會賺錢。它們會創造利潤的原因之一是那些遊戲本身所支付的金額稍微少於公平的金額。在機率遊戲中，公平（*fair*）的回饋（payout）是長期來說會使兩邊的參與者，即賭場和玩家，達到收支平衡的支付金。

公平回饋的一個例子會是賭場使用上面只有 36 個數字，一半紅一半黑的輪盤。然後賭場會在轉到紅色數字時，加倍下注紅色的賭金。有一半的時間賭場會贏，一半的時間玩家會贏。在現實世界中，美國的賭場使用 38 個號碼，其中有兩個不是紅也不是黑。這讓莊家有高於公平回饋 2/38 的優勢。當然，一般來說，賭場以這種方式營利並非不公平，這是預料之中的，也是賭徒與賭場的社會契約的一部分。不過事實是，如果賭場光靠這種優勢來賺錢，很少家能撐得下去。

賭場能賺錢的第二個原因是，賭徒的口袋並非無限深，而他們也沒有無限長的時間可以賭博。賭場的優勢，例如輪盤上的 5.26%，是指如果一個玩家下注無限次，賭場能夠拿走的金額。這個無限玩家會贏一陣子，輸一陣子，然後在任何時間點，平均來說，會輸掉她起始資金的 5.26%。

不過真實生活中實際發生的是，大多數的玩家都會在某個時候不再繼續玩，通常是在他們沒錢的時候。大多的玩家都會在他們有錢的時候持續下注，然後沒錢的時候停止下注。當然，有些玩家會在贏錢時走人。但是沒有玩家會在沒錢（也沒信用額度）時繼續玩下去。

想像表 4-1 代表任何賭場遊戲的 1,000 名玩家。所有的玩家都從 $100 的初始資金開始，並計畫花一個晚上（四個小時）玩遊戲。我們假設莊家有 5.26% 的優勢，就像輪盤遊戲那樣，雖然其他遊戲的優勢高低各有不同。

表 4-1　1,000 名虛擬賭徒的命運

| 玩的時間 | 有剩一些錢 | 平均剩餘的起始資金 | 輸光了他們所有的錢 | 仍然在玩的 |
|---|---|---|---|---|
| 玩一個小時後 | 900 | $94.74 | 100 | 900 |
| 玩兩個小時後 | 800 | $94.74 | 200 | 800 |
| 玩三個小時後 | 700 | $94.74 | 300 | 700 |
| 玩四個小時後 | 600 | $94.74 | 400 | 600 |

在這個例子（資料是虛構的，但我敢打賭這算保守了）中，四個小時之後，玩家仍有 $56,844，而賭場有 $43,156，從可用的總金額來說，賭場拿了 43.16%，這比官方 5.26% 的莊家優勢（*house edge*）還要高。

讓賭博遊戲對賭場而言如此有利可圖的，不是與特定遊戲關聯的機率，而是人類的行為：玩家持續玩的傾向。因為莊家的規則是公開的，統計學家可以為任何特定遊戲找出莊家優勢。

然而，賭場並不需要回報他們實際從賭台區拿到的錢。根據內華達州Lum's Travel Inn of Laughlin（我最愛的賭場）粗毛地毯的深度，我猜賭場的收益很不錯。這個 hack 給賭徒的一般原則是，過了特定一段時間後就走人，不管你是輸錢或贏錢。如果你夠幸運，在你的時間用盡之前，就贏了很多錢，那就考慮跑出賭場。

## 系統

有幾種通用的投注系統（betting systems）的依據是資金管理和改變你的標準投注金額。典型的系統會建議你在一次損失後增加你的賭注，不過有些系統則建議你在贏了一次後增加你的賭金。既然所有的這些系統都假設連勝或連敗總是比較可能結束而非繼續，它們可以說都是基於賭徒謬誤。但即使是這種系統在數學上合理的情況中，若是下注金額必須增加，直到玩家贏了為止，那麼長期來說，口袋大小有限定律（law of finite pocket size）就會破壞系統。

這裡有一個真實的故事。當我作為一名年輕的成年人初次拜訪合法的賭博場所時，我迫切想要運用我自己設計的一套系統。我注意到，如果我押注在輪盤上 12 個數字的一欄，我將獲得 2 比 1 的報酬。也就是說，如果我押了 $10 然後贏了，我可以拿回我的 $10，再加上另外的 $20。當然，我12 個數字的任何一個帶來的勝算都不大，但如果我押注在兩組的 12 個數字，那麼我就有勝算了。我有 36 分之 24 的機率會勝利（好啦，其實分母是 38 才對），好過 50％！

當然，我知道押注在兩組數字上不會讓我的賭金變為三倍。畢竟，我一半的籌碼會輸在沒開出的那組 12 個數字上。我認為，如果我押注 $20，那麼大約有三分之二的時間我會贏回 $30，那會是 $10 的利潤。此外，如果我在輪盤的第一次轉動沒有贏錢，我會再次押注相同的數字，但這次我會讓我的賭金變為兩倍（我真是個超級天才，你同意嗎？）！如果因為某些微小的機率讓我這次也輸了，我就會再次加倍我的賭注，然後把我的錢都贏回來，加上所賺的 50％ 利潤。長話短說，我真的就如我計畫的那樣去做，但三次的輪盤轉動都輸錢，而在那個漫長的週末沒錢可用了，還要開 22 個小時的車回家。

這類系統最簡單的形式就是在每次輸錢後加倍你的賭注，然後只要贏了（遲早的事），你就可以拿回多一點。問題在於，典型的情況是會連續輸好幾場，這是機率的常態波動。在連輸的那段時間中，持續加倍賭注會很快吃光你的初始資金。

表 4-2 顯示只是連續輸了六次之後，加倍的賭金會變多大，而這在二十一點、輪盤、雙骰子、電動撲克等等中是經常發生的。

表 4-2　「輸了就加倍」系統

| 輸的次數 | 押注大小 | 總支出 |
| --- | --- | --- |
| 1 | $5 | $5 |
| 2 | $10 | $15 |
| 3 | $20 | $35 |
| 4 | $40 | $75 |
| 5 | $80 | $155 |
| 6 | $160 | $315 |

連續輸六次，即使是在幾乎 50/50 的遊戲（例如押注輪盤上的顏色）中，只要你玩上幾個小時，會是非常可能發生的情況。這裡嘗試一次而投注失敗的實際機率是 52.6%（20 種輸的結果除以 38 種可能的結果）。輪盤連續轉動六次，玩家有 2.11%（.526×.526×.526×.526×.526×.526）的機率每次都輸。

想像玩兩個小時會轉 100 次。玩家可以預期這段時間中連續輸六次的情況會發生兩次。因此，在這種系統下，玩家通常被迫要把賭金加到原本的 32 倍，才能贏得與原本金額相等的錢。當然，大多數的時間（52.6%），若是已經連續輸了六次，第七次還是輸的機率依然高了點！

玩家能做出明智策略抉擇的賭博遊戲，例如二十一點（藉由算牌）和撲克（觀察你的對手），也有系統存在，但在純粹機率的遊戲中，統計學家已經學會預期應該預期的。

## 德州撲克
HACK #36

在德州撲克（Texas Hold 'Em）中，「四的法則（rule of four）」使用簡單的計數方法根據檯面上籌碼來估計你贏的機率。

無限注德州撲克（Texas Hold 'Em No Limit Poker）到處都有。在我寫這些之時，我可以把我的碟型天線指向 ESPN、ESPN2、ESPN Classics、FOX Sports、Bravo 或 E! 頻道，然後看到職業的撲克牌玩家、幸運的業

餘玩家、各大名流人士、小牌明星藝人，甚至（感謝上天，Speed 頻道看得到）NASCAR 賽車手都在玩這個簡單的遊戲。

你自己大概也有在玩，或至少有在看。這個遊戲最受歡迎的版本很簡單。所有的玩家一開始都有相同的籌碼。籌碼輸了就沒了。每一輪，玩家都會拿到兩張牌，只有他們（還有具專利的微型撲克牌桌相機鏡頭）看得到。然後，有三張公用牌（community cards）是牌面向上發出的，這就是 *flop*（翻牌）。再來，發出的另一張公用牌也是翻開的，那就是 *turn*（轉牌）。最後，還有一張公用牌，叫做 *river*（河牌），同樣牌面朝上發出。押注的動作發生在每一階段。玩家使用七張牌（五張公用牌，加上他們手上的兩張牌）中任何的五張，湊成他們有辦法想到的最佳五張牌。最好的一手牌贏得勝利。

因為某些牌是牌面朝上，玩家就有資訊可用。他們也知道自己手上的牌，這提供了更多資訊。他們還知道標準的 52 張一副的撲克牌中，所有卡片的分布。有關值的已知分布 [Hack #1] 的所有這些資訊使得德州撲克提供了很多駭入的機會 [Hacks #36 和 #38]。

一個特別關鍵的決策點是緊接在翻牌（flop）之後的那輪押注。那時會有兩張牌即將出現，可能會讓你手上的牌變得更好。如果你手上的不是 *the nuts*（可能的最佳牌組），你就會想要知道接下來兩張牌會改善你那一手牌的機率。**四的法則**（*rule of four*）能讓你輕易且相當準確地估計那些機率。

## 這是如何運作的？

四的法則之運作方式如下。計算發出來能幫助你的牌變好的牌卡的數目（不要動你的唇）。把那個數字乘以四。這個乘積就是你會得到一或多張那種牌的百分比機率。

**範例 1**。你有一張方塊 J 和一張方塊 3。翻牌帶來了梅花 K、方塊 6，以及方塊 10。你有四張可能湊成同花（flush）的牌，而有九張牌能讓你湊到那個同花。當然，其他的牌也可能幫助到你（例如一張 J 能幫你湊到 J 一對），但不會讓你對自己的勝率感覺良好。

因此，有九張牌能幫到你。四的法則估計你有 36% 的機會可以在轉牌（turn）或河牌（river）得到那個同花（9×4 = 36）。所以，你大約有三分之一的機率。如果你可以持續玩下去而不危及太多籌碼，你大概就不應該放棄該局。

**範例 2**。你有一張方塊 A 及一張梅花 2。翻牌帶來了紅心 K、黑桃 4，以及方塊 7。你可以算到六張能幫助你的牌：三張 A 中任何一張，或三張 2 中任何一張。如果你要押到最後，那麼一對 2 很可能只代表著麻煩，所以讓我們假設你希望看到的牌有三張，也就是那些 A。你只有 12% 的機會得勝（3×4 = 12）。蓋牌吧！

## 這為何行得通？

這裡所涉及的數學捨去了一些重要的值，以讓規則更簡單。其思維如下。一副牌中的大約有 50 張卡（更精確一點，是你尚未看到的 47 張牌）。抽任何一張卡片時，你**抽到你想要的牌 [Hack #3]** 的機率是那個數字除以 50。

> 我知道，它實際上是 47 選 1。但我告訴過你有些事情被簡化了，以創造出簡單好記的「四的法則」。

不管那個機率是什麼，這個思路指出，它應該變為兩倍，因為你會抽兩次。

> 那也不完全正確，因為河牌時，你可以抽的牌稍微少了點，所以你的機率應該稍微大了點。

對於第一個範例，四的法則估計有 36% 的機率得到同花。實際的機率是 35%。事實上，使用四的法則估計的機率與實際的百分比機率通常會差幾個百分比，任一個方向都可能。

## 它行得通的其他地方

請注意這個方法也能用在只剩一張牌的時候，但在那種情況中，這個規則會叫做**二的法則**（*rule of two*）。加總你想要的牌卡數，然後乘以二，你就能得到相當準確的估計值，告訴你只剩下河牌時的**贏牌機率**。這個估計值在大多數的情況下會差個大約兩個百分比，所以熟悉統計學的撲克玩家會稱這個規則為**二的法則加二**（*rule of two plus two*）。

## 它在何處行不通？

四的法則會在能幫助你的牌數增加時，差了多一點。這在有 12 張**助勝牌**
（*outs*，有幫助的牌）時算是相當準確，其中抽到那些牌之一的實際機率
為 45%，而四的法則的估計值為 48%，但如果能幫助你的牌超過 12 張，
這個規則就會開始高估不少。

如果你想向自己證明這點，而且不想進行計算，想像能幫助你的牌有 25
張（從 47 張中）。這是很有優勢的情況（而我現在也無法立即想出什麼
樣的場景會產生那麼多的助勝牌），但四的法則指出你有 100% 的機率會
抽到那些牌其中之一。你知道那並不正確。畢竟，你可能抽到對你完全沒
有幫助的那 22 張牌。真正的機率為 79%。當然，在這種情況中做出錯誤
的計算不太可能會傷到你。不管是哪個估計值，你蓋牌你就是白癡。

## 知道何時蓋牌

HACK
#37

在德州撲克中，底池本益比（pot odds）的概念提供了一種強大的工具，
來幫助你判斷要繼續或蓋牌。

如果你曾在電視上看過任何的撲克比賽，你很快就會學到一大堆行話。你
會聽到 *big slick* 和 *bullets* 和 *all-in* 和 *tilt*。你也會聽到關於 *pot odds*（底
池本益比）的討論，就像是「在此他可能跟注（call），不是因為他認為
他有最好的一手牌，而是出於底池本益比（pot odds）」。

當底池本益比是正確的時候，即使你會輸的機率比較高，你也應該跟注。
所以，什麼是底池本益比？為什麼我在比較可能輸時，還要把更多的錢押
到底池（pot）中呢？

## 底池本益比

底池本益比的決定方式是，把你會贏得底池的機率與你贏的時候會拿到的
籌碼數量做比較。舉例來說，如果你估計你有 50% 的機率會贏得一個底
池，但是這個底池很大，你如果贏了，拿到的籌碼會超過你跟注成本的兩
倍，那麼你就應該跟注。

要看看底池本益比在實務上如何運作，這裡是有四名玩家的一個場景，他
們分別是 Thelma、Louise、Mike 與 Vince。如**表 4-3** 所示，Thelma 在翻
牌前最具優勢。

下列的表格顯示了每位玩家在每一輪的各個階段根據底池所做出的決策。請從左到右閱讀下列表格，沿著每一欄讀到最後，看看 Thelma 怎麼想及怎麼做，然後是 Louise 怎麼想怎麼做，依此類推。

表 4-3　玩家一開始的牌

| 玩家 | Thelma | Louise | Mike | Vince |
|---|---|---|---|---|
| 手上的牌 | 梅花 A、紅心 A | 梅花 2、梅花 4 | 紅心 4、黑桃 5 | 方塊 K、方塊 10 |
| 開場押注 | 50 | 50 | 50 | 50 |

然後到了翻牌的時候：黑桃 A、方塊 3、方塊 6。**表 4-4** 顯示玩家情勢分析的更新。翻牌後，其中有三個人希望改善他們的牌，然而有一個人，即 Thelma，很滿意手上的牌，認為她現在有最好的牌，無須改善。Thelma 主導了押注的進行，而其他三名玩家要決定是否跟注。

表 4-4　翻牌後的分析

| 玩家 | Thelma | Louise | Mike | Vince |
|---|---|---|---|---|
| 需要的牌 | | 四張 5 中任何一張 | 四張 2 或四張 7 中任何一張 | 9 張方塊中任何一張 |
| 得牌機率 | | 16% | 32% | 36% |
| 目前的底池 | 200 | 250 | 250 | 300 |
| 以底池百分比表示的跟注成本 | | 20% | 20% | 17% |
| 動作 | 押 50 | 蓋牌 | 跟注 50 | 跟注 50 |

**表 4-4** 顯示，翻牌後底池本益比的使用。Thelma 一開始就有 A 一對，而翻牌時遇到第三個 A。結果就是，她每一輪開始都押注。其他尚未遇到任何東西的玩家必須決定是否要留下來，希望接下來牌會改善到足以成為可能的贏家。

我們主要會在要決定是留下來或是蓋牌時，考慮到底池本益比。Louise 需要一張 5 才能拿到她的順子（straight），而她估計有 16% 的機率會在接下來兩張牌拿到那個 5。然而，因為底池目前有 $250 以及 Thelma 加注的 $50，也就是她必須跟注的金額，Louise 必須付出底池的 20%。這會是 20% 的成本與 16% 贏得底池的機率做比較。風險大於報酬，所以 Louise 蓋牌。然而，Mike 跟 Vince 有較多的助勝牌，所以底池本益比指出他們應該留下來。

然後來到轉牌時刻：梅花 J。如表 4-5 中所示，轉牌之後，只剩下一張牌的機會，Mike 的底池本益比不再高於他抽到一張致勝牌的機率，所以他蓋牌了。雖然 Vince 一開始的牌有潛力比 Mike 還要好，他最終也是蓋牌了，因為底池本益比告訴他應該那麼做。

表 4-5　轉牌之後的分析

| 玩家 | Thelma | Louise | Mike | Vince |
|---|---|---|---|---|
| 需要的牌 | | | 跟之前一樣 | 跟之前一樣 |
| 得牌機率 | | | 18% | 20% |
| 目前的底池 | 350 | | 450 | 450 |
| 以底池百分比表示的跟注成本 | | | 22% | 22% |
| 動作 | 押注 100 | | 蓋牌 | 蓋牌 |

讓我們假設玩家僅使用底池本益比來做出決策，為了簡化說明，忽略他們大概會試著去閱讀其他玩家行為反應這件事（例如誰可能在虛張聲勢而加注等等）。順道一提，玩家是用四的法則和二的法則加二 [Hack #36] 來計算他們會拿到改善手上牌組的牌的機率。

## 這為何行得通？

想像要花一美元來玩的一個遊戲。假裝它的規則是這樣：有一半的時間你會贏，並得到三美元，其他一半的時間你會輸掉一美元。隨著時間推進，如果你持續玩著這個瘋狂的遊戲，你將會贏得很多的錢。

同樣的思維也支配著底池本益比在撲克牌遊戲中的使用。若有 36% 的機率拿到同花，完美公平的下注方式會是押注底池的 36%。你會有 36% 的時間拿到你的同花，而在長期來說則會打平。如果你所玩的遊戲可以讓你付出的比底池的 36% 還要少，並且長期來說仍然讓你在 36% 的時間贏得勝利，你就應該不斷地玩這個遊戲，對吧？沒錯，每次你發現自己所處的情況中，底池本益比都比你必須下注的底池比例還要好，你就有玩這種瘋狂遊戲的機會。相信統計學吧！玩下去。

## 它在其他什麼地方也行得通？

經驗老道的玩家不僅會運用底池本益比來判斷是否要蓋牌，他們甚至還會運用一種稍微更精密的概念，叫做隱含的底池本益比（*implied pot odds*）。隱含底池本益比所依據的並非一名玩家必須跟注的當前底池比例，而是依據那輪下注完成後，底池總額的比例。

如果玩家都尚未動作，那麼一名依據底池本益比尚未決定是否要留下來的玩家，可能會預期後續的其他玩家都會跟注。這會增加底池最終的金額，增加該玩家遇到致勝牌時會贏得的金額，並且增加所有的賭注都下定之後實際的底池本益比。

「隱含的底池本益比」這個詞有時也被用來指稱與所有的下注都完成之後，底池的最終總額做比較的相對押注成本。我也聽過「底池本益比」這個詞被用來描述這個概念：如果你剛好「hit the nuts」（拿到一手不太可能被打敗的好牌）或接近這樣，那麼你就很可能會贏得比典型的底池還要大很多的底池。有些玩家花了很多精力，跟了很多的注，就只是希望能碰到這種超級好牌，然後大贏一筆。

隱含的底池本益比運作方式如下。在表 4-3 的情境中，Mike 可能會在 Fourth Street（揭露第四張牌）之後跟注，期望 Vince 也會跟注。這會使最終的底池增加到 650，使得 Mike 在那一輪的貢獻壓低到 15%，並讓他更有理由跟注。

有趣的是，如果 Vince 押注的是一個稍微大一點的底池，其中包含 Mike 的跟注，那麼 Vince 100 個籌碼的底池本益比將會降到 18%，而 Vince 可能就會跟注。事實上，如果 Mike 是那種超級天才型的玩家，他大可在轉牌時就跟注，因為知道那會改變 Vince 的底池本益比，因而鼓勵他跟注。真實世界中的職業撲克玩家（他們真的、真的很厲害）有時確實會那樣思考。

## 它在哪裡行不通？

記得底池本益比所根據的假設是，你會持續玩撲克無限長的時間。如果你是在無限注錦標賽的那種形式中，沒辦法挖自己的口袋，你可能就不會願意冒著喪失所有或大部分籌碼的風險去賭你認為長期來說可能會發生的事情。

根據底池本益比做出生死決策的另一個問題是，你把「非常好的一手牌」視為贏牌的保證。它當然不是。其他的玩家也可能拿到非常好的牌，甚至比你的還要好。

## HACK #38 知道何時走人

在德州撲克中，當你「籌碼短缺（short-stacked）」時，你只有幾個選擇：立刻全押（all-in）或盡快那麼做。如你可能已經猜到的，知道何時施展最終手段，關鍵在於機率。

我曾聽過電視上撲克比賽的講評人談論在德州撲克錦標賽中，當你**籌碼短缺**（*short-stacked*）時，玩起來有多麼「容易」。它們說這很容易，是因為你沒有太多可以挑的選項。

「籌碼短缺（short-stacked）」這個詞能以幾種不同的方式使用。有的時候，它會被用來指稱檯面上籌碼最少的那個人。在這種用法下，即使你有數以千計的籌碼，能夠負擔一百次底注（antes）和大盲注（blinds），但只要其他每個人的籌碼都比你多，你就是籌碼短缺。

一個比較好定義，適合應用於以統計為基礎的決策上的，就是當你只能承擔再付出少數幾次底注和盲注時，你就叫做籌碼短缺。在這種定義之下，你有越來越大的壓力想要全押，希望能夠贏回兩倍或三倍，然後重回賭局。我喜歡這種用法，因為如果缺乏壓力，「籌碼短缺」就不是特別有意義的情況。

不過當你籌碼短缺而必須**全押**（把你所有的全都下注）時，感覺不是很容易，對吧？因為兩種原因，它非常非常的困難：

* 你大概不會贏得錦標賽了。你發現你輸到只剩非常少籌碼，必須加注一倍好幾次才能回到遊戲中。事實上，你懷疑你並沒有多少機會了。那很令人沮喪，而在你感到難過時所做的任何決定，都是困難的。

* 一次錯誤就會讓你出局。沒有什麼出錯的空間，而在這種高風險的情況下，你很難扣下板機。

套用一些基本的統計原則來進行決策可能幫助你感覺好些。至少你會有一些非情緒的方針可以依循。現在你輸的時候（而你大概還是會，畢竟你籌碼短缺了），你就能怪我了，或者怪罪命運，而非你自己。

### 認出籌碼短缺的情況

在我們的錦標賽情境中，你經常會在某個時間點剩下很少的籌碼，感覺很快就會用完。除非你下注又贏得快，不然你就會被**盲出**（*blinded out*），強制性的投注費用，會讓你血流到乾。

你的籌碼必須剩下多少才算是籌碼短缺呢？即使我們將籌碼短缺定義為是大盲注（*big blind*，輪到你時必須做的兩個強迫性賭注中較大的那個）的倍數，你到底需要多少個那種大盲注還是風格的問題，沒有正確的數字。就你面前必須有多少籌碼你才能視自己是籌碼短缺而言，這裡有一些不同的看法。

**大盲注的十二倍或更少。**雖然你可以玩上好一會而不把籌碼用盡，拿到不錯的牌時，你還是會想要押注。在此你希望贏得一些盲注。你贏得的盲注越多，你就有更多的時間可以等待殺手牌。如果你被加注了，至少考慮以全押回應。

開始發現自己籌碼短缺的玩家在這種情況中會希望現在就以一手好牌全押，而非等到之後拿到平庸的牌時被迫全押。開始冒險的另一個好處是，在此宣告「全押」仍然可以為你減輕一點負擔。你會有足夠的籌碼來讓其他人不那麼容易跟注。再等一會，你少得悲慘的籌碼就不足以嚇唬任何人了。

> 當你全押而想要得到蓋牌作為回應時，請盡可能審慎地挑選你的對手。你全押的加注對上籌碼也很少的人會比對上籌碼多得可怕的另一個人還要強大得多。同樣的道理，如果你想要跟注，那麼遇上籌碼很多的玩家時，不要猶豫，就全押吧！他們會很樂意加注一倍的。

**大盲注的八倍或更少。**在任何位置中，不管你是在按鈕（button）位置、要下盲注，或是第一個下注的人，如果手上的牌有前 10 那麼好的話，就考慮宣告全押。在此你仍然有足夠的籌碼來嚇唬某些玩家，特別是那些籌碼數量差不多的人。

不過你的籌碼也開始變得更少，少到你真的很想被跟注。如果你可以廉價地玩一些較小的對子（pairs），就試試看，但如果你在翻牌時湊不到三條（three of a kind），記得撤退以自保。你必須盡可能玩多一點盲注，才能撐到全押的機會出現。

這裡有 10 手最有可能加倍你賭注的牌：

- A 一對、K 一對、Q 一對、J 一對，或 10 一對。

- 同樣花色的 A-K、A-Q、A-J 或 K-Q。

- 不同花色的 A-K。

**大盲注的四倍或更少**。在這種時候，你必須全押，即使手上的牌輸的機率超過 50%。刻意做出不好的賭注看似反直覺，但你是要對抗你希望加倍的那些不斷縮水的基本量。如果你等了又等，要到比較有把握的情況才出手，那無論籌碼剩多少，都必須再加倍幾次，你才有辦法重回賭局。

有一種形式的底池本益比 [Hack #37] 會在此時出場。如果你在等候 50% 的勝機時，跳過一次 25% 的獲勝機會，那麼等到比較好的一手牌時，你可能只能贏預期的一半。有任何的一對、一個 A 和其他任何牌、任何的圖案牌以及一個好的次大牌（kicker），或兩張連續的同花色牌（suited connectors），就絕對要全押。

> 當你的籌碼非常非常短缺（也就是你的總籌碼少於大盲注的四倍）時，一個很好的經驗法則是，只要拿到加起來超過 18 的一手牌，就立刻全押。K 算作 13、Q 是 12、J 為 11，而其他的就是它們的面值。A 算作 14，但你拿到 A 跟任何其他東西就會馬上全押了，所以這並不重要。十八點的牌包括 10-8、J-7、Q-6 和 K-5。

## 基於統計的決策

決定你何時應該行動的統計問題是「我可能在用盡籌碼前拿到更好的一手牌嗎？」，不管這個行動是全押，或至少決定你*忠於底池*（*pot committed*，即底池中的籌碼多到你一受刺激就會全押）。

我將會為那些 50% 的、可以玩的德州撲克起始牌組做出分類，它們是能給你機會贏過少數對手的牌組。我會把它們分成三類，分別顯示於表 **4-6**、**4-7** 和 **4-8**。雖然不同的撲克專家可能會對一手給定的牌組是好還是不錯而已有所爭論，但大多數都會同意這些牌組全都至少是可以玩的，應該在籌碼短缺時被納入考量。

> 順道一提，每個分類中，這些牌組並不一定是依照品質高低來排列的。

表 4-6　10 組很棒的起手牌

| 一對 | 同花色 | 不同花色 |
|---|---|---|
| A-A | A-K | A-K |
| K-K | A-Q | |
| Q-Q | A-J | |
| J-J | K-Q | |
| 10-10 | | |

表 4-7　15 組良好的起手牌

| 一對 | 同花色 | 不同花色 |
|---|---|---|
| 9-9 | A-10 | A-Q |
| 8-8 | K-J | A-J |
| 7-7 | K-10 | K-Q |
| | Q-J | |
| | Q-10 | |
| | J-10 | |
| | J-9 | |
| | 10-9 | |
| | 9-8 | |

表 4-8　25 組不錯的起手牌

| 一對 | 同花色 | 不同花色 |
|---|---|---|
| 6-6 | A-9 | A-10 |
| 5-5 | A-8 | K-J |
| | A-7 | Q-J |
| | A-6 | K-10 |
| | A-5 | Q-10 |
| | A-4 | J-10 |
| | A-3 | |
| | A-2 | |
| | K-9 | |
| | Q-9 | |
| | 10-8 | |
| | 9-7 | |
| | 8-7 | |
| | 8-6 | |
| | 7-6 | |
| | 6-5 | |
| | 5-4 | |

當你籌碼短缺，而盲注和底注即將來臨，你知道你必須行動之前還剩下特定數目的幾手牌。**表 4-9** 顯示在接下來幾手牌你會拿到很棒、良好與不錯的牌組的機率。

表 4-9　得到可以玩的牌組的機率

| 牌組品質 | 下一手 | 5 次發牌 | 10 次發牌 | 15 次發牌 | 20 次發牌 |
|---|---|---|---|---|---|
| 很棒 | 4% | 20% | 36% | 49% | 59% |
| 良好 | 7% | 29% | 50% | 65% | 75% |
| 不錯 | 11% | 46% | 70% | 84% | 91% |
| 不錯或更好 | 22% | 72% | 92% | 98% | 99% |

我計算**表 4-9** 中機率的方式是先找出任何**特定**一對（你拿到一對 A 就拿到跟一對 2 的可能性一樣）的機率：.0045。接著我計算拿到任兩張**特定**同花色不同牌卡的機率（.003），以及拿到任兩張**特定**花色不同的不同牌卡的機率（.009）。然後，對於每一個類別，即很棒、良好或不錯，我把對應的機率乘以類別中一對、不成對的同花色牌等等牌型的數目。然後我計算那些牌**不會**在給定數目次的機會中出現的機率，並把 1 減去那個值，以得到表中每一格中的值。

這裡是**表 4-9** 的使用方式。想像你的籌碼短缺，而剛拿到一手**良好**的牌。如果你認為在接下來五手中的某個時刻，你真的得全押，那麼只有 20% 的機率你會拿到更好的一手。你或許應該把一切賭在這良好的一手上。

如果你能繼續撐過 20 次發牌，那麼就有大於 50% 的機率你會拿到超好的一手，因此，如果你想要保守一點，你現在可以暫時放下這些牌。更常見的是，籌碼短缺的玩家甚至會在手上的牌不到前 50 好的情況下就考慮全押，例如不同花色的 K-8。藉由**表 4-9** 中的機率，你或許就能安心放下它們，然後期待接下來五手中會有更好的牌出現。你有 72% 的機率會拿到。

最後，想像你只剩下幾手，因為盲注幾乎讓你的籌碼縮水到什麼沒有。你往下一看，看到還不賴的一手牌，一手**不錯**的牌，例如同花色的 8-7。**表 4-9** 能讓你回答這些大問題：你的下一手可能比這手還好嗎？下一手拿到良好或很棒的牌組的機率大約是 11%。所以，答案是否定的，你不太可能會改善。把你的未來押在這一手吧！

## 保持正確的心態

我們之前談過,為什麼籌碼短缺時繼續玩牌,在情緒上是很不容易的。這裡有一些心理訣竅能幫助你對抗陷入困境時的痛苦:

### 務實一點

在二十一點的遊戲中,當玩家手上是 16 卻可能拿到 7 時,她知道她很可能爆掉。儘管如此,她還是這麼做了,因為莊家的底牌很有可能是 10,而這給了她在幾乎沒有勝機的情況下最好的機會。她很愉悅,因為她知道她盡她所能做了能帶給她最佳存活機率的事情。同樣的思維也適用於此:你應該對自己盡了力爭取回到賭局並獲勝的最佳機會感到高興。

### 享受全押的體驗

沒有什麼比全都賭上去更令人興奮的了。因為除了全押你也別無選擇了,所以就盡力放鬆,好好享受它吧!沒有玩家會責備你做了「這麼愚蠢的事」,因為你只是做了可能範圍內最聰明的事而已。

### 掌握控制權

要避免被迫去做你不想要做的事,就在你非得那麼做之前就開始做好準備。在你仍有大盲注 10 到 12 倍的籌碼時就開始採取行動,以避免落入籌碼短缺的情況。在這個時間點,你的選擇會比之後多很多,所以你能玩得更精明,依據位置、對手的表情動作等來下注。你的籌碼變得越少,你控制自身命運的能力也變得越小。

## HACK #39 玩輪盤時輸慢點

輪盤(roulette)有很多漂亮的顏色以及發光的物體,小貓都很愛它。此外,你玩這個遊戲的時候,看起來會很酷。不過長期來說,你將會輸錢,還有你對貓的過敏,之類之類的事情…。

就像賭場中大部分的遊戲,輪盤(roulette)是純粹機率的遊戲。沒有人有任何技能可以預測分成 37 個(歐式)或 38 個(美式)位置的哪些區域最後會有珠子落入。玩家能做到的,頂多就是知道機率、管好他的錢,並假設玩下去就會輸。

當然,他可能走運贏了一些錢,那很好,但仍然必須遵循**大數法則 [Hack #2]**。長期來說,最有可能的情況是,他所剩的錢比從未玩過還要少。事實上,如果他玩了無限的長的時間,他保證會輸錢(當然,大多數的輪盤

玩家玩的時間都會少於無限長）。要延長你玩的時間，那麼關於這個轉動的輪盤、繞著軌道的珠子以及黑紅配置的遊戲，有些重要的統計資訊你應該知道。

## 基本賭注

**圖 4-1** 顯示，典型輪盤遊戲的押注配置。這是美式的配置，這表示有兩個綠色的號碼 0 和 00，下注紅黑或奇偶時，它們都不算中獎。歐式輪盤只有一個綠色號碼 0，與美國賭場相較之下，這把莊家的優勢砍半。

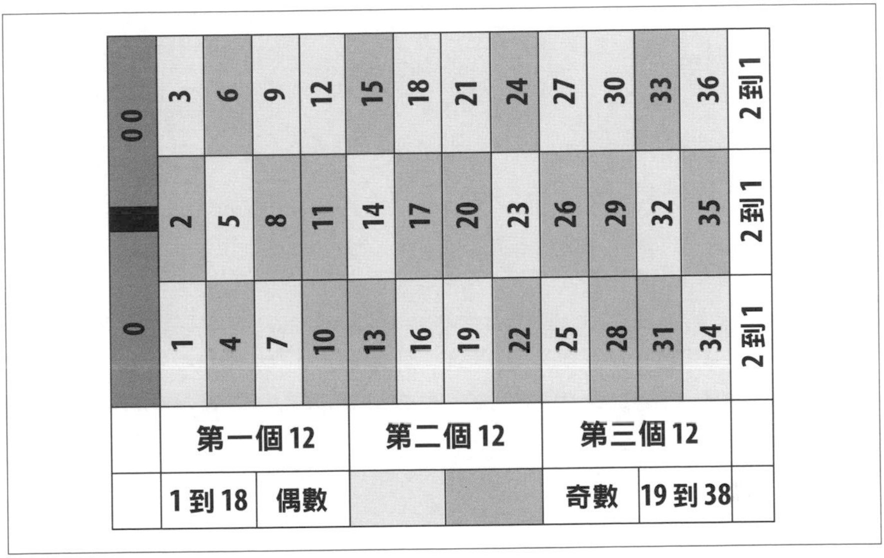

圖 4-1 典型的輪盤押注配置

玩家押注的方式有非常多，這也是輪盤在賭場如此受歡迎的原因之一。舉例來說，玩家可以把一個籌碼押在單一個號碼、兩個號碼、某個顏色、相鄰於 12 個數字的一欄，諸如此類的。就像任何其他的機率問題，隨機取得所要的結果的機率，是想要（勝利）的結果數除以結果總數的一個函數。

輪盤上有 38 個空間，因為所有的 38 個可能的結果都是同樣可能的，計算方法相當簡單。**表 4-10** 顯示玩家可以下注的類型、計算輪盤單次轉動和下注一美元之獲勝機率所需的資訊、賭場實際付出的金額，以及莊家優勢。

表 4-10　輪盤每 1 美元賭注的統計資訊

| 賭注類型 | 贏的結果數 | 輸的結果數 | 勝算 | 賭場付出 | 莊家優勢的公式 | 莊家優勢 |
|---|---|---|---|---|---|---|
| 單一號碼 | 1 | 37 | 37 比 1 | $35 | $\frac{37-35}{38/1}$ | 5.26% |
| 兩個號碼 | 2 | 36 | 36 比 2 或 18 比 1 | $17 | $\frac{18-17}{38/2}$ | 5.26% |
| 單一顏色 | 18 | 20 | 20 比 18 或 1.11 比 1 | $1 | $\frac{1.11-1}{38/18}$ | 5.26% |
| 奇數或偶數 | 18 | 20 | 20 比 18 或 1.11 比 1 | $1 | $\frac{1.11-1}{38/18}$ | 5.26% |
| 十二個號碼 | 12 | 26 | 26 比 12 或 2.17 比 1 | $2 | $\frac{2.17-2}{38/12}$ | 5.26% |

莊家優勢的計算方式是先決定如果賭場沒有優勢，那麼對每一塊美元的賭注，賭場應該付回多少？公平的回饋會是給贏家與他們所承擔的風險相等的金額。所承擔的風險量，基本上就是會輸的可能結果數。然後，沒有莊家優勢之下應該付出的金額減去實際付給贏家的金額。莊家保留的這些「額外」的金額再除以總結果數對勝利結果數的比值。如果沒有額外的金額，在這個遊戲中，玩家和莊家就是勢均力敵的，莊家的優勢就是 0%。

若你有研究**表 4-10** 的輪盤統計資訊，有幾個結論很明顯。首先，賭場賺取利潤的方法是假裝輪盤上只有 36 個號碼（即只有 36 個可能的結果），並依據這個假裝的分布來付錢。

第二，不管在輪盤上的下注類型是什麼，莊家優勢都是常數的 5.26%。除了（大多賭場都允許的）一個比較少人知道的賭注外，這都成立。玩家經常被允許可以下注在兩個零以及它們相鄰的數字 1、2 和 3，總共五個號碼。方法是把籌碼放到邊緣，同時碰到兩個 0 和 1。我應該要跟你強調下這種注之前要先跟轉輪盤的人確認他們接受這種賭注等等的注意事項，但這其實是輪盤上最糟的一注，沒有統計學家會建議你這麼做。允許這種賭注的賭場會假定這是押在六個號碼上。所以賭場原本的優勢 5.26% 在此會變得更大：7.89%，如**表 4-11** 所示。

表 4-11　押注在輪盤上五個號碼（不建議的賭注）的統計資訊

| 賭注類型 | 贏的結果數 | 輸的結果數 | 勝算 | 賭場付出 | 莊家優勢的公式 | 莊家優勢 |
|---|---|---|---|---|---|---|
| 五個號碼 | 5 | 33 | 33 比 5 或 6.6 比 1 | $6 | $\frac{6.6-6}{38/5}$ | 7.89% |

## 這為何行得通？

輪盤的熱門度有部分是出於可能的賭注類型有非常多種。籌碼夠多的賭徒可以把它們分散在整個桌面，以各種不同的籌碼押在不同的號碼和號碼組合上。只要她避開桌面上最差的賭注（五個號碼），就能放心對於她的每一個賭注，莊家的優勢都會是相同且誠實的 5.26%。賭徒要擔心的事情少了一件。

不過能在單一的版面上允許這麼多變化的賭注，並不是一種巧合。使用 36 個號碼是個明智的選擇，毫無疑問地，這麼多年前之所以選擇它，是因為 36 的因數（factors）有不少。當然，三十六可以被 1 整除，但也能被 2、3、4、6、9、12 與 18 整除，這使得很多簡單的押注變得可能。

## 二十一點

或許最有潛力賺到錢的統計應用是在二十一點的牌桌上。

在二十一點（blackjack）中，遊戲的目標是要拿到總點數比較接近 21 點（而不超過）而且比莊家的牌還要高的一手牌。這實際上是一個簡單的遊戲，真的！你一開始會拿到兩張牌，並且繼續要多少張牌都可以，牌卡的點數以它們的面值計算，除了圖案牌以外，它們算作 10 點，還有 A，它可算作 1 或 11 點。

如果你的點數超過 21 或是莊家比你更接近 21（而且沒超過），你就輸了。賭注贏回的錢都是等量的，唯一的例外是拿到 *blackjack*（二十一點）的時候，也就是兩張加起來 21 點的牌。通常，拿到 blackjack 的時候，你會拿到 3/2 倍的錢。莊家的優勢在於，她在你動作之後再行動就行了。如果你爆（*bust*）了（超過 21 點），她自動就贏了。

統計學家要明智地玩這個遊戲，可以使用兩種資訊來源：莊家的明牌（face-up card），以及對於之前發過的牌的知識。基於機率的基本策略能讓聰明的玩家幾乎與莊家勢均力敵，而不用去注意或學習複雜的系統。把之前發過的牌納入考量的方法被統稱為算牌（*counting cards*），而使用這些方法能讓玩家有勝於莊家的統計優勢。

美國的法庭裁定在賭場中算牌是合法的，雖然賭場會希望你不要那樣做。如果他們發現你在算牌，他們可能會要求你離開這個遊戲，去玩別的遊戲，或者他們可能會完全禁止你進入他們的賭場。他們有權利這麼做。

## 基本的策略

重要的是情先處理。**表 4-12** 呈現了二十一點的基本玩法，依據你拿到的兩張牌和莊家的明牌來反應。大多數的賭場允許你分牌（*split*，拿到一對並分成兩手不同的牌）以及**雙倍下注**（*double down*，以只能再拿到一張牌的限制交換加倍投注）。你是否應該不加牌、拿一張牌、分牌還是加注，取決於你會改善或傷到你的牌的可能性，以及莊家會爆掉的可能性。

表 4-12　根據莊家明牌的二十一點基本策略

| 你的牌 | 要牌 | 不加牌 | 加倍投注 | 分牌 |
|---|---|---|---|---|
| 5–8 | 永遠 | | | |
| 9 | 2, 7–A | | 3–6 | |
| 10–11 | 10 或 A | | 2–9 | |
| 12 | 2, 3, 7–A | 4–6 | | |
| 13–16 | 7–A | 2–6 | | |
| 17–20 | | 永遠 | | |
| 2, 2 | 8–A | | | 2–7 |
| 3, 3 | 2, 8–A | | | 3–7 |
| 4, 4 | 2–5, 7–A | | | 6 |
| 5, 5 | 10 或 A | | 2–9 | |
| 6, 6 | 7–A | | | 2–6 |
| 7, 7 | 8–A | | | 2–7 |
| 8, 8 | | | | 永遠 |
| 9, 9 | 2–6, 8, 9 | | | 7, 10, A |
| 10, 10 | | 永遠 | | |
| A, A | | | | 永遠 |
| A, 2 | 2–5, 7–A | | 6 | |
| A, 3 或 A, 4 | 2–4, 7–A | | 5 或 6 | |
| A, 5 | 2 或 3, 7–A | | 4–6 | |
| A, 6 | 2, 7–A | | 3–6 | |
| A, 7 | 9–A | 2, 7–A 3–6 | 3–6 | |
| A, 8 或 9 或 10 | | 永遠 | | |

在**表 4-12** 中，「你的牌」是你拿到的那兩張牌。舉例來說，「5–8」代表你的兩張牌總計是 5、6、7 或 8 點。「A」就代表 Ace。表格裡面空的格子代表你永遠都不應該選這個選項，或者，在分牌的情況中，那甚至是不被允許的。

剩下的四欄代表著典型的選項，以及莊家的牌應該是怎樣你才選那個選項。如你所見，就大多數的牌來說，只有幾個選項有選擇的統計意義存在。這個表顯示的是最佳動作，但不是所有的賭場都允許你在任何一手加倍投注。大多數的賭場，只允許你在拿到一對的牌時分牌。

## 這為何行得通？

表 4-12 中決策關聯的機率是由幾個核心原則所產生出來的：

- 莊家在拿到 17 點或更高之前，都必須要加牌。

- 如果你爆了，你就輸了。

- 如果莊家爆了，而你沒有，你就贏了。

因此，主要的策略就是，如果莊家可能要爆了，你就不要去冒會爆的風險。反過來說，如果莊家很有可能拿到一手不錯的牌，例如 20 點，你就應該試著改善你的牌。能為你提供最大獲勝機率的選項就是表 4-12 中所列的那些。

這裡提供的建議所依據的是列有特定結果發生機率的各種常見表格。那些統計值不是經由數學產生的，就是以電腦模擬數以百萬計的二十一點牌組所得到的。

這裡有一個簡單的例子，說明當莊家的明牌是一個 6 的時候，如何比較這些機率。莊家的暗牌可能是一個 10。這實際上是最有可能的，因為圖案牌（face cards）都算為 10。如果暗牌是 10 點，那很好，因為莊家的第一手是 16 點的話，她就會有 62% 的機率會爆掉（就跟你拿到 16 點的時候一樣）。

既然有八種不同的牌會讓一個 16 爆掉（6、7、8、9、10、J、Q 與 K），計算方式看起來就像這樣：

$$8/13 = .616$$

當然，即使單一的最佳猜測是莊家的暗牌是 10 點，實際上有較高的機率莊家不是 10 點。其他所有的可能性（9/13）加起來會超過 10 點的可能性（4/13）。

一個 A 以外的任何的牌都會導致莊家要加牌。而那下一張牌會使莊家爆掉的機率取決於莊家實際擁有的起手牌組所關聯的機率。把這些加在一起，莊家明牌是一個 6 的時候就不會有 62% 的機率爆掉了。莊家明牌是 6 點的時候爆掉的實際機率比較接近 42%，這代表她有 58% 的機率不會爆掉。

現在，想像你有 16 點，對上莊家的暗牌 6 點。你拿一張牌爆掉的機率是 62%。比較立即輸掉的 62% 機率，以及莊家超過 16 點而不會爆掉的機率，也就是 58%。因為你加牌會輸掉的機率比不加牌而輸掉的機率還要大（62 大於 58），面對那個 6 點時，你應該不加牌，如**表 4-12** 所示。

起手牌所有不同排列的所有分支機率對上莊家的明牌，所產生的就是**表 4-12** 中的建議。

---

## 容易上當的賭注（Sucker Bet）

如果莊家的明牌是一個 A，許多的賭場會提供你買保險（*insurance*）的機會。保險意味著你可以再加注原本注碼的一半，而如果莊家是 blackjack（暗牌是一個 10 或圖案牌），你就會贏得這個額外的賭注，但輸了你原本的注碼（除非你也拿到 blackjack，在這種情況下，就是平手，你可拿回你的賭注）。

莊家的暗牌是 10 點的機率為 4/13，或 31%。你輸掉你保險金的機率會比贏得還要高。除非你有在算牌，不然永遠都不要買保險。沒錯，即使你有 blackjack 也一樣。

---

## 簡單的算牌方法

這個 hack 前面描述過的基本策略是假設你不知道一副牌中所剩的有什麼牌卡。它們假設牌卡原本的分布仍然是單一副牌的，或六副牌的，或特定遊戲所用的副數所決定的分布。然而，任何牌卡被發出的那一瞬間，實際的機率就改變了，而如果你知道新的機率，你可能就會挑選不同的選項來玩你手上的牌。

有精心設計且可靠（統計上來說）的方法可用來追蹤記錄之前發過的牌卡。如果你很認真學習這些技巧，並把你自己奉獻給這種算牌者的生活，幹得好。不過在此我沒有足夠的空間來提供完整詳盡的系統。對我們其他

人來說，也就是僅僅涉獵一下，只是想找出方法增加我們機率的那些人，有幾個算牌程序能增進你贏的機率，而不用你很辛苦地練習或記憶許多圖表。

對上賭場時，增加你勝機的基本方法是在贏錢的機率比較高時增加你的賭注。賭注必須在你看到你的牌之前下定，所以你必須事先知道你的勝算何時會增加。下列三個知道何時要增加你的賭注的方法以複雜度為順序列出。

**計數 Ace**。每次贏的時候，拿回的錢都跟你的賭注一樣多，除非發牌時你拿到 blackjack。如果拿到 blackjack，你會有 3 比 2 的回饋（即每 $10 的賭注拿到 $15）。結論就是，如果拿到 blackjack 的機率比平均高，你就會想要下注比平均還要高的金額。

在其他條件都相等的情況下，拿到一個 blackjack 的機率，其計算方式是加總兩個機率：

*先拿到一張 10 點牌，然後再拿到 A*

   $4/13 \times 4/51 = .0241$

*先拿到一張 A，然後再拿到一張 10 點牌*

   $1/13 \times 16/51 = .0241$

把這兩個機率加在一起，你就會得到發牌時拿到 21 點的機率 .0482（大約 5%）。

顯然，除非一副牌裡面還有 A，不然你不可能拿到 blackjack。當它們都已發出，你就沒有機會拿到 blackjack 了。當它們剩下相對較少時，你拿到 blackjack 的機會就比正常少。在一副牌中，之前發過 A 會讓你拿到 blackjack 的機會降到 .0362（大約 3.6%）。發了一副牌的四分之一之後，仍然沒出現 A，會讓你拿到 blackjack 的機率上升到大約 6.5%。

給初露頭角的算牌者：不要動你的嘴唇。

**計數 A 和 10**。當然，就像你需要一個 A 才能湊到 blackjack，你也需要一張 10 點的牌，例如 10、J、Q 或 K。計數 A 的同時，你也能計算有多少 10 點牌出現。

總共有 20 張 A 和 10 點牌，大約是總牌卡數的 38%。用掉了一副牌的一半時，那些牌應該也有一半已經出現過了。如果只有少於 10 張的這些關鍵牌卡被發出，你拿到 blackjack 的機率就會增加。如果一副牌用掉一半時，所有的 20 張都還在，你看到 blackjack 的機率就飆升到 19.7%。

**以點數系統玩牌。** 因為玩牌時，你想要在比例上有較多的高分牌，以及較少的低分牌，有一個簡單的點數系統可被用來追蹤記錄一副牌或多副牌目前的「計數值（count）」。這比簡單的計算 A 或計算 A、10 和圖案牌需要更多的心力和專注力，但它提供更準確的指標，告訴我們何時一副牌中充滿了那些神奇的牌卡。

表 **4-13** 顯示了這種點數系統之下，一副牌的每張卡的點數值。

表 4-13　簡單的算牌點數系統

| 牌 | 點數值 |
|---|---|
| 10, J, Q, K, Ace | −1 |
| 7, 8, 9 | 0 |
| 2, 3, 4, 5, 6 | +1 |

一副新的牌會從計數值 0 開始，因為該副牌中有相同數目的 -1 牌和 +1 牌。看到高分牌是不好的，因為你拿到 blackjack 的機率會下降，因此你的計數值會損失一點。看到低分牌是好的，因為現在那副牌中高分牌的比例會比較多，所以你獲得一點。

> 藉由學習快速辨識常見的成對牌的總點數值，你就能學會更快速地計數。成對的高分牌與低分牌會彼此抵消，所以你可以快速處理過，忽略那種的牌組。成對的低分牌價值高點數（2），而成對的高分牌則很糟，意味著碰到這種令人失望的每一對牌，你都要減去 2 點。

你很少會看到一連串往好的方向大幅改善計數值的牌卡。這個計數值鮮少距離 0 太遠。舉例來說，在單一副新的牌中，前六張牌有小於 1% 的機率是低分牌，而前十張牌大約有 1% 的 1/1000 會是低分牌。

不過這個計數值不需要非常高，就足以增進你的勝算，超越你依循基本策略時那種接近對等的機率。在一副牌的情況下，+2 的計數值就大到足以有意義地增進你贏的機率。若有多副牌，就把你的計數值除以副數，那就會是真正計數值的良好估計值。

有的時候你會看到非常高的計數值，即使只用了一副牌。當你看到這樣的好運，不要猶豫，馬上提高你的押注金額。如果你掌握了這個點數系統，而且研究過更多相關的這類系統，你甚至能夠在要牌、不加牌、分牌或加倍投注時，視情況調整你的決策。

即使你用的只是這些簡單的系統，你還是能改善你玩二十一點時的贏錢機率。不過要記得，即便使用了這類似系統，賭場裡還有等著你落入的其他陷阱，所以請一定也要遵循其他良好的賭博建議 [Hack #35]。

## 聰明玩樂透

你在大型樂透彩贏得大獎的獲勝機率非常非常的小，無論你怎麼想，這都是事實。然而，你確實還是對你的命運有一點掌控權的。與其他沒有買這本書的樂透玩家相比，這裡是為你自己帶來優勢（雖然很小）的一些方法。

2005 年 10 月，史上最大的 Powerball（威力球）樂透彩贏家得到了三億四千萬美元的獎金。那不是我。我不玩樂透，因為身為一名統計學家，我知道買了樂透只會稍微增加我得獎的機率。對我來說，這不值得。

當然，如果我不玩，我就不能贏。買張樂透彩券並不必然是壞的賭注，而如果你真的要玩，你有幾件事情可以做，以增加你會贏的金額（或許啦），並增進你贏的機率（或許啦）。無論到底是誰在十月的那天在俄勒岡州的傑克遜維爾市（Jacksonville, Oregon）買了那張贏得三億四千萬美元的彩券，那個人都很有可能有遵循這些致勝策略，而你也應該那麼做。

因為 Powerball 是在美國很多州都可以玩的樂透彩遊戲，我們會用它作為我們的範例。不過這個 hack 適用於任何大型的樂透彩。

### Powerball 的機率

Powerball，就跟大多數的樂透彩一樣，會請玩家挑選一組數字。然後他們會隨機抽出數字來，而如果你選的數字跟它們挑的有部分或全部相同，你就贏錢了！要贏得最大的獎，必須有多個數字相同才行。因為玩 Powerball 的人有很多，賣出了許多彩券，獎金可能會變得很龐大。

當然，正確挑選所有的中獎號碼是很難做到的事情，但那也是你要贏得頭獎必須得做的事情。在 Powerball 中，你會挑五個號碼，還有第六個的一個號碼：紅色的 *powerball*。一般的白色號碼，範圍是從 1 到 55，而 powerball 的範圍則是從 1 到 42。**表 4-14** 顯示不同組合的號碼對應的獎項金額，以及贏得該獎的勝算（odds）和機率（probability）。

表 4-14　Powerball 的報償

| 中的號碼 | 獎金 | 勝算 | 百分比 |
|---|---|---|---|
| 僅有 powerball | $3 | 69 分之 1 | 1.4% |
| 1 個白球和 powerball | $4 | 127 分之 1 | 0.8% |
| 3 個白球 | $7 | 291 分之 1 | 0.3% |
| 2 個白球和 powerball | $7 | 745 分之 1 | 0.1% |
| 3 個白球和 powerball | $100 | 11,927 分之 1 | 0.008% |
| 4 個白球 | $100 | 14,254 分之 1 | 0.007% |
| 4 個白球和 powerball | $10,000 | 584,432 分之 1 | 0.0002% |
| 5 個白球 | $200,000 | 3,563,609 分之 1 | 0.00003% |
| 5 個白球和 powerball | 頭獎 | 146,107,962 分之 1 | 0.0000006% |

## Powerball 的報償

裝備了你現在作為一名統計學家擁有的所有智慧（除非這是你打開本書所讀的第一個 hack），你可能已經對這個報償表做出了幾個有趣的觀察。

**最容易的獎**。能贏到的最簡單的獎是只中了 *powerball*，而即使只是那樣，機率也不是太高。如果你中了 powerball（而且沒有其他號碼），你會贏得 $3。贏得這個獎項的機率大約是 69 分之 1。

就任何合理的標準而言，這都不是很好的賭注。買一張彩券要花一美元，只能玩一次，而預期的報償是每買 69 張就會贏回 $3。所以平均來說，玩了 69 次之後，你會贏得 $3 然後花了 $69。

事實上，你的報償會比這還要稍微好一點。**表 4-14** 中所顯示的勝算是針對只中了特定號碼組合的情況，不包含其他。有時中了 powerball 的時候，你也會中一個白球，你的報償就會是 $4，而非 $3。選擇五個白球號碼並至少中 1 個的情況，會有 39% 的機率發生。

因此，中了 powerball 之後，你會有比三分之一還要稍微好一點的機率至少也中一個白球。即便如此，對於你丟進那個老鼠洞（我的意思是花在這種樂透上）的每 $69，你預期的報償大約會是 $3.39，這仍然不是很好的賭注。

**只中 powerball**。只中 *powerball* 的勝算看起來好像不太對。我講過，對 powerball 來說，有 42 不同的號碼可以選，所以機率不應該是 42 分之 1 嗎？怎麼會是 69 分之 1？

沒錯，但要記得，這所顯示的是只中那個獎項的機率，而不包括其他（中到其他號碼）。如果把所有中獎的組合加起來，你贏得某些獎、任何的獎的機率會是 37 分之 1，大約是 3%。仍然不是好的賭注。

**頭獎**。頭獎的勝算看起來也不太對（好啦，好啦，我不是真的預期你有「注意」到這點。我自己也是在做了一些計算後才注意到）。

若是從 1 到 55 的號碼（白球）抽 5 次，而從 1 到 42 的號碼（紅球）抽 1 次，那麼快速的計算可以估計出可能的結果數有：

$$(55)(55)(55)(55)(55)(42) = 21,137,943,750$$

換句話說，勝算是 21,137,943,750 分之 1。或者，如果你想更清楚一點，知道球被抽出之後，總球數就變少了，你或許可以很快算出可能的結果數為：

$$(55)(54)(53)(52)(51)(42) = 17,532,955,440$$

但這裡所顯示的勝算似乎高於一百七十億分之一。初次計算這個機率時，我沒有注意到順序並不重要，所以相同的數字組合會重複出現。因此，這裡才是正確的計算方式：

$$(5/55)(4/54)(3/53)(2/52)(1/51)(1/42) = 1/146,107,962$$

## 贏得 Powerball 頭獎

很好，大統計玩家先生（你或許是這麼想的），你是要告訴我們，永遠都不應該玩樂透，因為統計上來說，勝算永遠不在我們這邊嗎？事實上，以公平報償的標準來說，有一個時間點你應該玩，而且在負擔範圍內，買越多張彩券越好。

在 Powerball 的例子中，你應該在頭獎金額超過 $146,107,962 的時候去玩（如果你想要玩一次付清的，那就是在這個金額的兩倍時）。只要頭獎金額超過 $146,107, 963，那就買！買！買！因為中五個白球及一個紅球的機率剛好就是那個大數字分之一，從統計的角度來看，只要報償金額超過那個大數字，就會是好的賭注。

就 Powerball 和它的球數，以及它們值的範圍而言，146,107,962 就是魔術數字。「你贏的機率沒有改變，但報償金額增加到值得玩下去」的概念類似於撲克中底池本益比（**pot odds**）[Hack #37] 的概念。

你可以為任何的樂透計算這個「魔術數字」。一旦那個樂透的報價超過你的魔術數字，就有道理買彩券了。使用我們例子中 Powerball 的「正確」計算程序作為你的數學指引。問問自己，你必須中多少個號碼，以及可能數字的範圍為何。記得要在每次「抽出」另一個球或號碼時，減低除數，除非數字可以重複。如果數字可以重複，那麼分母在你一系列的相乘中就會保持相同。

決定何時要買樂透彩券的一個重要線索跟判斷實際的魔術數字 9（即頭獎金額）有關，它決定你是否要大買一番。公開宣傳的「頭彩（jackpot）」金額事實上並不是真的頭獎彩金。廣告的「頭彩」金額是跨越數年間，贏家會分期拿到的固定金額累計起來的總金額。真正的頭彩金額，也就是在賭博和統計的意義上，你應該視為報價的那個金額，是你選擇一次付清（lump sum）時，你會拿到的那個金額。一次付清的金額通常會比廣告的頭彩金額的一半還要少一點。

所以，如果你的樂透頭獎金額已經成長到在統計上可以判斷這是玩下去的好時機，那你應該買多少張彩券呢？為什麼不每種都買一張呢？為何不花 \$146,107,962 買下每種可能的組合呢？這樣你保證會贏的。如果頭彩獎金大於那個數量，那麼你就保證會賺錢，對吧？嗯，實際上並非如此。不是這樣的話，我早就是有錢人了，也永遠都不會跟你分享這個 hack。為什麼你不是保證會贏呢？無法保證的原因在於，你可能會被強迫要…沒錯…就是平分獎金！唉，看看下一節吧…

## 不要平分獎金

如果你真的贏得樂透，你會想要是唯一的贏家，所以除了判斷下去玩的時機外，還有各種策略能增加你是唯一選中勝利數字的那個人的可能性。

首先，我在這裡的假設是，獲勝的數字是隨機選取的。我通常不是陰謀論者，也不相信神有時間或興趣去影響樂透的中獎號碼，所以我不會列出只在抽取樂透號碼的過程中不存在隨機性才有效的策略。這裡有一些挑選你的樂透號碼時比較合理的訣竅：

### 讓電腦挑選

讓電腦進行挑選，或至少，自行挑選隨機號碼。對任何其他的玩家來說，隨機號碼都比較不可能擁有什麼意義，所以他們的彩券上就比較不可能出現那些號碼。從玩 Powerball 的人可以知道，所有贏錢的彩券有 70% 都是以店內的電腦隨機選取的（他們也以一種「我們就

告訴你結果是隨機的」的怪異口吻指出，他們買的所有彩券中，有 70% 有電腦所產生的數字）。

### 不要挑日期

不要挑可以當作日期的數字。如果可能，就避開低於 32 的數字。有許多玩家總是用重要的日期去買彩券，例如生日或紀念日、出獄的日子等，依此類推。如果你的中獎號碼可能是其他人的幸運日期，那就會增加你必須平分獎金的機會。

### 遠離眾所周知的號碼

不要挑大家都知道的數字。在 2005 年十月的 Powerball 大獎中，有數以百計的玩家所挑選的號碼是在虛構電視劇 *Lost* 的劇情中扮演重要角色的樂透彩券號碼。那些人都沒贏得大獎，但如果有，他們就必須把那幾百萬美元的獎金分成數百份。

也有一整個體系，純粹哲學的訣竅是在談論因果和現實本質的抽象理論。舉例來說，某些哲學家會說挑選上週的中獎號碼。原因在於，雖然你可能無法肯定什麼是真實的，以及在這個世界中，什麼可能發生，什麼不可能，但至少你知道，上週的中獎號碼可能是這週的中獎號碼。這之前發生過，它可能再次發生。

雖然你贏得樂透大獎的機率非常渺茫，你還是可以依循一些統計原則，並做些事情來實際控制你自己的命運（順道一提，義大利語中，代表命運的詞是 *lotto*）。喔，還有一件事：在開獎當天買你的彩券，如果你買彩券的時間跟開獎時間相距太遠，你被閃電劈到、淹死在浴缸裡或是被貨車撞到的機率就會比中樂透頭獎還要大。時機就是一切，我不希望你錯過。

## HACK #42 牌卡幸運玩

雖然 Frank 叔叔把他大部分的時間都花在客棧，使用骰子來贏得愚蠢的酒吧賭注，並對女士露出自以為很有魅力的微笑，他的生活不僅是這樣而已。舉例來說，有的時候他會用牌卡而非骰子。

人們，尤其是牌卡玩家，特別是其中的撲克（poker）玩家，通常都覺得自己很了解不同組合的牌出現的可能性。他們的經驗教會了他們一對（pairs）、三條（three-of-a-kind）、同花（flushes）等這些牌型的相對罕見度。然而，要把這種直覺知識推廣泛化到遊戲場合之外的紙牌問題上，是很不容易的。

我那精通統計的叔叔 Frank，也知道這點。我必須很遺憾地說，有的時候，Frank 叔叔會用他的統計學知識來做邪惡的事，而非善事，而他已經把使用紙牌的一組酒吧賭注精煉到完美了，他宣稱他靠它們付了研究所的學費。在此我與你們分享，只是為了示範某些基本的統計原理。我相信你會把你新習得的知識用來娛樂他人、打擊犯罪，或贏得便宜的非酒精飲料。

## 拿到小同花

在撲克牌中，同花是五張全都同花色的牌型。不過對我的叔叔 Frank 來說，他很少有時間發出一手完整的撲克牌組，因為在那之前，他通常就被管事的人趕走了。結果就是，Frank 叔叔經常都是用他稱作 *li'l flushes*（小同花）的牌型來做出賭注。

**賭注內容。**一個小同花（喔，抱歉，我的意思是 *li'l flush*）就是相同花色的任何兩張牌。Frank 有一個他幾乎每次都會贏的賭注是找出你手中花色相同的兩張牌。同樣地，因為時間限制，他的一手撲克牌組只有四張牌，而非五張。

他的賭注是，你從一副隨機的牌發四張牌給我，而我將會得到至少兩張同花色的牌。雖然這看似不太可能，但實際上四張牌的花色全都**不**同才更不可能。我計算出四張牌為一手的情況下，拿到四張花色都不同的牌的機率大約是 11%。所以拿到一個小同花的可能性就是 89% 左右！

**這為何行得通？**要計算紙牌的機率，有各種不同的方式可用。對於這種酒吧賭注，我用的方法是計數可能的獲勝牌組數，然後與可能組合的總數做比較。這是「骰出好運」[Hack #43] 中所用的方法。

要思考四張牌有多常會有四種不同的花色，而沒有兩張牌的同花在其中，就計算四張為一手的可能牌組數。想像任何的第一張牌（52 種可能性），想像那張牌與任何剩餘的第二張牌的組合（52×51），加上第三張牌（52×51×50），以及第四張牌（52×51×50×49），你會得到總數為 6,497,400 種的不同四張牌組合。

接著，想像這四張為一手的頭兩張牌。它們會一樣的機率只有 .2352（51 張的一副牌裡面有 12 張相同花色的牌）。因此，發出一手四張牌時，大約會有一百五十萬個組合的頭兩張是同花。其他 .7648 的時間花色都不會相同，這代表頭兩張牌不同花色的 4,968,601 種組合。

在那個數目的牌組中，有多少個收到的第三張牌不會與頭兩張牌的任何一張花色相同呢？所剩的牌有 50 張，而其中有 26 張的花色尚未出現過。所以，有 26/50（52%）的時間，第三張牌的花色不會與頭兩張相同。

這剩下頭三張牌花色全都不同的 2,583,673 種組合。現在，在這個數目中，有多少抽到的第四張牌會有那個未出現的花色呢？49 張剩餘的牌中，有 13 張是最後的那第四個花色。剩餘的組合中，有 26.53% 會拿到那個花色作為第四張牌，這總計為 685,464 種四張牌全都不同花色的組合。685,464 除以可能的牌組總數，就得到 .1055（685,464/6,497,400）。

這就是你在四張為一手的情況下拿到四種不同花色的 11% 機率。呼！順道一提，某些超級天才型的人能用相關的比例得到同樣的機率，而且完全不用計數：

$$.7648 \times .52 \times .2653 = .1055$$

## 用兩副紙牌找到同樣的牌

你有一副牌，我有一副牌，它們都是洗過（shuffled）的牌（或者是souffléd，如我的拼字檢查所建議的那樣）。如果我們一次發出一張牌，把兩副牌都發過一遍，它們會相同嗎？我的意思是，它們會完全相同嗎？也就是會有完全相同的牌嗎？例如我們同時發出梅花 J？

**賭注內容。**大多數的人都會說不會，或至少會說那當然偶爾會發生，但不會太頻繁。驚人的是，發過兩副牌時，你不只經常會發現至少有一張相同，而且會發覺不是那樣的話才叫做異常。如果你下這種賭注，或進行這種實驗許多次，在大多數的情況下，你都至少會碰到一次相同。事實上，只有 36.4% 的時間你不會找到吻合的！

**這為何行得通？**這裡是思考這個問題的統計方式。因為兩副牌都洗牌過，我們可以假設翻開的任兩張牌都代表來自一個理論紙牌母體（該副牌）的一個隨機樣本。任何給定的成對牌組樣本彼此相同的機率可被計算出來。因為你抽樣 52 次，在這些嘗試中的某處拿到一次吻合的機率會隨著你抽樣越來越多對的牌卡而上升。這就像是擲一對骰子得到 7 的情況：給定的任何一次丟到的可能性都不高，但丟的次數變多之後，可能性就增加了。

若要計算跨越一系列結果時碰到想要的結果的機率，那麼去計算不會得到那個結果的機率，然後將不同的嘗試乘起來，在數學上其實會容易一些。對於給定的任何一張牌，另外一副牌中發出的牌完全吻合的機率是 52 分之 1。這種情形不會發生的機率則是 52 分之 51，或 .9808。

不過你會嘗試湊成對不只一次，你會試 52 次。那麼，52 次的嘗試都不會得到吻合的牌的機率就是 .9808 乘以自己 52 次。對於數學型的人，那會是 .9808$^{52}$。

稍等一下，我會在我腦中進行計算（.9808 乘以 .9808 乘以 .9808 依此類推 52 次大約是… 0.3643）。好了，所以那不會發生的機率是 .3643。要得到它會發生的機率，我們就從 1 減去那個數字，結果就是 .6357。

兩副牌之間，大約有三分之二的時間，你至少會找到一次完全相同的牌！非常驚人。去贏一些檸檬汽水回來吧！

## 骰出好運

**#43** 這裡是使用誠實骰子的一些誠實賭注。但是，你沒作弊並不代表你就不會贏。

統計學家就是戴著眼鏡的內向書呆子，從沒一夥人喝過啤酒，這是一種不幸的刻板印象。這是很荒謬的觀點，上個禮拜日與這個禮拜日在我每週的 *Dungeons & Dragons*（龍與地下城）聚會中，光是想到這點，就讓我笑到我的單片眼鏡差點掉進我的雪莉酒中。

事實是，在酒吧裡展現簡單的機率學知識，對於顧客來說，相當有娛樂效果，可以讓你變成派對的活力泉源。至少，根據我的叔叔 Frank 所說的，事情是那樣沒錯，多年來他用統計技能在那種地方贏得許多免費的飲料和醃蛋（或者是我在電視上看過的那些酒吧裡總是會有的大罐子裡面的東西）。

這裡有使用任何一對公正的骰子贏得賭注的幾種方式。

### 擲骰結果的分布

首先，讓我們熟悉一次擲兩顆骰子所得結果的機率。你應該記得大多數的骰子都有六面（我的奇幻角色扮演朋友和我稱它們為**六面骰，*six-sided dice***），而這每個立方體上的值範圍都是從 1 到 6。

要計算可能的結果，只要列出它們，然後加以計數就行了。**圖 4-2** 顯示了擲兩顆骰子的所有可能結果。

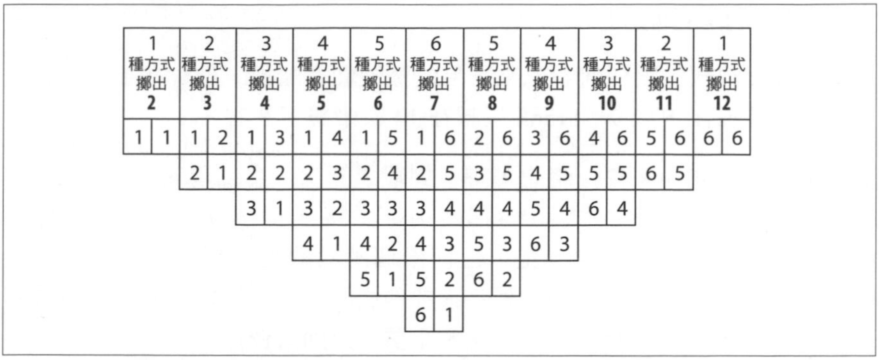

| 1 種方式擲出 2 | 2 種方式擲出 3 | 3 種方式擲出 4 | 4 種方式擲出 5 | 5 種方式擲出 6 | 6 種方式擲出 7 | 5 種方式擲出 8 | 4 種方式擲出 9 | 3 種方式擲出 10 | 2 種方式擲出 11 | 1 種方式擲出 12 |
|---|---|---|---|---|---|---|---|---|---|---|
| 1 1 | 1 2 | 1 3 | 1 4 | 1 5 | 1 6 | 2 6 | 3 6 | 4 6 | 5 6 | 6 6 |
| | 2 1 | 2 2 | 2 3 | 2 4 | 2 5 | 3 5 | 4 5 | 5 5 | 6 5 | |
| | | 3 1 | 3 2 | 3 3 | 3 4 | 4 4 | 5 4 | 6 4 | | |
| | | | 4 1 | 4 2 | 4 3 | 5 3 | 6 3 | | | |
| | | | | 5 1 | 5 2 | 6 2 | | | | |
| | | | | | 6 1 | | | | | |

圖 4-2　兩顆骰子的可能結果

這種分布的次數表顯示於表 **4-15**。

表 4-15　擲兩顆骰子的結果次數

| 總和 | 機率 | 次數 |
|---|---|---|
| 2 | 1 | 2.8% |
| 3 | 2 | 5.6% |
| 4 | 3 | 8.3% |
| 5 | 4 | 11.1% |
| 6 | 5 | 13.9% |
| 7 | 6 | 16.7% |
| 8 | 5 | 13.9% |
| 9 | 4 | 11.1% |
| 10 | 3 | 8.3% |
| 11 | 2 | 5.6% |
| 12 | 1 | 2.8% |
| 可能結果的總數 | 36 | 100% |

當然，擲骰子遊戲（game of craps）完全是依據這些預期次數來進行的。你檢視這個次數分布時，可能就想到一些有趣的賭注了。舉例來說，雖然 7 是最常見的擲骰結果，而且有許多人知道這點，但它出現的可能性也只比 6 或 8 稍微高了一點而已。

事實上，如果你不用具體指明，你可以押注 **6 或** 8 會在 7 之前出現。擲完骰子，骰子停止滾動後，可能出現的所有總和中，有超過四分之一的比例（大約 28%）骰子的總和會是 6 或 8。這比擲出 7 的機率還要高得多，後者只會在六分之一的時間中出現。

### 使用骰子的酒吧賭注

我的 Frank 叔叔曾跟任何看起來呆呆的酒吧顧客賭過，他會在那個顧客骰出 7 之前先擲出 5 或 9。Frank 叔叔在 14 次中贏了 8 次。

有的時候，老 Frank 會打賭說，擲一對骰子一次，會出現 6 或 1。雖然乍看之下發生這種情況的機率最高似乎小於 50%，但事實上有大約 56% 的機率會出現 1 或 6。順道一提，任何兩個不同的數字都有這個相同的機率，所以你可以跟很有魅力的陌生人要他們的生日作為數字使用，或許藉此展開對話，這可能為你帶來婚姻、小孩，或兩者皆得。

如果你比我的 Frank 叔叔更誠實（有 98% 的機率你是），這裡有一些使用骰子的公平賭錢方式。欄 A 中的結果與欄 B 中的結果有相等的發生機率：

| A | B |
|---|---|
| 2 或 12 | 3 |
| 2, 3, 或 4 | 7 |
| 5, 6, 或 7 | 8, 9, 10, 11, 或 12 |

任一邊的勝算都是相等的。

### 這為何行得通？

就這個 hack 所呈現的賭注而言，這裡是展示獲勝機率如何計算的表格：

| 賭注 | 獲勝的結果數 | 計算方式 | 結果比例 |
|---|---|---|---|
| 5 或 9 vs. 7 | 8 vs. 6 | 8/14 | .571 |
| 出現 1 或 6 | 20 | 20/36 | .556 |
| 2 或 12 vs. 3 | 2 vs. 2 | 2/4 | .500 |
| 2, 3 或 4 vs. 7 | 6 vs. 6 | 6/12 | .500 |
| 5, 6 或 7 vs. 8 或更高 | 15 vs. 15 | 15/30 | .500 |

「賭注」那欄呈現了兩種互相競爭的結果（例如 5 或 9 是否會在 7 之前出現？）。「獲勝的結果數」那欄指出要骰幾次才會產生任一邊的結果（例如拿到 5 或 9 的 8 次，對上只需要 6 次就能拿到的 7）。「結果比例」那欄代表你贏的機率。

你有兩種不同的方式可以贏得這類賭注。如果是勝機相等的賭注，你可以押得比你的對手少一點，然後長期來說仍然可以得利，他不會知道兩邊的勝算是一樣的。不過若是你的機率高一點，就考慮提供稍微好一點的報償給你的目標，或是挑選可能比較常出現的結果。

# 磨練你的老千技巧

在德州撲克或其他的撲克遊戲中，有幾個基本的初步技能和有關機率的一點基本知識，可以讓你從絕對的初學者變為知道的剛好足以惹上麻煩的老千（card sharp）。

出現在電視上的德州撲克職業玩家跟你我只有幾個重要的面向有所不同（好吧，他們與你是只有幾個重要的面向不同沒錯，但他們與我不同的面向有太多了，多到我電腦般的大腦也無法計數了）。這裡是他們精通的兩個撲克遊戲領域：

- 知道在不同階段（翻牌、河牌等等）中，他們手上的牌碰到他們想要的牌的粗略機率。

- 快速識別出其他玩家可能持有的較佳的牌組。

這個 hack 提供了一些訣竅與工具來幫助你從新手變為半職業玩家。這是一些簡單的知識集合和用來做決策的快速經驗法則。就跟本書中其他的撲克 hack 一樣，它們提供純粹基於統計機率的策略訣竅，並假設用的是一副 52 張的標準牌卡，有隨機的分布。

## 改善你手上的牌

在德州撲克中，有一半的時間你會拿到一對（pair）或更好的牌型。我要重複這一點，因為它對於了解這個遊戲來說非常重要。有一半的時間（實際上是稍微低於 52%），如果你待得夠久，足以看到七張牌（你的兩張牌加上所有的五張公用牌），你至少會有一個一對。它可能是在你手上的牌中（稱為 *pocket* 或 *wired* pair），也可能是由你手上的一張牌及公用牌的其中一張所構成，或是你的一對可能全都在公用牌中，每個人都可以拿走。

如果在大部分的時間中，普通的玩家拿到七張牌之後都會有一對，那麼拿著低分的一對（a low pair）撐到最後，意味著你很有可能會輸，當然這只是從統計上來說是如此。換句話說，有大於 50% 的機率其他的玩家至少有一個一對，而那對大概會是兩張 8 或更高的牌（十三對中只有六對是 7 或更低）。

知道一對有多常見就可以解釋為什麼 Ace 的價值如此的高。大多數的時間，剩下兩個人爭奪底池的錢時，看得都是誰的一對比較好。還有另一個比例不小的時間中，Ace 會扮演次大牌（kicker）或決定平分底池的錢（tiebreaker）的重要角色。從勝算來說，擁有 Ace 是很好的事情。

**機率**。要決定持平或提高你的賭注以試著減少你必須打敗的對手數時,如果你知道某些常被期待的結果的機率,你就能更明智地做出抉擇。**表 4-16** 呈現在一手牌的各個階段抽到一張能幫助你的牌的機率。這些機率的計算依據的是一副牌中剩下多少張牌、有多少張牌能幫上你(你的 *outs*,助勝牌),以及還會從那副牌抽多少張的牌。舉例來說,如果你有一個 A-K(Ace-King),並希望湊到一對,那就有六張牌可以使這發生,換句話說,你有六張助勝牌。如果你只有一張 A 高分牌,而你希望找到另一個 A,你就會有三張助勝牌。如果你有一個 pocket pair,並且希望在公用牌中找到強大的第三張,你就只有兩張助勝牌。

表 4-16　改善你手上的牌的機率

| 剩餘可以發的牌 | 六張助勝牌 | 三張助勝牌 | 兩張助勝牌 |
|---|---|---|---|
| 5(翻牌前) | 49% | 28% | 19% |
| 2(翻牌後) | 24% | 12% | 8% |
| 1(轉牌後) | 13% | 7% | 4% |

這裡所描述的情境假設你已經拿到兩張牌了。畢竟,在大多數的撲克遊戲中,翻牌前的賭注是預先決定的,所以沒有要做的決策。順道一提,因為你牌在翻牌時如果看起來沒什麼前景,你或許應該退出,你也會想要知道在翻牌時改善你的牌的機率。它們是:

| 剩餘的助勝牌 | 你會在翻牌時遇到致勝牌的機率 |
|---|---|
| 6 | 32% |
| 3 | 17% |
| 2 | 12% |

**涵義**。根據**表 4-16** 中所描述的分布,這裡有幾個快速的觀察和推論要銘記在心。

有一半的時間,你都會拿到一對。這對高分牌,例如 *Big Slick*(手上拿 A-K),或低分牌,例如 2-7,都為真。你甚至能從你有的牌中挑兩張,它們能湊成一對的機率有 28%。推論:參加錦標賽時,如果籌碼不夠,就在你拿到那個 A 的時候立刻全押。

如果你沒拿到那第三張牌,你得在翻牌時把一對轉為一個 *set*(三條),而後續你會碰到它的機率只有 8%。推論:不要花太多錢在等候你的低分對(low pair)轉為絕佳的一手牌。

你那在翻牌前看起來相當不錯的 A-K 或 A-Q 會隨著越來越多的牌揭露但沒湊成一對或拿到順子(straight)而潛力消退。如果你沒在河牌前遇到

好牌，那麼 100 次中有 87 次，起初很棒的一手牌會變成僅有高分牌的微不足道的牌型。推論：只在你能夠便宜地這麼做時，才為你那未完成的夢想 A-K 留下來。

## 快速掌握公用牌

這裡有關於你對手牌組的一些常識陳述，它們必然為真，但不一定大家都知道：

| 如果公用牌沒有… | 你的對手不能有… |
| --- | --- |
| 一對 | 四條（four of a kind） |
| 一對 | 葫蘆（full house） |
| 同花色的三張牌 | 同花 |
| 五張牌範圍內的三張牌 | 順子 |

學會這些規則，你就能快速判斷你的對手可能有什麼牌。如此，你就能在它們是不可能的時候，自動排除殺手牌。你可能不是很擔心速度，但如果你不需要花費心力每次都從頭找出這些事情，你就能把時間專注在更重要的決策上。

# HACK #45　讓你最親近的 23 個朋友大吃一驚

一群人中，至少有兩個人生日相同的機率有多高？雖然還要視人數多少而定，但這個機率出乎意料的高。使用這些簡單的機率原則來讓你派對上的朋友對你印象深刻（或是在酒吧賭注中贏些錢）。

某些看起來在邏輯上不太可能的事件在某些情況中，實際上相當可能發生。例子之一就是一群人中至少有兩個人生日相同的機率。許多人都會很驚訝的發現，只要人數在 23 人以上，就有高於 50% 的機率他們之中至少有 2 個人有相同的生日！使用幾個簡單的機率原則，你就能找出任何大小的一群人發生這種事件的可能性，然後在你預測成真時，讓你的朋友大吃一驚。

你也可以使用這個結果在酒吧賭注中賺些現金（只要那裡至少有 23 個人就行了）。

所以，你要怎麼找出至少有兩個人生日相同的機率呢？要解決這個問題，你得對生日在人口中是如何分布的做些假設，並知道幾個關於機率如何運作的規則。

## 開始

要判斷至少兩個人生日相同的機率，我們必須對生日日期是如何分布的做出幾個合理的假設。首先，讓我們假設生日在人口中是均勻分布的（uniformly distributed）。這表示一年中每一天出生的人數應該大致相同。

這並不一定是真的，但對我們來說，事實足夠接近了，所以我們仍然可以相信我們的結果。然而，有一個生日這必然不是真的：二月 29 日，它只在每四年一次的閏年（Leap Year）發生。好消息是在二月 29 日出生的人很少，我們可以輕易地忽略他們，仍然可以得到準確的估計值。

做了這兩個假設之後，我們就能相對輕鬆地解決這個生日問題了。

## 套用全機率法則（Law of Total Probability）

在我們的問題中，只有兩個互斥（mutually exclusive）的可能結果：

- 至少有兩個人的生日相同。

- 沒有人的生日相同。

既然這兩件事情中必然有一件要發生，這兩個機率的總和永遠都得等於一。統計學家將此稱為全機率法則（Law of Total Probability），而且它適合用來解決這個問題。

> mutually exclusive（互斥）這個詞代表的是，如果有一個事件發生，另一個就不能發生，反之亦然。

簡單的擲硬幣範例可以幫助我們想像這裡的運作方式。一個公正的硬幣得到人頭的機率是 0.5，就跟得到數字的機率一樣是 0.5（這是互斥事件的另一個例子，因為擲一次硬幣的結果不可能同時是人頭和數字！）。丟了硬幣後，兩件事中有一件必須發生。它必然是人頭朝上或數字朝上，所以人頭或數字發生的機率會是 1（0.5 + 0.5）。反過來說，我們可以把人頭的機率看作是一減去數字的機率（1 − 0.5 = 0.5），反之亦然。

有的時候，判斷一個事件不發生的機率，然後使用這個資訊來決定它會發生的機率，會比較容易。沒有人生日相同的機率比較容易計算一點，它僅取決於那群人的人數。

想像我們的群組只有兩個人。他們生日相同的機率是多少？嗯，他們生日不相同的機率比較好算：第一個人的生日在某天，而第二個人有其他 364個生日會導致他們生日不同。所以，數學上來說，這是 364 除以 365（可能的生日總數），或 0.997。

既然兩個人生日不同的機率是 0.997（一個非常高的機率），那他們實際上生日相同的機率就等於 1 − 0.997（0.003，一個非常低的機率）。這表示，每 1,000 對隨機選擇的人中，只有 3 對的生日會相同。到目前為止，這都很符合邏輯。然而，一旦我們把更多人加到我們的群組中，事情就會改變（而且變得很快）！

## 計算獨立事件的機率

要解決我們的問題，所需的另一個技巧是應用獨立事件（independent events）的概念。兩個（或更多個）事件都發生的機率如果等於它們個別機率的乘積，那它們就是獨立（*independent*）的。

同樣地，使用簡單的擲硬幣為例，這也很容易理解。如果你擲一個硬幣兩次，得到兩次人頭的機率就等於人頭的機率乘以人頭的機率（0.5×0.5 = 0.25），因為擲一次硬幣的結果對另一次的結果沒有影響（因此，它們是獨立事件）。

所以，當你擲一枚硬幣兩次，每四回中會有一回的結果是連續兩個人頭。如果你想要知道連續擲到三次人頭的機率，答案就是 0.125（0.5×0.5×0.5），這表示每八回只有一回會連續擲到三次人頭。

在我們的生日問題中，每次我們新增另一個人到群組中，我們就加入了另一個獨立事件（因為一個人的生日不會影響任何其他人的生日），因此我們就能夠找出那些人中至少有兩個人生日相同的機率，不管我們加入多少人，只要持續乘上個別機率就行了。

複習一下，不管一群人中有多少人，兩個互斥的事件中只有一個會發生：至少有兩個人生日相同，或是沒有人生日相同。出於全機率法則，我們知道我們可以判斷出沒有人生日相同的機率，而一減去那個值，就等於至少有兩個人生日相同的機率。最後，我們也知道每個人的生日都獨立於其他群組成員。都弄清楚了嗎？很好，我們繼續吧！

## 解決生日問題

我們已經判斷出在兩個人為一群的群組中，那兩個人的生日不同的機率是 0.997。讓我們假設我們加入了另一個人到這個群組中。沒人生日相同的機率會是什麼？若要生日全不同，那第三個人可能的生日就有 363 種選擇。因此，第三個人不與其他兩個人生日相同的機率會是 363/365 或 0.995（稍微低一點）。

但要記得，我們感興趣的是*沒有*人生日相同的機率，所以我們使用獨立事件的規則，把前兩個人生日不會相同的機率乘以第三個人生日不會與前兩個相同的機率：0.997×0.995 = 0.992。因此，在三個人的群組中，他們生日都不同的機率是 0.992，這表示他們之中至少有兩個人生日相同的機率是 0.008（1 - 0.992）。

這意味著，每 1,000 個隨機選取的三人群組中，只有 8 組裡面至少有兩個人生日相同。這仍然是相當小的機率，但注意到，從兩個人變為三個人時，機率變為超過兩倍（0.003 對上 0.008）！

只要我們開始加入越來越多的人到我們的群組中，至少兩個人生日相同的機率就會增加得非常快。我們的群組成長到 10 個人時，至少 2 人生日相同的機率就變高為 0.117。廣義來說，我們要如何決定這個？對於每個加入群組的人，之前的乘積會再乘上另一個分數（fraction）。每個額外的分數會有 365 作為分母，而分子會是 365 減去第一個人之外的人數。

所以，就我們之前提到的 10 人群組而言，分數最小的分子會是 356（365 - 9），計算方式如下：

$$\frac{364}{365} \times \frac{363}{365} \times \frac{362}{365} \times \frac{361}{365} \times \frac{360}{365} \times \frac{359}{365} \times \frac{358}{365} \times \frac{357}{365} \times \frac{356}{365} = 0.883$$

這告訴我們，在一個 10 人群組中，沒有人生日相同的機率等於 0.883（比我們見過的 2 或 3 人的情況還要低得多），所以他們之中至少有兩個人生日相同的機率會是 0.117（1 - 0.883）。

其中第一個分數是第二個人生日與第一個人不同的機率。第二個分數是第三個人的生日與前兩個人的生日不同的機率。第三個分數是第四個人的生日與前三個人不同的機率，依此類推。最後的第九個分數是第十個人的生日不會與其他九個任何一個人相同的機率。

為了讓每個人的生日都不同，這一串事件中的每一個必須
都發生，所以我們決定他們全都在同一群人中發生的機率
的方法是把個別的機率都乘在一起。每次我們加入另一個
人，我們就在方程式中納入另一個分數，這使得最終的乘
積變得越來越小。

## 解決任何大小的群組

隨著群組的大小增加，至少兩個人共有一個生日的情況就變得越來越有可
能。這很合理，不過讓大多數人感到驚訝的是，群組變大時這個機率成長
得有多快。圖 4-3 顯示了你加入越來越多人時，機率上升的速率。

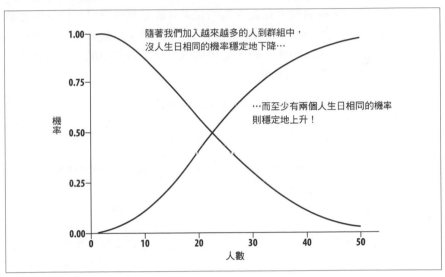

圖 4-3　生日相同的機率

對 20 個人來說，這個機率是 0.411；對 30 個人來說，它是 0.706（代表
10 次中有 7 次你會贏得賭金，這是相當好的勝算）。如果你的群組中有
23 個人，至少兩個人生日相同的機會就只比 50/50 稍微好一點（機率等
於 0.507）。

全都解釋並計算完畢後，這是總會為人帶來驚奇的巧妙花招。但要記得只
在房間內至少有 23 個人（而且你願意接受 50/50 的勝算）時，才做出這
種賭注。更多人的話，效果當然更好，因為每次增加另一個人，你贏的機
會就會大幅上升。要有高於 90% 贏得賭注的機率，房間裡需要有 41 個人
（至少兩人生日相同的機率 = 0.903）。若有 50 人，就有 97% 的機率你會

贏錢。一旦人數超過 60 或更多，你幾乎就能夠保證房間裡至少有 2 個人生日相同，當然，如果現場有 366 個人，那麼就有 100% 的機率至少有 2 個人同一天生日。如果你能找到願意跟你賭的人，這會是非常好的勝算！

*—William Skorupski*

## 設計你自己的酒吧賭注

做些計算，或許是使用試算表軟體（spreadsheet software），你就能找出各種「自發性（spontaneous）」友善賭注所關聯的機率。

本章其他地方介紹的幾個 hack 都是使用紙牌 [Hack #42] 或骰子 [Hack #43] 作為道具來展示某些看似罕見且異常的結果實際上相當常見。作為有志教育世界這些統計原理的人，你毫無疑問地會希望使用這些教學範例來指導他人並讓他們留下深刻印象。嘿，如果你剛好在這過程中贏了一點錢，那只是教師生活的好處之一而已。

但其實你沒必要仰賴這裡所提供的特定範例，或甚至帶著紙牌或骰子到處走（不過，就我自認為對你的了解，你可能有很多其他的原因要帶著紙牌和骰子）。這裡有幾個基本的原則，透過它們，你可以使用任何有已知分布的資料來製作你自己的酒吧賭注，例如字母、從 1 到 100 的數字等，諸如此類的：

原則 *1*

> 若有重複的機會讓它發生，那麼一個不太可能的事件發生的可能性會增加。

原則 *2*

> 如果可能的事件為數眾多，那麼任何特定事件發生的機率看起來會很小。

這個 hack 其餘的部分示範如何使用這些原則在你自製的酒吧賭注中取得優勢。

## 原則 1

任何給定的事件發生的次數等於它結果的數目（**number of outcomes**），而其機率就等於這個數目除以可能的結果數。

舉例來說，你和我在同一個月出生的機率是多少？暫時假設生日是均勻分布在每個月，機率就是 1/12。只有一個結果算是相同（你的生日月），而總共有 12 種可能的結果（一年的 12 個月）。

那麼閱讀這本書的兩個人裡面的任一個跟我同月生日的機率有多少？直覺上，那應該比 12 分之 1 還要可能一點。遺憾的是，計算這個機率的公式並不像我們想的那麼簡單。舉例來說，它並不是 1/12 乘以自身，那所產生的機率會比一開始的還小（即 1/144）。也不是 1/12 + 1/12 這個公式。雖然 2/12 看起來有潛力成為正確答案（因為它大於 1/12，表示比之前還要大的可能性），這種機率並不能加起來。要向你自己證明單純相加兩個分數是行不通的，想像在這個問題中，你有 12 個人。在這 12 個人裡面找到生日跟我一樣的人的機率顯然不是 12/12，因為那就等於保證會找到。

計算一個事件跨越多次機會的發生機率的實際公式所依據的概念是，找出一個事件**不會**發生的比例，然後為每次額外的「擲骰子」把這個比例乘以自身。在這個程序的結論部分，把 1.0 減去那個結果，就能得到這個事件會發生的機率。

這個公式有理論上的吸引力，因為它在邏輯上等同於較為直覺的方法（它用到相同的資訊）。它在數學上也有其魅力，因為最終的估計值大於與單一次發生關聯的值，而這是我們直覺相信為真的事情。你可以這樣想：有多少次它不會發生，而在**那**幾次中，接著的下一次它不會發生的次數有多少？

這個方程式可以計算兩個讀者中的某個人的生日會跟我相同的機率：

$$1 - \left(\frac{11}{12} \times \frac{11}{12}\right) = 1 - (.917 \times .917) = 1 - .841 = .159$$

## 原則 2

要讓某個人接受賭注，或讓觀眾對任何給定的結果的發生感到驚訝，其可能性聽起來必須很小。因此，跟一年的 365 天，或一副 52 張的牌，或一本電話簿中所有可能電話號碼有關的賭注或魔術技法，之所以更有效而且驚人，是因為那些數字跟獲勝結果的數目（例如 1）比起來好像很大。

在單次機會中，任何不太可能的事件發生的機率確實很小，所以這個原則中表達的直覺信念是正確的。不過，如我們所見，如果你有多次機會，那麼這種事件發生的機率就會增加，而且可能增加得很快。

## 推出我們自己的酒吧賭注

讓我們一起走過這些步驟,來驗證在我剛捏造的幾個賭注中我是否有優勢。

**字母表(alphabet)中的字母。**在這個賭注中,我會從字母表挑選五個字母。我會打賭,如果我挑了六個人,請他們隨機挑選任何的一個字母,他們其中的一或更多個人所選的字母,會跟我的五個字母之一相同。這裡是這個賭注的分析:

可能的選擇數

　　字母表中有 26 個字母。

單一次嘗試失敗的機率

　　26 種可能性中,有 21 種不會選到相同的:21/26 = .808。

嘗試次數

　　6

所有嘗試都失敗的機率

　　$.808^6 = .278$

前一個選項以外的其他事情發生的機率

　　$1 - .278 = .722$

我贏這個賭注的機率是 72%。

**選一個數字,任何數字。**這次,我會從 1 到 100 挑選 10 個數字。我打賭,如果我選 10 個人,然後請他們從 1 到 100 隨機選取任何一個數字,他們之中會有一個或更多個人所選的數字跟我十個數字之一相同。它的分析如下:

可能的選擇數

　　有 100 個數字可以選。

單一次嘗試失敗的機率

　　100 種可能性中有 90 種不會相同:90/100 = .90。

嘗試次數

　　10

所有的 *10* 次嘗試都失敗的機率

　　$.90^{10} = .349$

前一個選項以外的其他事情發生的機率

　　$1 - .349 = .651$

這個賭注我贏的機率是 65%。

**靠你自己。**拷貝剛才所展示的步驟和計算來發展你自己原創的派對戲法。這些示範都不需要任何道具，只需要有意願且誠實的志願者。

注意到這些計算的基礎都是人們是隨機挑選數字的。當然，在現實中，人們不會挑選剛聽到別人選過的字母或數字。換句話說，他們的選擇不會獨立於其他人的選擇。如果這些選擇的依據是你知道之前的答案是不正確的，這就能稍微增加你的勝算。舉例來說，在 100 個數字選 10 個的賭注中，如果 10 個人都不會挑選已經被選過的數字，那麼拿到相同的機率就從 65% 上升到 67%。

## 確保傻瓜不是你！

跟其他人玩遊戲很有趣，但你永遠都不會知道你何時會陷入他人聰明的統計陷阱中。舉例來說，還記得你會跟我有相同生日月的 12 分之 1 的機率嗎？我騙到你了！我是二月生的，那個月的天數比其他月少，所以你生在那個月的機率實際上小於 12 分之 1。二月有 28.25 天（偶爾出現一次的二月 29 日就算在那個 .25 中），而一年有 365.25 天（偶爾出現的閏年同樣算在 .25）。你與我生在同一個月的機率是 28.25/365.25，或 7.73%，而非 12 分之 1 的 8.33%。

所以，你與我同月生的機率稍微低了點。想到這個，我的出生記錄、出生證明之類的東西，在許多年前喪失在一場大火中了。所以，關於我出生日期的原始資料現在都已經沒有了。

就我所知，我甚至可能尚未出生！

## 利用外卡瘋一回

**HACK #47**

外卡（wild cards）被加到撲克牌遊戲中，是為了提升樂趣。不過統計上來說，它們讓事情變得更讓人困惑了。

數百年前，撲克牌玩家協議好了各種牌型的排名，決定了什麼打敗什麼。對統計學這個領域來說，很令人高興的，他們決定的順序與玩家每次發牌時會拿到的牌組機率高低完美吻合。撲克規則的開發者要不是做過計算，就是有參考他們自己的經驗，熟悉實際玩牌時看到每種牌型的頻率。也有可能他們拿了一副牌、紙與筆，在一個空閒的下午，發給自己好幾千手隨機的撲克牌組，然後收集資料。不管方法為何，撲克牌型的排名就完全符合那些特定組合的牌被發出的相對稀有性。

但排名順序並沒有考量到一個類型的牌和緊接在它之下的牌型之間有意義的距離。舉例來說，同花順（straight flush）比起排名僅次於它的牌型，也就是四條（four of a kind），發生率小了 16 倍，而同花（flush）的可能性只有順子（straight）的一半，也就是排名緊接在同花後的牌型。

在我們談論玩牌時有外卡（*wild cards*，通常是小丑牌，jokers，它們可以變為持有者希望的任何值）的情況之前，讓我們回顧一下撲克牌組的排行。**表 4-17** 顯示隨機的任何五張牌會出現一個給定牌型的機率，以及每個牌型相較於表中排名僅次於它的牌型之相對稀有性。

表 4-17　撲克牌牌型、機率與比較

| 牌型 | 機率 | 相對稀有性 |
| --- | --- | --- |
| 同花順（Straight flush） | .000015 | 可能性低了 16 倍 |
| 四條（Four of a kind） | .00024 | 可能性低了 5.8 倍 |
| 葫蘆（Full house） | .0014 | 可能性低了 1.4 倍 |
| 同花（Flush） | .0019 | 可能性低了 2.1 倍 |
| 順子（Straight） | .0039 | 可能性低了 4.4 倍 |
| 三條（Three of a kind） | .021 | 可能性低了 2.3 倍 |
| 兩對（Two pair） | .048 | 可能性低了 8.8 倍 |
| 一對（One pair） | .42 | 可能性低了 1.2 倍 |
| 什麼都沒有 | .50 | ----- |

對賭徒來說，從**表 4-17** 可以看出幾個值得注意的觀察。首先，有五張牌的時候，有一半的時間玩家什麼都拿不到。幾乎有一半的時間，玩家會拿到一對。而只有 8% 的時間會拿到比一對還要好的牌。

其次，某些稀有度被視為非常不同的牌型實際上的發生率幾乎相等。請注意，同花（flush）跟葫蘆（full house）發生的頻率大約相同。

最後，在三條（after three of a kind）之後，較好牌型的出現率掉得很快。事實上，機率在兩個地方掉很多：什麼都沒有和一對佔據了大部分的機率（92%），然後另外 7% 的時間是兩對和三條，而比三條還好的牌總共的發生率小於 1%。

## 外卡帶來的問題

這都很有趣，但這與外卡（wild cards）的使用有什麼關係呢？嗯，把外卡加到一副牌中，會搞亂這些經過時間測試的機率。假設一張外卡的持有者希望湊到最佳的一手牌，也假設一張外卡，即小丑牌（joker）已經被加到那副牌中，**表 4-18** 顯示了與傳統相較之下的新機率。

表 4-18　一副牌中有一張外卡的撲克牌組的機率

| 牌型 | 有外卡的機率 | 傳統的機率 | 有外卡的機率變化 |
| --- | --- | --- | --- |
| 五條（Five of a kind） | .0000045 | ----- | ----- |
| 同花順 | .000064 | .000015 | +327% |
| 四條 | .0011 | .00024 | +358% |
| 葫蘆 | .0023 | .0014 | +64% |
| 同花 | .0027 | .0019 | +42% |
| 順子 | .0072 | .0039 | +85% |
| 三條 | .048 | .021 | +129% |
| 兩對 | .043 | .048 | −10% |
| 一對 | .44 | .42 | +5% |
| 什麼都沒有 | .45 | .50 | −10% |

看看這些新的機率，外卡帶來的問題就會變得很明顯，特別是我們看到三條和兩對的時候。現在三條變得比兩對還要更常見了！

傳統上決定哪個牌型打敗哪個的排名順序不再與實際的機率一致了。此外，得到兩對的機率實際上會在加入一張外卡時下降。當然，其他的機率也有改變，其他可玩的牌變得更加可能出現了。某些超級好牌，雖然仍算罕見，但它們出現的頻率增高相當多：比三條還要好的牌幾乎是之前的兩倍常見。

知道這些新的機率能為聰明的撲克玩家帶來優勢。事實上，不同於一般的刻板印象「經驗老道的職業撲克玩家會避開有外卡的遊戲，因為他們認為那很孩子氣或是給業餘玩的」，有些精明的玩家會刻意尋找這種遊戲，因為他們相信他們有優勢勝過那些比較天真類型的人（你知道的，那些天真的類型，就像不讀 Hack 系列書籍的人？）。

## 這為何行得通？

如你在**表 4-18** 中所見的，使用外卡會降低拿到兩對的機率。但為什麼會這樣呢？當然，新增一張外卡意味著有的時候我可以把一對的牌轉為兩對的牌。這是真的，但為什麼我要那樣做呢？想像一名玩家手上有一對，而她拿到一張外卡作為她的第五張牌。沒錯，她**可以**把那張外卡與另一張牌湊成一對，然後宣告有兩對的牌型。另一方面，對她來說，更聰明的方法是把那張外卡與她已有的一對湊成三條。若要在兩對和三條之間挑選，每個人都會選比較強的那種牌。

## 外卡其他的問題

外卡的存在創造了一種會讓紙牌遊戲理論家瘋狂的矛盾。這個矛盾如下：

1. 撲克牌遊戲中，牌型的排名和它們相對的價值應該以它們出現的頻率為基礎。較不常出現的牌型價值應該要比更常出現的牌型還要高。

2. 面臨要使用一張外卡將一手牌轉為兩對或是三條的選擇時，玩家通常會選擇三條。這在實務上會改變出現頻率，使得兩對變得比三條還要不常見。

3. 因為排名應該依據機率，涉及外卡時，撲克牌的規則也應該改變，讓兩對比三條更有價值。

4. 如果排名逆轉，那麼三條的價值會變得比兩對低，所以現在聰明的玩家會用他們的外卡來湊成兩對，而非三條，所以兩對很快會變得比三條更常見。

5. 那麼排名的順序就得再次改變，以配合之前的規則變更所導致的實際頻率，然後永不休止的循環就這樣開始了。

**表 4-18** 避開這個矛盾的方法是假設玩家想要依據傳統的排名湊出他們最好的一手牌。我很聰明，對吧？想要玩牌嗎？

## 永遠不要信任公正的硬幣

**HACK #48**

在經常是世俗的統計世界，能稱為神聖的東西中，沒有概念比公正地擲誠實的硬幣還要來得更像信仰了。人頭（heads）或數字（tails）的機率各是百分之五十，對吧？令人不安的答案顯然就是…並非如此！

對於機率和它的運作方式的基本解釋幾乎總是會包含轉硬幣或擲硬幣的簡單例子。「人頭你就贏，數字則我贏」是常用來解決各種糾紛的方法，而**二項分布（binomial distribution）**[Hack #66] 常被描述為隨機丟擲硬幣之結果的模式，並據此教導。

但結果是，如果你旋轉一個硬幣，特別是全新的硬幣，它數字朝上的情況會比人頭朝上更常見。

### 全新的一分錢硬幣

你知道剛離開鑄幣廠全新的一分錢硬幣（penny）的外觀與觸感吧？它閃亮到好像是假的一樣。它的紋路明顯、邊緣銳利，你還得特別小心才不會割傷自己。

為你自己找一枚這種明亮、銳利的小玩意，然後轉它個 100 次看看。收集人頭或數字的結果資料，然後做好心理準備被嚇到吧！因為數字出現的次數可能多於 50 次。如果我們對於硬幣公正性的理解是正確的，擲一枚硬幣時，有超過一半的時間出現數字的機率應該少於一半（把最後一句大聲唸出來，它就會變得更有道理一點）。不過旋轉新的一分錢硬幣，就不是這樣了。

新的硬幣通常會有在數字那邊會長或高一點的清晰邊緣，至少新的一分錢硬幣是如此（一分錢硬幣數字那邊會壓印得比人頭那邊稍微深一點）。**圖 4-4** 能讓你感受一下這個邊緣看起來是怎樣。如果你旋轉形狀像這樣的一個物體，固有的傾向是有較長邊緣的那邊落地時會朝上。

想像一下旋轉啤酒瓶或汽水瓶的瓶蓋，它不僅沒辦法旋轉得很順，停下來時你看到開口那邊朝上也不會感到驚訝。新的一分錢硬幣形狀就有點類似瓶蓋，只是沒有那麼不對稱。不過這個稍微長一點的邊緣，在多次旋轉之下，就足以讓數字那邊有優勢。

### 二項期望

這種瓶蓋效應（bottle-cap effect）的可能存在，就引出了一個可測試的假說：

旋轉一個新鑄好的一分錢硬幣時，落地時數字朝上的機率大於 50%。

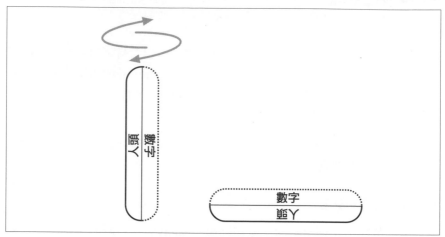

圖 4-4　旋轉一個新的一分錢硬幣

當然，有可能碰巧你只旋轉幾次就發現數字朝上的次數比人頭多，但那實際上並沒有證明什麼。我們知道單純的機遇在小型樣本中帶來的結果無法代表作為樣本來源的母體之本質。

我們的硬幣旋轉樣本應該代表有無限次硬幣旋轉的一個母體。如果我們旋轉一個硬幣 100 次，並發現 51 次數字，那是我們假說可以接受的證據嗎？大概不是。.50 以外的比例可能是出於湊巧。那 52 次數字呢？如果一百萬次旋轉有 52% 數字，又如何呢？

再次，我們的救贖會是統計學，它提供了判斷我們實驗結果的標準。我們從二項分布（binomial distribution）得知，一個理論上公正（沒有不平衡的怪異邊緣）的硬幣旋轉 100 次有 42% 的機率會產生 51 次或更多次數字。舊式統計程序要求一個結果必須有 5% 或更低的發生率，才能被視為**具有統計顯著性**（*statistically significant*），即不太可能是碰巧發生的。所以，我們大概不會接受 100 次旋轉的 51% 是我們假說可接受的證據。

另一方面，如果我們旋轉勤奮的硬幣 6,774 次，然後拿到 51% 的數字，這種情況碰巧發生的機率只有 5%。這個結果的顯著性水平是 .05。表 **4-19** 顯示預期的結果是 50% 數字時，單靠運氣拿到特定比例的可能性。與這個預期比例的偏差，若具有統計顯著性，就可被視為支持我們假說的證據。

表 4-19　硬幣旋轉與特定結果的機率

| 旋轉次數 | 數字的比例 | 給定的比例或更高比例的機率 |
|---|---|---|
| 100 | .51 | .42 |
| 100 | .55 | .16 |
| 100 | .58 | .05 |
| 500 | .51 | .33 |
| 500 | .55 | .01 |
| 500 | .58 | .0002 |
| 1,000 | .51 | .26 |
| 1,000 | .55 | .001 |
| 1,000 | .58 | .0000002 |

請注意，這個分析的威力實際上會隨著樣本大小變大而增加 [Hack #8]。如果你旋轉硬幣 500 次或 1,000 次，只要偏離預期的一點波動就能支持你的假說。但 100 次時，你就得看到 .58 或更高比例的數字才能相信新鑄造的一分錢硬幣在數字那邊真的有優勢。

觀察到的比例與預期比例的距離會以一個 $z$ 分數 [Hack #26] 來表達。這裡是產生 $z$ 分數和表 4-19 中資料的方程式：

$$z = \frac{\text{Observed Proportion} - \text{Expected Proportion}}{\sqrt{\dfrac{\text{Expected Proportion}(1 - \text{Expected Proportion})}{\text{Sample Size}}}}$$

Observed Proportion：觀察到的比例　Expected Proportion：預期的比例
Sample Size：樣本大小

所指定的機率是常態曲線底下的面積，而那會在 $z$ 分數之上。

## 它在何處行不通？

一旦你向自己證明了這種數字優勢是真的，就把這件事牢記在心，再去做出那些瘋狂的賭注。你必須旋轉（spin）硬幣！不要翻轉（flip）它。跟我說一次：旋轉，而非翻轉。

## 也請參閱

• 瓶蓋效應是在一個很有趣的網站上被提出的，其中還包含對於一分錢硬幣數字那面較高的邊緣不錯的討論。它是由 Gary Ramseyer 博士所維護的，位在：*http://www.ilstu.edu/~gcramsey/*。

HACK
#49

## 知道你的極限

人類並不總是會做出理性決策。即使是聰明的賭徒,有的時候也會拒絕預期報償很大而且勝算不錯的賭注。St. Petersburg Paradox(聖彼得堡悖論)就是健康狀態萬全的統計學家大概都不會玩的一種完全公正的賭博遊戲,原因單純是他們剛好是人類。

熟悉統計學的賭徒標準的決策程序涉及了找出一個假設賭注的平均報償,以及遊玩的成本,然後判斷它們是否打平,或更好的,能賺很多錢。雖然一個人能產生許多的統計分析來討論何時應該玩、何時不應該玩某個賭博遊戲,人類的心理學有時候會取得主控權,而人們就會拒絕接受某個賭注,單純因為事情感覺不對。

### 聖彼得堡的賭注

聖彼得堡(St.Petersburg)遊戲的歷史有 300 年了。Daniel Bernoulli 在 1738 年描述了這個遊戲的參數。這裡是其規則:

1. 你必須預先支付一個費用給我才能玩。

2. 翻轉一個硬幣。如果人頭朝上,你就贏,而我會付你 \$2。

3. 如果不是人頭,我們就再翻一次。如果這次出現人頭,我會付你 $2^2$(\$4)。

4. 假設人頭仍然沒出現,我們就再丟一次。這第三次翻轉出現人頭的話,我就會付你 $2^3$(\$8)。

到目前為止,這聽起來相當不錯,對你來說似乎比公平還要好。但它會變得更好。我們會持續翻轉硬幣,直到人頭出現。當它最終出現時,我會付你 $\$2^n$,其中 $n$ 是拿到人頭所需的翻轉次數。

很好的遊戲,至少從你的角度來看是如此。但這裡有一個殺手級的問題:你會付多少錢來玩這個遊戲呢?

> 聖彼得堡的賭注可能不真的是古時候俄國街道上流行的賭博遊戲,而是被用作涉及金錢時,人類心智如何處理機率的一個假想例子。它為許多早期的統計學家提供了藉口來分析「預期結果(expected outcomes)」在我們腦中的運作方式。順道一提,它的論文實際上是由聖彼得堡科學院所發行,因此名稱如此。

決定你要付多少來玩這個遊戲，是一個有趣的過程。身為一名聰明的統計學家，你當然會願意付出小於 \$2 的任何金額。即使沒有那些較大報償的可能性，押注你會在翻轉硬幣的遊戲拿到人頭，並得到比遊玩成本還要高的報酬，顯然是很好的賭注，所以你會想嘗試看看。

你可能也會很樂意付出 \$2。你有一半的機會贏回這個 \$2，而另外一半的時間你會拿到比那還要高很多的金額！這是你最終保證會贏的遊戲，所以不是贏不贏的問題。若你第一次沒拿到人頭，你還是保證至少能拿回 \$4，而且可能更多，也可能多很多。

所以，或許你會願意付出 \$4 來玩。當然，偶爾你的報償會是真的很大的一筆錢，\$8、\$16、\$32、\$64…，理論上，報償可以接近無限。但你會付多少來玩呢？那就是最重要且困難的問題。

## 統計分析

某些社會科學研究人員指出，大多數人會願意付出 4 美元左右來玩這個遊戲，或許稍微多一點。很少人會付更多了。那麼統計上呢？你最多應該付出多少呢？

好吧，這就是我會考慮交還我統計迷俱樂部會員卡的場合了，因為我害怕告訴你正確的答案。與賭博有關的機率原則建議人們應該不計代價去玩這個遊戲。沒錯，統計學家會告訴你，**無論要付出多少錢**，都要玩這個遊戲！只要成本比無限大還要小，這理論上就是很好的賭注。

讓我們來看看為什麼。這裡是硬幣頭六次翻轉的報償：

| 翻轉幾次 | 可能性 | 遊戲的比例 | 贏得 | 預期報償 |
|---|---|---|---|---|
| 1 | 2 分之 1 | .50 | \$2 | \$1 |
| 2 | 4 分之 1 | .25 | \$4 | \$1 |
| 3 | 8 分之 1 | .125 | \$8 | \$1 |
| 4 | 16 分之 1 | .0625 | \$16 | \$1 |
| 5 | 32 分之 1 | .03125 | \$32 | \$1 |
| 6 | 64 分之 1 | .015625 | \$64 | \$1 |

預期報償（*expected payoff*）是就所有可能的結果而言，你平均會贏的金額。對單次翻轉來說，結果有兩種：人頭，你贏 \$2，另一個可能性，也就是數字，你拿到 \$0。平均的報酬就是 \$1，即翻轉硬幣一次的預期報償（其實也是任何次數的硬幣翻轉的）。

如果你玩這個遊戲 64 次，你只有一次會來到第六次的硬幣翻轉，但你會贏得 $64。那 64 次中的 32 次你只會贏得 $2。平均的報償聽起來很低，只有一塊錢。不過，偶爾，有很長的時間都不會出現人頭，而當它終於出現時，你會為你自己贏得很多錢。當你開始這個遊戲時，你並不知道它會延續多久，而它確實可能非常長（很像 Peter Jackson 的電影那樣）。

注意到有關這一系列的翻轉的幾件事，以及機率會如何隨著獲勝金額上升而同等程度下降：

- 只顯示了六次的硬幣翻轉。不過理論上，翻轉的次數可以無限，也可能永遠都不會有人頭出現。

- 每次翻轉硬幣，獲勝金額持續加倍，而會達到那個翻轉次數的遊戲比例也持續減半。

- 「遊戲的比例」那欄加起來永遠不到 1.0 或 100%，因為永遠都有機會，無論多小，會需要再翻轉一次。

我們統計迷俱樂部成員決定是否要玩某個賭博遊戲的規則是去看該遊戲的期望值（*expected value*）是否高於玩那個遊戲的成本。期望值的計算方式是加總所有可能結果的預期報償。

你可以回想一下，每次可能嘗試的預期報償是 $1。可能結果的次數有無限多，因為硬幣可以持續翻轉直到永遠。要得到期望值，我們會把這個 $1 的無窮級數加總起來，並得到一個龐大的總和。這個遊戲的期望值是無限多的美元。既然你應該去玩成本小於期望值的任何遊戲，你就應該付出任何金額的錢來玩這個遊戲，只要小於無限大就行了。

## 這為何行不通？

當然，在現實生活中，人們不會付出超過 $2 來玩這個遊戲，即使他們知道所有相關的統計學也一樣。沒有人真正知道為什麼聰明人會拒絕付出比較多的錢來玩這種前景非常好的遊戲，但這裡有些理論。

**無限真的很大。**即使你在精神上能接受這個遊戲長期來說是公平的，以及如果你玩上很多、很多次，偶爾會有很大的報償出現，那個「長期」是指無限長，那真的是長的可怕的時間。很少有人有那個耐心或夠深的口袋能玩這種非常仰賴耐心和大量花費的遊戲。

**減低邊際效用**（marginal utility）。想出這個問題的人 Bernoulli 相信人們把金錢視為有價值的，但這種感知並非與金額大小成正比。換句話說，雖然有 $16 比擁有 $8 還要好，但兩者的相對價值不同於擁有 $128 與 $64 相較之下的相對價值。

所以，在某個時間點，無窮加倍的金額不再被視為具有同等意義的獎項。Bernoulli 也相信，如果你有很多錢，一個小型的賭注對你而言，就不如你只有非常少錢的時候那麼有意義（有點類似那些富有的卡通人物會用百元美鈔來點燃他們的香菸那樣）。

**風險 vs. 報酬**。人類通常是厭惡風險的。也就是說，他們偶爾會冒著某些風險以換取報酬，但他們希望那個風險與成功率相當。聖彼得堡遊戲讓人有機會贏得龐大的報酬沒錯，但那個機會在人類眼中看起來似乎還是比區區 $4 的風險還要小。

**無限並不存在**。某些哲學家會爭論說，人們不會把無限（infinity）這個概念視為真正存在的實體。想要以無限大這個面向去鼓勵人們玩這個遊戲，只會有反效果。

這可能就是我不買樂透彩券的原因。我不玩樂透是因為買了彩券後，我贏錢的機率只會稍微增加。在我的想法中，我贏的勝算是無限小，或者足夠接近它，以致於我不會把獲勝的機率視為真。

### 也請參閱

- 「賭得聰明」[Hack #35]。

- 關於聖彼得堡矛盾，有一個非常有趣且深思熟慮的討論可在 *Stanford Encyclopedia of Philosophy* 中找到。線上的條目在 *http://plato.stanford. edu/entries/paradox-stpetersburg*。

# CHAPTER FIVE

# 玩遊戲
## Hacks 50–60

遊戲不一定要涉及賭博才用得到統計學。你可以運用遊戲專屬的機率知識來贏得電視節目的遊戲 [Hack #50]、大富翁（**Monopoly**）[Hack #51]，或用在指導美式足球隊 [Hack #58] 的時候。

日常生活中最常看到統計學的地方大概是在體育的世界中，雖然那裡「統計（statistics）」這個詞的用法跟統計駭客使用的方式實際上並不相同。運動迷經常會把 *statistic* 視為 *data*（資料）。無論如何，有很多 hack 可以幫助你在比賽結束之前 [Hack #56] 或甚至在開始之前 [Hack #55] 預測結果。

既然歷史永遠都是我們最好的未來指引，你最好的預測會需要各種方式來追蹤、視覺化 [Hack #57] 和排名 [Hack #59] 隊伍與玩家的表現。

當然，如果你秉持著真正統計駭客的精神，那麼你就會認為某些統計遊戲，例如用椰子打造一部學習電腦 [Hack #52]、透過郵件玩一些紙牌技巧 [Hack #53]，讓你的 **iPod** 保持誠實 [Hack #54]，或是純粹以機率估算 pi 的值 [Hack #60]，本身都是很有趣的。

### HACK #50 選對門，避開 Zonk

在電視節目 Let's Make a Deal（我們做個交易吧）中，參賽者經常得在三個廉子之間選一個。對於這種情況，有個統計策略能幫助你贏得 Buick 汽車，而非一輩子供應的 Rice-A-Roni 食品。

想像一下，如果你願意，你和你的 Frank 叔叔一起穿越堪薩斯州湯加諾西市（Tonganoxie, Kansas）一個未知的地區。你們來到一個岔路，分支為三個可能的路徑：A、B 與 C。你不知道哪條會帶領你們到目的地，也就是傳說中世界上最大的麻線球所在地（堪薩斯州考克城，Cawker City, Kansas）。一名老的探礦者正和他的驢子在交叉路口休息。

你說：「老先生，請問哪條路可以帶我們去看世界上最大的麻線球？」

他說：「嗯，我知道，但我不會告訴你。不過我會告訴你這其中有一條路會通往你們想要去的地方。有兩條是錯的路，會帶你們走向災難（或至少是沒人維護的廁所）。滑頭的城市人啊，做出你們的選擇吧！你們往前開時，請回頭看我，我不會提示你們對或錯，但我會指向另外兩條路其中的一條。我所指的那條會是錯的路。當然，你們仍然無法確定你們所猜的路是對還是錯，但我保證我會指向你們不在的那兩條路之中的一條，而它會是錯的路。」

你們接受了這個怪人的提議（你們還有其他選擇嗎？），而你詢問你們之中經驗豐富的賭徒，也就是 Frank 叔叔，請他選一條路。他隨機挑了一條，而你樂觀地開向三條路徑之一，讓我們假設是 A。你回頭看時，那個友善的探礦者指向其他道路中的一條，讓我們假設是 B。你立即踩下煞車，往回倒車。不顧叔叔 Frank 的反對，你開往了剩餘那條路 C，把踏板踩到底，相當自信你們現在是在正確的路上了。

很瘋狂，對吧？是電影 White Line Fever（硬小子）看太多嗎？不，你剛才只是把統計解法套用到被稱為 *Monty Hall* 的問題（*the Monty Hall problem*）上，並選了三條路中機率上最有可能是對的那條路。很難相信嗎？讀下去吧，我的朋友，並且準備好贏得超越你最瘋狂夢想的財富吧！

在這種情況下，最佳的策略如此的反直覺而且怪異，使得世界上最聰明的人們都曾大力反對這實際上是最佳的策略。但相信我，它就是。

## Monty Hall Problem 與遊戲節目的策略

在我們三條路與探礦工的例子中，實際上有三分之二（大約是 67%）的機會 C 是正確的路。要把這種奇怪的策略套用到更實際的情況中，請想想遊戲節目的參賽者或玩的遊戲獎項藏在盒子中或門後的賭徒。如同在遊戲節目理論家和古怪的統計學家之間常討論的那樣，這個問題在當年遊戲節目 *Let's Make a Deal*（其興盛期在 1960 和 1970 年代）中相當具體的被呈現出來，但在今日的電視節目遊戲中仍然是很常見的一種情境。*Let's Make a Deal* 的主持人是 Monty Hall，所以這個問題就以他為名。

作為遊戲節目的場景，這個問題是這樣的。Monty 讓你看到三個門簾。他知道每個門簾後各是什麼。他解釋在其中一個門簾後，有一部全新的車。另外兩個門簾後則藏著沒什麼價值的獎項，Monty 以前把它們稱為 *zonk*（Zonk 經常是驢子或巨型搖椅之類，那種沒有什麼真正用途的東西）。他會讓你挑選一扇門，而你會贏得門後的東西。讓我們假設你挑選了門 A。然後他會掀起沒有被挑選的門簾之一，例如 B，向你展示它後面是一個 zonk。然後他會要你決定是要維持原有的選擇，或是改選另一扇門 C。你應該換嗎？

就跟三條路的問題一樣，答案是肯定的，你應該換。初次聽到這個答案時，看起來好像永遠都不會是正確選擇。但如果你想要增加你贏得汽車的機率，你就應該更換。

## 為什麼你永遠都應該換呢？

想想看你猜中正確門簾的機率。讓我們假設那是隨機選的，而非像「我注意到有一個門簾動了，所以我想後面有驢子」之類的東西。

三個門簾中，只有一個門簾是贏家，這意味著有 3 分之 1 的機會你的猜測正確，並會贏得汽車。那大約是 33%。初次猜測時，在沒有額外資訊的情況下，你有可能是錯的。事實上，你有 3 分之 2 的機率是錯的。換句話說，大約有 67% 的機率車子是在你沒有選的那兩扇門之後。

一旦你知道另外的那兩扇門之一沒有車，那並不會改變車子有 67% 可能在那兩扇未被選取的門後的原有機率。請記住，Monty 永遠都會有他能打開的一扇錯誤的門，不管你選的是哪一扇。車子是在 B 或 C 後面的 67% 機率仍然為真，即使是在 B 被揭露沒有隱藏車子之後，也是如此。現在 67% 的可能性轉移到了門簾 C。那就是你永遠都應該更換到另一扇門的原因。

 如果你拿到的選擇是以你挑的那扇門交換另外的兩扇門，你一定秒換，對吧？基本上那就是 Monty Hall 問題中所提供的選擇。

可能需要一些圖示才能說服你內心的懷疑主義者。看一下**表 5-1**，它詳細列出了在遊戲最初三個選項的機率。你有三分之一的機率猜中獲勝的門簾，而有三分之二的機率挑中不會贏的門簾。

表 5-1　遊戲開始時車子位置的機率

| 門簾 A | 門簾 B | 門簾 C |
|--------|--------|--------|
| 33.33% | 33.33% | 33.33% |

表 5-2 顯示以不同方式分組的相同機率，但沒有改到問題任何的參數。

表 5-2　重新描述遊戲開始時車子位置的機率

| 門簾 A | 門簾 B 或門簾 C |
|--------|----------------|
| 33.33% | 66.66% |

表 5-3 顯示 Monty 揭露未被選的門之一（門簾 B）不是贏家之後的機率。67% 的可能性現在轉移到門簾 C 了。

表 5-3　門簾 B 被開啟後，車子位置的機率

| 門簾 A | 門簾 B | 門簾 C |
|--------|--------|--------|
| 33.33% | 0.00% | 66.66% |

在像這樣的任何情況中，你都應該更換。當然，你還是可能錯，但如果你接受任何要換的提議，你就有比較大的機會贏得汽車或其他的獎項。只要滿足幾個條件，這永遠都是最佳的策略：

- 主持人知道每個門簾後面是什麼。

- 主持人揭露其中一個未被選取的門簾，而且大獎並不在其後。

- 你原本的選擇是隨機的。

如果這個解法的正確性對你而言不是馬上看得出來，也別太在意。非常聰明的人初次見到這種情況時，經常會把新的機率判斷為那兩個未開啟的門簾各有一半的機會，因此你換不換都無所謂。不過要記得的關鍵是，你原本挑選到正確的門的機率，即 33.3%，不管在你做了選擇之後發生了什麼事，都不會改變。即使是專家，對於什麼是看待這個問題的最佳方式，有時都無法達成共識。即使是像你在湯加諾西市遇到的那位開啟了我們討論的老探礦者一樣睿智的人，也不總是知道 Monty Hall 問題的正確答案。不然你以為他是怎麼贏到那隻驢子的？

## 爭議

Monty Hall 問題以及隨之產生的一般性遊戲節目策略，最初是由 Marilyn Vos Savant 在 1991 年介紹給大眾的，她是 *Parade Magazine* 這個刊物的專欄作家。因為她以「高 IQ 的天才」這個身分廣為人知，Vos Savant 會回答來自讀者的問題，有時有腦力激盪的本質在其中。某個人把我在此描述的問題寄給她，而她發表了我在此給出的解答。

顯然，她收到了很多的信件，其中有些來自憤怒的統計學家、哲學家，宣稱她搞錯了。在學術期刊中，甚至有發表的爭論探究她的答案是否正確。關於這個爭議，我所讀到的是，最終大部分的論證都集中在這個問題的一個關鍵要素上：Monty 知道每個門後面有什麼，所以當他打開那第一個門簾，他知道那會是一個 zonk。否則，他的揭露就不算是新的資訊，而 Vos Savant 所給的答案的確會變得很有討論空間。對於她答案的大多數批評都忽略了原本發表的問題的那個部分。

## 穿越 Go、收取 $200、贏得大富翁遊戲

大富翁（Monopoly）是機遇的遊戲（也是「機會」卡片的遊戲）。因此，贏得勝利的最佳策略要以機率為基礎。

要贏得 Parker Brothers 熱門的桌遊 *Monopoly*（**大富翁**，或稱「地產大亨」）需要談判技能、聰明的資金管理，以及有洞察力的投資規劃。它也需要一點運氣。

因為兩個六面骰子（以及隨機洗過的一堆牌）是你會落在哪個方格主要的決定性因素，運氣在結果中所扮演的角色並不小。好勝心強的統計學家，例如你和我（或者，至少是我），之所以會被機率扮演關鍵角色的任何遊戲所吸引，是因為藉由應用一些機率基本知識，我們獲勝的機會應該會比你那平均又平凡的鐵路大亨還要高一點。

### 大富翁的統計基礎

讓我們先檢視擲兩個骰子的簡單效應。**圖 5-1** 顯示每個人頭幾回最常走到的方格。

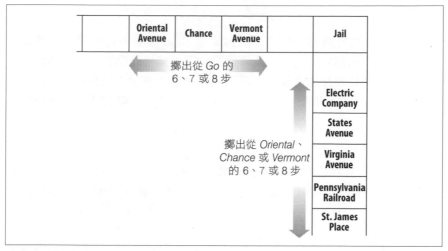

圖 5-1　最有可能的開場擲骰結果

想像在遊戲最初，每個人都在 Go（起點）上面的時候。使用兩個六面骰子，有 **44.5%** 的機率會擲出 6、7 或 8，其中 7 是最有可能的結果（**16.7%**）。那麼對於你頭兩回的擲骰，某些方格就更有可能被遇到（例如亮藍色和 Virginia Avenue），而有些較不可能（Baltic Avenue 或 Income Tax）。單就開場的擲骰而言，並非所有的方格都有相等的機率被走到。

可憐的 Mediterranean Avenue 甚至無法從 Go 到達。因為不可能以兩個骰子擲出 1 步。你是否曾經注意過，它幾乎總是最後仍然可供購買的物業之一？

Go 方格是開始計算落腳處的各種可能性的一個很好的起點。不僅是因為開場時每個人都從那裡開始，還因為有一張機會卡（Chance card）會把玩家送到那裡。另一方面，如果玩家碰到「Go to Jail」（送至監獄）的方格，她就會直接跑到監獄，繞過 Go。所以，落在 Go 的機率不僅受到骰子可能組合的影響，也會受到各種機會卡的影響（它們會把玩家送往各個地方），還有遊戲規則本身的影響，其中包括會使得各種事情發生、前往監獄或出獄的方格。

## 關鍵物業

我使用 Go 作為方格的一個例子,但當然,Go 甚至不是一個可以購買的方格。我們真正想知道的是,要買什麼物業、交易什麼物業,以及何處要先建設。我們想要交通流量高的區域,而房地產成功的秘密正是「位置、位置、位置」(以及很明顯的,出於某個我永遠搞不懂的理由:很好的木製平台)。

表 5-4 顯示前 20 個最有可能落腳的方格,這考量了所有規則。這個表也顯示玩家可能落在這些方格任何一個上的機率。要記得的是,一個「平均」的方格有 2.5% 的機率是你最後的落腳處(40 個方格除以 100 就是 2.5)。

表 5-4 Atlantic City 最佳的物業

| 方格 | 排名 | 落在此的機率 |
| --- | --- | --- |
| Jail | 1 | 11.60% |
| Illinois Avenue | 2 | 2.99% |
| Go | 3 | 2.91% |
| B & O Railroad | 4 | 2.89% |
| Free Parking | 5 | 2.83% |
| Tennessee Avenue | 6 | 2.82% |
| New York Avenue | 7 | 2.81% |
| Reading Railroad | 8 | 2.80% |
| St. James Place | 9 | 2.68% |
| Water Works | 10 | 2.65% |
| Pennsylvania Avenue | 11 | 2.64% |
| Kentucky Avenue | 12 | 2.61% |
| Electric Company | 13 | 2.61% |
| Indiana Avenue | 14 | 2.56% |
| St. Charles Place | 15 | 2.56% |
| Atlantic Avenue | 16 | 2.54% |
| Pacific Avenue | 17 | 2.52% |
| Ventnor Avenue | 18 | 2.52% |
| Boardwalk | 19 | 2.48% |
| North Carolina Avenue | 20 | 2.47% |

表 5-4 是從 Truman Collins 在他的網站 *http://www.tkcs-collins.com/truman/ monopoly/monopoly.shtml* 上所提供的資訊所推衍出來的。聰明的 Collins 先生發展了統計樹（probability trees）和電腦模擬來驗證這些值，並提供給兩種情況使用：玩家希望盡可能待在監獄（jail）越久越好的時候（以收租而不必付租金），以及他們希望盡可能快點出獄（以收購仍然可買的物業）的時候。我報導的值適用於前一個策略。

你可以從這個資料推論出一些重要的戰術結論：

**利用長期坐牢的人**

> 有相當驚人的 12% 時間，你的對手會落入 Jail（監獄）方格。顯然，擁有並開發最近假釋的人最有可能落腳的地方，是一個明智的目標。這指的就是橘色物業（St.James 與他的兄弟）以及雖然沒那麼好但也不錯的紅色物業（例如 Illinois Avenue）和紫色物業（St. Charles 與朋友）。

**擁有橘色物業**

> 所有的三個橘色物業都在前 10 中。大約每擲 12 次會有 1 次碰到 Tennessee 或 New York Avenue 或 St. James Place。獨佔這些物業並快速發展它們，看起來就是純粹的統計學家會選的策略。

**避開偏遠之處**

> 在盤面偏遠之處的物業，即綠色的、Boardwalk 和 Park Place，比較不可能有玩家落腳，即使玩了很久也是。只有 Boardwalk 和 Pacific Avenue 的排名稍微高一點，而 Boardwalk 之所以會在那裡，毫無疑問是因為有一張機會卡會把玩家送到那。這些物業也是發展起來最貴的，所以把壟斷這些物業作為遊戲計畫顯著的一部分，是有點冒險的事情。

## 大富翁監獄系統的重要性

若沒有統計分析，你可能不會知道 Jail（監獄）和「Go to Jail」（送往監獄）方格整體而言在房地產真正價值中所扮演的關鍵角色。有人可能會很希望它們是可收購的。玩家入獄或出獄的頻率會比他們落在盤面上任何物業的頻率還要高。不斷被釋放的犯人會湧入盤面的一側，增加在 Illinois 之前所有物業上收租的機會。

監獄也能提供令人歡迎的喘息之刻，讓你不用在街道上遊蕩，付出租金給其他玩家，雖然在遊戲初期，入獄會使你無法購買你夢想中的物業。關於 Jail 重要性的最後一項觀察：輪到你時只有一個方格你永遠不會落在其上。你知道是哪個嗎？*Go to Jail*。

## 也請參閱

- Bill Butler 維護的另一個網站也提供了大富翁相關的機率，位在：*http://www.durangobill.com/Monopoly.html*。除了其他東西外，這個網站還含有一些討論，探討你想要納入大富翁遊戲的每個真實細節時，難以置信的計算困難度，例如追蹤特定的機會卡或 Community Chest 卡是否已經被抽取。

- 計算落在某個方格上機率的基本公式可在此找到：*http://hometown.aol.co.uk/monopolycheat/prob/method.html*（例子中還有很酷的英國倫敦街道名稱）。

### HACK #52　使用隨機選取作為人工智慧

統計學家早在微處理器問世之前就已經能建構有智慧的學習型電腦了。你可以使用椰子殼和機率法則來建置會學習玩井字遊戲（Tic-Tac-Toe）永遠不輸的機器。

有一個跟 1960 年代的電視節目 *Gilligan's Island* 有關的常見笑話：其中的 Professor 一直在用椰子和藤蔓建造電腦、洗衣機或火箭飛船。我不知道洗衣機和火箭是怎樣，它們聽起來不太可能那樣做出來，但漂流孤島的人確實有可能用椰子殼打造出電腦來。你也可以，如果你受困荒島，而想要有物相伴，就建造一個。

你不需要像是 Tom Hanks（湯姆·漢克）在電影 *Castaway*（浩劫重生）中用排球做出夥伴來，那樣它也不會有什麼人格特性，但你的電腦卻可以跟你玩遊戲，而它甚至能學習且變得更聰明。學習演算法（learning algorithm）背後的驅動力量就是機率和隨機選擇（random selection）的威能。

## 試誤學習（Trial-and-Error Learning）

根據行為心理學家，所有的動物（包括人類、水獺、單細胞生物）基本上都是以相同的方式學習。經驗帶來選擇會在其中導致結果的情境。隨著動物接收到有關結果的回饋資訊，牠就會適應（adapts）。如果結果是正面

的，在未來生物就更有可能做出相同的選擇。如果結果是不好的，生物就比較不可能再次做出那個選擇。

請注意，這並沒有保證「好的」行為永遠都會被重複，或是壞的行為會滅絕，這單純是機率的問題。正確的抉擇比較可能被做出，而錯誤的抉擇比較不可能。要製造出機器來模仿動物的這種學習方式，我們必須從機率的角度來進行。

遊戲反映了很大程度的試誤學習過程（trial-and-error learning process），因為結果很容易被解讀為正面（贏）或負面（輸）。在遊戲中，回饋（feedback）經常是立即的，而研究顯示選擇與回饋在時間上接近的程度是學習是否發生的一個關鍵要素。而要記得的是，學習在此被定義為增加正確選擇的可能性，或減低錯誤選擇的可能性。

## 建造一部井字遊戲機器

被困在這個沒有朋友的島上，你可能會想要跟聰明的對手玩遊戲來排解無聊。這裡有建造一部奇特機器的指示，它不會用到任何電力或矽原料，但會玩遊戲，而且還玩得很不錯。

這部機器會學習：你與它玩得越久，它就會變得越厲害。這部機器玩的遊戲是井字遊戲（Tic-Tac-Toe），但理論上你可以透過相同的原理為任何的雙人策略遊戲打造一個裝置。井字遊戲夠簡單，足以很好地展示設計、建構和運作的方法。

如果 *Gilligan's Island* 中的 Professor 真的有用椰子殼打造出電腦，他很有可能是受到生物學家 Donald Michie 的開創性作品和他的火柴盒之影響。Michie 在 1963 年 *Computer Journal* 最初的第一刊中發表了一篇文章，這是在 Gilligan 和他的夥伴被困在他們島上的數年之前。Michie 描述了他是如何設計與實際建造一部非電力驅動的電腦，只使用下列的材料：

*287 個火柴盒*

> 每個火柴盒都有一個能被打開的小小抽屜。Michie 以井字遊戲過程中可能的 287 種不同配置來標示每個火柴盒。實際上可能的位置要多很多，但因為標準井字遊戲三列三行的布局是對稱的，四個不同的獨特位置可用單一個位置來總結。在遊戲的任何時間點，「board（盤面）」上目前的布局會指引人類操作者去拿取對應的火柴盒。

### 九種不同顏色的大量彈珠

這九個顏色代表井字遊戲盤面上的九個不同的空格。一開始每個火柴
盒都有等量的彈珠來代表每個可能的下一步。只有代表合法動作的彈
珠會被放到每個盒子中。當然，不同的位置和火柴盒僅對應合法下一
步的一小個子集，所以每個盒子都有稍微不同的彈珠組合。

Professor 可以使用椰子殼來取代火柴盒，並使用卵石或種子（又或者是
Howell 先生的硬幣收藏，他到哪都不會忘了帶）來取代彈珠。從你周圍
的熱帶環境收集這些東西，以有效率的分組來組織放滿卵石的椰子殼，你
就會有荒島上的遊戲電腦了。沒錯，你得找到 287 個椰子殼，但你還有其
他更好的事情要做嗎？

## 操作電腦

要與你以卵石驅動的 PC 玩井字遊戲，就依照這些指示進行：

1. 電腦先下。找到以目前位置標示的椰子殼（就第一步來說，它會是空
   的布局）。閉上你的眼睛，隨機抽出一顆卵石。

2. 依據卵石顏色所指的空格，在你的盤面上標出一個 X（我假設你是在
   沙子上劃出它）。把那顆卵石放到旁邊安全的地方。

3. 換你下，在你挑選的空格上標出一個 O。

4. 現在盤面上有一個新的位置了。前往對應的椰子殼，隨機從中抽出一
   顆卵石。回到第 2 步。

5. 重複第 2 到第 4 步，直到出現贏家或平手。

接下來發生的是最重要的部分，因為它會使得電腦學習玩得更好。行為心
理學家把最後的這個階段稱作 *reinforcement*（強化）。

如果電腦輸了，「懲罰」它的方式就是把你從椰子殼內隨機抽出的卵石丟
向大海。

如果機器贏了遊戲或打成平手，就把卵石放回抽出它們的椰子殼中，並新
增一顆同色的額外卵石來「獎勵」它。

## 這為何行得通？

這個獎勵或懲罰電腦的程序基本上就是在複製動物學習的過程。正面的結果導致被獎勵的行為之可能性增加，而負面的結果使得被懲罰的行為之可能性降低。藉由加入或移除卵石，你等同於是在增加或減少這個機器在遊戲中做出特定動作的真正機率。

思考在這個階段的一場遊戲，其中玩 X 的電腦必須採取動作：

|   |   |   |
|---|---|---|
| X | 0 | X |
|   | 0 |   |
|   |   |   |

你或許認得出最佳的一步，其實也是唯一需要考慮的一步，就是電腦把它的 X 放在底部中間的空格，來阻止即將獲勝的你。不過這部電腦認得數個可能性。它會考慮任何合法的動作。它會考慮的兩個動作（代表能從椰子殼隨機抽出的卵石顏色）是好的一步跟差的一步：

|   |   |   |
|---|---|---|
| X | 0 | X |
|   | 0 |   |
|   | X |   |

|   |   |   |
|---|---|---|
| X | 0 | X |
|   | 0 |   |
| X |   |   |

最初電腦開始玩這個遊戲的時候，這兩步（或行為）都是同等可能的。在這種情況下，其他動作也是可能的，發生率也相等。左邊的那步大概不會導致損失，至少不會馬上那樣，所以隨著代表那一步的卵石被加到椰子殼中，那個動作與其他動作比起來的相對機率就上升了。右邊的那一步大概會導致失敗（除非是跟 Gilligan 下，或許啦），所以那個動作下次被選取的機率在數學上就減低了，因為那個顏色可被隨機選取的卵石數目變少了。

任何給定的動作被選取的機率可用這個簡單的算式表達：

$$\frac{\text{代表該動作的卵石數}}{\text{對應目前盤面布局的椰子殼中卵石的總數}}$$

一開始機器擁有的卵石數目都相同,換句話說,各種動作被選取的可能性也相等。當然,在我們經驗豐富的遊戲玩家眼中,某些動作看起來很蠢,在真實的遊戲中,除了最沒經驗的玩家以外,沒有人會下。不過行為心理學家的論點就是,所有的生物在建構出大量的經驗,以形塑牠們行為傾向的基本機率前,都是初學者。

## 駭入這個 Hack

有幾種方式可以修改你的機器,讓它變得更聰明。舉例來說,你給導向勝利的動作的獎賞,可以比導向平手的動作還要多。這應該能夠更快產生優良的玩家。Michie 的建議是,贏的時候給三顆彈珠,平手時一顆。

如果你想要模擬動物的學習方式,你可以調整系統,讓接近遊戲尾聲的動作比在開頭所做的那些有更高的重要性。這是為了反映出一個觀察:時間上越接近行為發生時刻的強化越有效。在井字遊戲的例子中,導致即刻損失的錯誤應該受到更嚴厲的懲罰。用於遊戲後續步驟的彈珠總數越少,學習就會越快發生。

一個明顯的升級辦法是不允許差的動作來使你的電腦變得更聰明。不要把代表會導致即刻失敗的卵石放到你的容器中。這會解決你的電腦最初的智力很低的問題,但這並沒有真的反映出動物學習的方式。因此,雖然這促成了更強的競爭對手,Professor 會對你缺乏科學嚴謹性感到失望。

## 透過郵件來玩紙牌戲法

洗過的一副牌應該要是隨機的。科學的分析顯示,它實際上並不隨機,而你可以利用紙牌分布的已知機率展示驚人的紙牌戲法給素未謀面的人看。

想像你收到一封很厚的神祕郵件。你沒有把它拿給附近的保安官處理,而是自行打開它,發現其中有一副普通的紙牌,和下列的一組指示:

1. 為這副牌切牌。

2. 洗一次這副牌,使用 *riffle* 的洗牌方式(會在這個 hack 的後面定義)。

3. 再次切牌。

4. 再以 riffle 的方式洗牌一次。

5. 再次切牌。

6. 移除這副牌頂端的那張牌,把它寫下來,然後放回該副牌中的任何位置。

7. 再次切牌。

8. 再次洗牌。

9. 再切一次。

10. 把這副牌寄回發送的地址（堪薩斯州湯加諾西市的一個郵政信箱，或是名稱引人遐想的其他地方）。

你遵照所有的這些指示進行（同時戴著防護性的橡膠手套），並寄回了那副牌。大約一週後，一個較小的信封抵達了。其中是你所選的那張牌！（另外可能還會跟你要 $300 並問你要不要預測你的未來，但你無視了那個提議。）

很神奇，對吧？你應該會覺得不可能吧？感謝洗過的牌很可能會有的已知分布，這不僅僅只是可能，即使是像你這樣嶄露頭角的統計學家也辦得到。不需要去註冊 Hogwarts 魔法學園。

## 它的運作方式

關於各種類型的洗牌方式對於一副紙牌會有什麼效果，在數學上我們知道的還不少。雖然徹底的洗牌（例如 *dovetail* 或 *riffle* shuffle，交錯式洗牌，它指交錯重疊一副牌的兩半）目的就是要真的打亂一副牌，讓它從原本任何的順序變為與原有順序相當不同的某種新順序，但即使經過數次的切牌和洗牌，原本的紙牌序列中仍然會有些部分留下來。

統計學家分析過那些模式，並在科學期刊中發表了結果。就是這些類似的分析產生了開創性的建議，指出我們應該洗一副牌剛好七次，以得到最佳的混合體，再為撲克、黑桃、橋牌等紙牌遊戲發下一局的一手牌。

想像有某種順序的一副牌。洗牌一次之後，如果洗牌方式是完美的，目前應該混合過的紙牌分布中，應該仍然看得出原有的順序。事實上，現在只是原有順序中的兩個序列互相重疊了而已，如果能拿出相隔的紙牌，你就可能重建出原本的整體順序。

**表 5-5** 顯示了完美洗牌前後的一副牌。為了方便，這裡僅顯示 12 張牌，但這些原理同樣適用於完整的一副 52 張牌。

表 5-5　完美洗牌對於紙牌分布的效果

| 洗牌前 | 完美的交錯式洗牌後 |
|---|---|
| 1. 梅花 A | 1. 梅花 A |
| 2. 梅花 2 | 7. 梅花 7 |
| 3. 梅花 3 | 2. 梅花 2 |
| 4. 梅花 4 | 8. 梅花 8 |
| 5. 梅花 5 | 3. 梅花 3 |
| 6. 梅花 6 | 9. 梅花 9 |
| 7. 梅花 7 | 4. 梅花 4 |
| 8. 梅花 8 | 10. 梅花 10 |
| 9. 梅花 9 | 5. 梅花 5 |
| 10. 梅花 10 | 11. 梅花 J |
| 11. 梅花 J | 6. 梅花 6 |
| 12. 梅花 Q | 12. 梅花 Q |

如果你知道這 12 張牌的起始順序，你就能相當容易地將它們挑出，只要在新的分組中隔一張挑出卡片就行了。這些子模式被稱為 *rising sequences*（上升序列）：牌的值會隨著你沿著序列移動而上升。如果紙牌是以很長的上升序列（或四個一組的，因為有四個花色）開頭的，交錯式的洗牌會維持那些上升序列的順序，它們只是會被交錯重疊在一起。上升序列的分組仍然會保持，即使是在多次洗牌後。

如果在洗和切一副牌的過程中，有一張牌被抽出，然後刻意被放入一副牌中的任意位置，那麼與上升序列的整體模式相較之下，它看起來就會好像「放錯位置」了。當然，這正是這個紙牌戲法的指示所要求的，而它也解釋了你那神秘的魔術師（或是你自己，在你發起這個遊戲時）為何能看出什麼牌被移動過。

對於表 5-5 中所顯示的序列，想像梅花 A（原序列中的第一張）從該副牌的頂端被移除，然後隨機被放到紙牌中間的某處。讓我們假設它最後是在梅花 4 和梅花 10 之間（即新分布中第 4 張牌和第 10 張牌之間）。它現在永遠喪失了順序，而更多次的洗牌也不太可能把它移回原本的位置。

如果我們把一副牌想成是一個無盡的循環，那麼在洗牌之間切牌，並不會影響到整體的順序。然而，非標準的洗牌，例如把一副牌切成三等份，然後在洗牌前調換那三堆牌的順序，我們就會打破這個序列，所以這個魔術戲法的指示必須清楚指明這些牌應該切一次，分成兩堆。

當然，紙牌在真實的人手上時，若要進行實事求是的分析工作，就必須考量到人會犯人類的錯誤。正如哲學家所說的「人難免洗牌洗得差」。在完美的 riffle shuffle 中應該相隔剛好一張牌的某些牌，可能出乎意料地，相隔了兩張牌，或甚至與彼此相鄰，完全沒隔開。表 5-6 顯示了較具人性、比較不完美的洗牌的一種可能結果。

表 5-6　馬虎洗牌對紙牌分布的可能影響

| 洗牌前 | 真實的人類交錯式洗牌 |
| --- | --- |
| 1. 梅花 A | 1. 梅花 A |
| 2. 梅花 2 | 7. 梅花 7 |
| 3. 梅花 3 | 8. 梅花 8 |
| 4. 梅花 4 | 2. 梅花 2 |
| 5. 梅花 5 | 3. 梅花 3 |
| 6. 梅花 6 | 9. 梅花 9 |
| 7. 梅花 7 | 10. 梅花 10 |
| 8. 梅花 8 | 5. 梅花 5 |
| 9. 梅花 9 | 4. 梅花 4 |
| 10. 梅花 10 | 11. 梅花 J |
| 11, 梅花 J | 6. 梅花 6 |
| 12. 梅花 Q | 12. 梅花 Q |

一個人實際洗牌所產生的這種隨機性同時創造了一個困境和一個機會。困境是現在要正確識別出哪張牌的位置不對，是很難肯定的事情了，因為現在序列無法被完美地重現，而魔術師必須得仰賴一點機率了，這為此戲法帶來了一些風險。

機會在於，現在這個戲法的觀眾了解到你不可能仰賴完美洗牌的執行了。當你還是挑出了那張牌，那麼在這個隨機的不確定性中，驚訝的困惑只會更大。

## 成功的機率

因為打亂一副牌的過程之確切本質是無法得知的，魔術師能識別出一張牌順序不對，單純是因為洗牌並不完美。此外，如果指示不允許在頂端的紙牌被拿起並放回中間之後，再進行任何的切牌或洗牌動作，那麼這個戲法的成功率就會高很多（成功代表只有一張牌亂了順序）。

哥倫比亞（Columbia）大學和哈佛（Harvard）大學的統計學家 Dave Bayer 和 Persi Diaconis 進行了一項數學實驗，探索一副牌以這個魔術戲法所描述的方式洗牌與混合之後可能的結果（想必這些學校的教職員有很多空閒時間？）。他們發展出了一個數學公式來識別出序的那一張牌，並執行了一百萬次的電腦模擬來測試他們的電腦魔法師猜測被選中的那張牌的準確度。他們的分析假設進行的是完美的燕尾洗牌（dovetail shuffles）。他們發現只洗幾次牌時，這個戲法的效果很好，但隨著洗牌次數越來越多，成功機率會下降得很快。

表 5-7 顯示一副 52 張的牌洗了不同次數的成功機率。它也顯示如果能猜一次以上，正確的牌會被選中的機率。

表 5-7　實現看似不可能的機率

| 猜測次數 | 洗牌兩次 | 洗牌三次 | 洗牌四次 | 洗牌五次 | 洗牌六次 |
|---|---|---|---|---|---|
| 1 | 99.7% | 83.9% | 28.8% | 8.8% | 4.2% |
| 2 | 100% | 94.3% | 47.1% | 16.8% | 8.3% |
| 3 | 100% | 96.5% | 59.0% | 23.8% | 12.3% |

當然，考慮到真實世界洗牌的隨機誤差時，勝算會稍微下降，但相對成功率仍然會是像表 5-7 所顯示的那樣。如果你如上面描述的那樣表演這個戲法，即三次洗牌後猜一次，那麼這個猜測大約有 80% 的時間會正確（隨意降低了 83.9% 的估計值一點，以平衡不完美的洗牌）。

要降低風險，你可以跟至少三個人玩這個戲法。假設每個人有 80% 的成功率，那麼三個人中你會至少嚇到一個的機率就上升到 98.4%，這幾乎等於確定了。如果你三個人都猜錯，那只要永遠都不再跟那三個人說話或寫信給他們就好了，關閉你的郵政信箱，專注在生命中更重要的事情就好了。畢竟，只要好好努力，未來的某一天你就有可能進到哥倫比亞或哈佛大學，並做些真正重要的事情。

## 也請參閱

- Bayer 和 Diaconis 的研究出現在 1992 年的 *The Annals of Applied Probability*, 2, 2, 294–313。在那篇文章中，他們引用了兩名魔術師，指出他們是這個紙牌戲法的早期開發者，以上升序列（*rising sequences*）的原則發展出來的（參閱下面兩個文獻）。

- Williams, C.O. (1912). "A card reading." *The Magician Monthly*, 8, 67.

- Jordan, C.T. (1916). "Long distance mind reading." *The Sphinx*, 15, 57. 這是這個 hack 描述的效應所依據的文獻。

## HACK #54 檢查你的 iPod 是否誠實

找出你 iPod 的「隨機（random）」播放，實際上有多隨機。

Apple 在 iPod 上播放歌曲的軟體 iTunes 中有個人化歌曲評比的功能，能讓你快速找到你的最愛，並協助 Party Shuffle 功能播放更多你最喜歡的音樂。iTunes 在播放清單中挑選下一首歌的演算法是設計來從你的最愛中隨機挑選（select randomly）的。不過它真的隨機嗎？

iTunes 隨機播放你整個音樂資料庫時，你不斷聽到某位歌手的歌一再被播放，你可能會認為你的播放器有自己的偏好。但 Apple 宣稱 iTunes 的隨機播放演算法（shuffle algorithm）是完全隨機的。這個隨機演算法挑選歌曲的方式是**不會放回去（*without replacement*）**的。換句話說，就像發一副洗牌過的牌一樣，全部播完（或你停止播放或選了不同的播放清單）之前，每首歌你只會聽到一次。

iTunes 的 Party Shuffle 功能就不同了。它的演算法選擇歌曲的方式是**會放回（*with replacement*）**的，代表整個資料庫會在每首歌播完之後重新打亂（就像抽了一張牌後重新洗一副牌那樣）。「Play higher rated songs more often（更頻繁播放評分較高的歌曲）」這個選項所做的正如它的名稱所示，但評比分數高的歌曲有多高的優先序呢？

這個 hack 原本出現在 OmniNerd 網站（*http://www.omninerd.com/*）的一篇文章中。

## 評估 iTunes 的選擇程序

我想要測試兩個不同的歌曲選擇選項：*Party Shuffle* 和「Play higher rated songs more often」。我建立了有六首歌的一個簡短的播放清單：每種評分各一首，並有一首是未評分的。這些歌曲來自同樣類型和演出者，並且被修改為只有一秒的長度。

我在 iTunes 5 進行我的測試。iTunes 6 新增了一個 *Smart Shuffle* 的功能，它可能會減低同一名演出者的歌曲或專輯連續被聽到的機率，但我尚未測試它。

把播放次數重置為零之後，我按了 Play，然後讓它跑了一個週末。我讓同樣的那些歌播放了兩次：一次選擇 *random*（Party Shuffle），而另一次 *random* 和「Play higher rated songs more often」兩個選項都選。**表 5-8** 顯示星期一早上的播放次數。

表 5-8　歌曲選擇的分布

| 歌曲評分 | 隨機選擇 | | 根據評分 | |
|---|---|---|---|---|
| | 播放次數 | 總百分比 | 播放次數 | 總百分比 |
| 無 | 9,105 | 16.70% | 2,052 | 3.9% |
| 1 | 9,055 | 16.60% | 6,238 | 11.8% |
| 2 | 9,090 | 16.67% | 8,125 | 15.4% |
| 3 | 9,114 | 16.71% | 10,020 | 18.9% |
| 4 | 9,027 | 16.55% | 12,158 | 23.0% |
| 5 | 9,146 | 16.77% | 14,293 | 27.0% |
| 總計 | 54,537 | 100% | 52,886 | 100% |

這個隨機試驗中的播放次數彼此非常接近，如隨機選取中可預期的。至於依據歌曲評分的試驗（或評分優先的選擇），對有評分的歌曲來說，偏好演算法看起來是線性（*linear*）的，從 12% 增加到 27%。若是從五星評分往下看，這個線性偏好大約是評分每降一顆星，就會掉 4%，但從一星到無評分時，下降幅度加倍了，掉了 8%。雖然一顆星看起來好像是最低的評分，但事實證明無評分（*no rating*）才是最糟的。

你的 iPod 假設，如果你沒有為一首歌評分，那麼比起你有指定評分的歌曲（即使是最低分），你必定更不想常常聽到它。這有點類似挑選負評的電影而不挑選沒有影評的電影。

**圖 5-2** 顯示不同的歌曲選擇選項的效果。你判斷 *random selection* 選項隨機性的方法是看看圖中的那些「Random」長條是否全都看似等高。「Rating Biased」長條線性本質的判斷方式則是想像從評分 1 移到評分 5 的時候，是否有高度相等的跳躍發生。

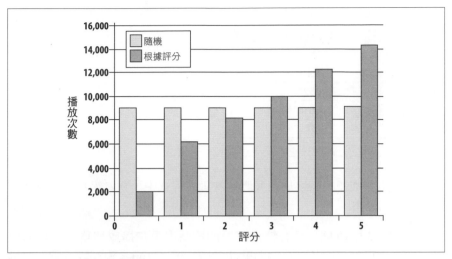

圖 5-2　歌曲選擇的模式

## 計算選取程序的統計資訊

改變每種評分的歌曲數目會改變每首歌被選取的機率。若每種評分有多首歌曲，那麼在評分優先的 Party Shuffle 中，具有評分 $r$ 的待播歌曲被選為下一首的機率可用下列算式來計算：

$$\frac{x_r P_r}{(x_0 P_0) + (x_1 P_1) + (x_2 P_2) + (x_3 P_3) + (x_4 P_4) + (x_5 P_5)}$$

這個運算式中的下標（subscripts）代表歌曲的評分。一首歌被選中的機率依據的是 $x$（每種評分的歌曲數）以及 $P$（iTunes 的演算法為每種評分指定的比例權重）。

從跑了一個週末的樣本試驗中，我們可以判斷出 iTunes 為每種評分設定的偏好機率，這裡是所產生的算式：

$$\frac{x_r P_r}{0.0388 x_0 + 0.1180 x_1 + 0.1536 x_2 + 0.1895 x_3 + 0.2299 x_4 + 0.2703 x_5}$$

雖然評分較高的歌曲有被賦予偏好權重，你聽到五星評分歌曲的次數也不一定會比其他所有的歌曲高。讓我們假設大多數人的評分都依循**常態分布**[Hack #23]，其中三星評分是最常見的。**表 5-9** 顯示一個假想的 iTunes 資料庫，它的歌曲評分符合這種鐘形曲線。

表 5-9　典型的歌曲評分分布

| 歌曲評分 | 歌曲數目 |
| --- | --- |
| 無 | 72 |
| 1 | 321 |
| 2 | 1,527 |
| 3 | 1,812 |
| 4 | 507 |
| 5 | 95 |

如果我把這些假想的數字放到我們的次數方程式中，我會得到一個看起來像圖 **5-3** 的分布。

如你在圖 **5-3** 中所見，具有特定評分的歌曲出現在播放清單下一首的機率，有很大程度是由該評分內的歌曲數所決定。iTunes 對高評分歌曲的偏好以及對低評分歌曲的厭惡，僅稍微地提升或降低先由歌曲數所決定的那個機率。

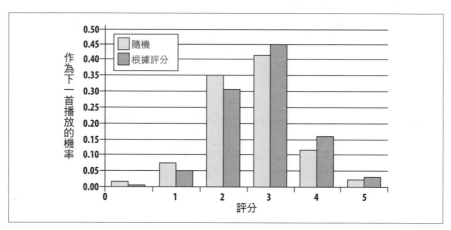

圖 5-3　歌曲選擇的機率分布

聽到具有特定評分的一首歌曲的機率可被用來找出聽到特定一首歌的機率。如果我們把歌曲選擇算式分子中的歌曲數移除，我們就能計算特定的某一首歌，不限評分，被選為下一首的機率：

$$\frac{x_r P_r}{(x_0 P_0) + (x_1 P_1) + (x_2 P_2) + (x_3 P_3) + (x_4 P_4) + (x_5 P_5)}$$

### 解釋統計上的驚奇

執行這些試驗的一個月以後，我注意到我啟用中的 iTunes Party Shuffle 相同的歌播放兩次的情況連續發生。這是我第一次注意到連續的重複，我就檢查了一下播放清單。我不僅發現 Nirvana 的歌「Territorial Pissings」在清單中連續列了兩次，三首歌之後，A.F.I. 的「Death of Seasons」也連續列了兩次。

我有使用「Play higher rated songs more often」的選項，但這些每首都是一般的三星歌曲，而且我的歌曲資料庫有接近 4,000 首歌。這種情況乍看之下很怪異，但你得先了解工作一整天後，你聽了多少首歌。如果我每天平均工作 10 個小時，而歌曲的平均長度是 $3\frac{1}{2}$ 分鐘，那麼根據機率，我應該會在少於一個月的時間內聽到一次連續的重複發生。

許多人還是宣稱他們在 iTunes 隨機播放他們音樂收藏時，仍然可以發現某些模式，但那些模式主要是同一位演出者的歌曲被播了多次。你可以這樣想：如果你有 2,000 首歌，而其中有 40 首來自同一名歌手，那麼隨機播放時，你永遠都有大約 2% 的機率會在下一首聽到它們。在那其中的一首歌播完後，機率顯示，接下來 35 首歌中，你有 50% 的機會聽到相同歌手的歌，而在接下來的 50 首中，你會有 64% 的機率聽到它們。這能以這個方程式計算出來：

$$P(n) = 1 - \left(\frac{x_{\text{total}} - x_{\text{artist}}}{x_{\text{total}}}\right)^n$$

$x_{\text{total}}$：總歌曲數　　$x_{\text{artist}}$：特定歌手的歌曲數

如我們已經在其他的 hack 中見過的，一個低可能性的事件（例如我們重複聽到同一位歌手歌曲的 2% 機率）只要多幾次發生機會，就會變為高可能性的事件 [Hack #46]。

你會認為 iTunes 有所偏好，單純出於我們喜歡找出模式的傾向。

### 也請參閱

有關 iPod 和隨機播放的其他技術性資訊，可以在這些資源中找到：

- Levy, Steven. "Does Your iPod Play Favorites." January 31, 2005. *http://msnbc.msn.com/id/6854309/site/newsweek/*.

- Hofferth, Jerrod. "Using Party Shuffle in iTunes." August 22, 2004. *http://ipodlounge.com/index.php/articles/comments/using-party-shuffle-in-itunes/.*

*—Brian Hansen*

## HACK #55 預測遊戲贏家

相關性（correlations）所提供的資訊能讓我們預測任何結果，特別是運動比賽。藉由多元迴歸（multiple regression）的技巧，以及電腦軟體的一點幫忙，你就能在遊戲進行前猜到贏家。訣竅在於挑中正確的預測子（predictors）。

相關性 [Hack #11] 的傳統用途是找出兩個變數有多少共通之處，或更技術性地說，兩個變數之間共有的變異數（*variance*）有多少。

> 共變異數（*shared variance*）是一個數學術語，用來描述兩個變數中所反映出的重疊資訊量。如果共有的變異數有很多，那麼預測起來就很容易且準確，因為對於一個變數的知識自然會引出有關第二個變數的知識。共變異數的估計方式是將相關性平方。

但我們日常生活的世界之構成，遠不僅限於一個變數預測另一個變數。事實上，在大多數的情況中，會有數個或多個變數來預測某個特定的結果。在此，我們處理的就不是只以一個變數預測另一個了，而是以數個變數來預測一個變數。這種工具叫做多元迴歸（*multiple regression*，因為預測變數有多個）。

認真的運動比賽賭徒、博彩公司和賭場經營者都熟悉多元迴歸，會至少應該去熟悉。因為關於運動隊伍的資訊有很多可用，幾乎可以確定的是，會有各種變數存在，只要有正確的組合，它們就能用來相當準確地預測哪個隊伍會贏。

押注職業的美式足球比賽是這類賭博中最常見的（或至少我是這樣聽說的）。這個 hack 示範如何收集資料，並使用多元迴歸來預測任何足球比賽的贏家。這個例子涉及預測誰會贏得 Super Bowl（超級盃），即 National Football League（美國國家美式足球聯盟）的冠軍比賽。

## 挑選預測變數

第一步是建立你的模型（*model*，你會用來做出預測的預測子和它們的權重）。就美式足球而言，有一些關於隊伍過去表現和選手特性的統計資訊被記錄下來並可供使用。某些可以合理地被視為未來表現的預測子（例如過去表現），其他的則否（例如吉祥物的可愛程度）。不過贏錢的機會是很強大的動機，所以我會花時間和心力來收集關於每一個隊伍和每場比賽我能找到的每一項統計資訊。關鍵是找出本身與贏得 Super Bowl 有高相關性的那些變數。

讓我們假裝你已經做了你的研究，並且找到了與一個隊伍是否會贏得比賽有相關性的六個變數。有些合理，有些則否。你感興趣的是盡你所能取得最為準確的真實預測，所以只要能造成差異，你甚至願意把廚房水槽納入考量。清楚起見，假設你找出某個隊伍進入 Super Bowl 有哪幾年，然後收集那個隊伍在那每一年的資料。

假設你發現下列這些變數很有趣，而且對於依據前一年的表現和 30 個隊伍的特性預測這個結果可能有所幫助。你會在你的模型中使用的變數，頭一個就是你所感興趣的結果，也就是所收集的資料的那一年，該隊伍會贏得 Super Bowl 嗎（會 = 1，不會 = 2）？

下列的變數被發現跟此結果有相關性：

- 賽季中輕鬆勝利（easy wins，贏了超過九分）的比賽數

- 該賽季的平均進場觀眾人數（average attendance）

- 每場比賽售出的熱狗（hot dogs）數

- 該隊伍的 Gatorade 運動飲料的平均溫度（temperature）

- 防守線隊員的平均體重（weight）

當你用真實的資料進行這個分析，你可能會發現不同組合的潛在預測子。

## 把資料輸入試算表（Spreadsheet）

社會科學家經常使用像是 SPSS 或 SAS 之類的統計軟體，但就這個例子而言，我會使用 Excel 的工作表（worksheet）和它非常酷的 Data Analysis Toolpack（還有 Regression Tool）。我輸入了一些捏造但仿真的資料到試算表中，如**表 5-10** 中所示。

什麼？你認為我真的會向你展示預測足球比賽結果的秘密
公式嗎？我只會示範如何製作你自己的。我會把我的留給
自己，非常謝謝你！

表 5-10　Super Bowl 的預測子

| 隊伍 | 贏過 Super Bowl 嗎？ | 輕鬆勝利數 | 進場人數 | 熱狗數 | Gatorade | 體重 |
|---|---|---|---|---|---|---|
| A | 1 | 11 | 56,533 | 4,798 | 56 | 276 |
| B | 2 | 9 | 44,543 | 5715 | 76 | 311 |
| C | 1 | 8 | 45,543 | 9,753 | 45 | 315 |
| D | 1 | 6 | 45,768 | 8,020 | 46 | 311 |
| E | 1 | 8 | 76,786 | 5,395 | 56 | 256 |
| F | 1 | 11 | 56,533 | 1,054 | 67 | 277 |
| G | 2 | 9 | 56,554 | 750 | 76 | 256 |
| H | 2 | 12 | 44,675 | 6,576 | 77 | 254 |
| I | 2 | 11 | 56,667 | 9,187 | 77 | 287 |
| J | 2 | 10 | 65,545 | 4,533 | 87 | 301 |
| K | 2 | 12 | 78,756 | 1,963 | 86 | 243 |

表 5-10 顯示我收集的 30 列虛構資料的其中一些，代表我在我的統計分析
中使用的 30 個例子。資料越多列，你能得到的實例就越多，而最終的預
測也會越準確。

## 建構一個迴歸方程式

你或許可以從你的高中生活回想到一條簡單直線的公式看起來像這樣：

$$Y' = bX + a$$

這個方程式由下列變數構成：

$Y'$　變數 Y 的預測分數

$b$　直線的斜率（slope）

$X$　單一預測子的分數

$a$　截距（intercept，直線與 Y 軸或垂直軸的交點）

所以，舉例來說，如果你想要從人類的體重預測出身高，並且有一些資料可以建立這樣的一個公式，那麼插入各個值之後，你可能就會得到看起來像這樣的東西：

$$Y = 35X + 20.3$$

這表示，如果你的體重（X 變數）是 125 磅，預測的結果就會是你大約 64 英寸高，或大約 5 呎 3 吋。

但當我們有一個以上的預測變數（predictor variable）時，事情就會變得更有趣更好玩，就會有比較長的一串預測子（很多 X）和體重（很多 b）。

我使用這個資料在 SPSS 中跑了一次多元迴歸分析，SPSS 是一種統計軟體程式，但你也能使用 Excel 得到大部分相同的資訊（參閱補充說明的「在 Excel 中取得迴歸資訊」）。

## 在 Excel 中取得迴歸資訊

使用 Excel 的時候，有兩種方式可取得統計的迴歸資訊。首先，你可以使用 SLOPE 與 INTERCEPT 函數，你可以在 Insert（插入）→ Function（函數）的選單中找到。選擇那個函數，並輸入其引數（資料所在的儲存格），Excel 就會回傳這些值，讓你可以填入已知的值，並預測其他的值。這個方法在預測子只有一個的時候運作得最好。

你也能夠運用 Data Analysis ToolPak 中的 Regression 選項，前者是一個 Excel 附加元件（你可能得安裝才行）。使用 Tools（工具）選單上的這個選項，你就能使用 F 檢定來測試迴歸係數的顯著性，它是類似 t 檢定 [Hack #17] 的一種統計檢定。

結果（即 output，輸出）顯示在表 5-11 和 5-12 中。讓我們看看哪個變數最能幫助我們預測一個隊伍是否會贏得 Super Bowl。

表 5-11 迴歸統計

| R 的倍數（Multiple R） | R 平方（R square） | 觀察值個數（Observations） |
|---|---|---|
| 0.8483 | 0.7196 | 30 |

表 5-12　迴歸方程式

| 變數 | 係數 | T 統計 | P- 值 |
|------|------|--------|-------|
| 截距 | −0.784 | −1.010 | 0.323 |
| 輕鬆勝利數 | 0.119 | 4.274 | 0.000 |
| 進場人數 | 0.000 | −0.822 | 0.416 |
| 售出熱狗數 | 0.000 | 1.043 | 0.308 |
| Gatorade | 0.013 | 2.457 | 0.022 |
| 體重 | 0.001 | 0.580 | 0.567 |

**表 5-12** 為五個變數顯示了它們的係數（權重），它們會被輸入到方程式中以檢定預測 Super Bowl 結果的能力好不好。舉例來說，與「輕鬆勝利數」關聯的係數是 .119。

如果我們把這些都結合到一個用以預測 Super Bowl 結果的大方程式，我們得到的模型就會是：

$$Y' = bX_1 + bX_2 + bX_3 + bX_4 + bX_5 + a$$

所以，對於每個預測子（變數 $X_1$ 到 $X_5$），都會有一個對應的權重（*weight*，即公式中的 $b$ 或結果中的係數）。

現在，相同的公式以英文表達：

$b^*$Wins + $b^*$Average Attendance + $b^*$Hot Dogs + $b^*$Temp + $b^*$Weight + $a$

然後使用**表 5-12** 中所顯示的輸出中的數字，這裡就是真正的迴歸方程式：

$$Y' = .119X_1 + .000X_2 + .000X_3 + .013X_4 + .001X_5 + a$$

## 解讀並應用迴歸方程式

想像把這個方程式用在你輸入到試算表中的每列資料。實際的 Super Bowl 結果和預測的結果之間會有相當高的相關性。我知道這個，是因為**表 5-11** 的輸出中的「R 的倍數」部分，它顯示了相當高的相關係數。0. 84 接近 1，而後者是你能得到的最高相關性。

「R 平方」的 .72 是我們在這個 hack 前面談到的共變異數（*shared variance*）的比例。

這代表什麼呢？這些預測變數的組合是判斷一個隊伍是否會贏得 Super
Bowl 的一種相當有效的方式。萬無一失嗎？當然不是，因為這些變數的
組合並沒有完美地預測結果，但它做得很不錯了。

所以，讓我們假設本年度 Denver Cannonballs 有表 **5-13** 中所示的資料點。

表 5-13　Denver Cannonballs 的資料

| 變數 | 值 |
| --- | --- |
| Easy wins | 13 |
| Attendance | 35,678 |
| Hot dogs | 4,567 |
| Gatorade | 65 |
| Weight | 267 |

把這個資料插入到前面所示的方程式中，這裡就是我們所得到的預測子
$Y$：

$$Y'$$
$$= .119(13) + .000(35,678) + .000(4,567)$$
$$.013(65) + .001(267) - .784$$

$Y'$ 最終的值是 1.875，跟 1（代表預測他們會贏）比起來較靠近 2（意味
著預測他們並不會贏）。

一組好的預測子的關鍵何在呢？

- 所有的預測子都應該與彼此獨立（如果可能的話），因為你會希望它
  們對於了解你所預測的東西有獨特的貢獻。

- 每個預測子都應該盡可能與你所預測的結果有高度關聯。

## 改善你的迴歸方程式

仔細檢視在這個 hack 中所產生的方程式，你會發現大部分的預測力量都
來自於兩個變數：輕鬆勝利數和隊伍 Gatorade 飲料的溫度。此外，許多
的預測子都有零權重，這表示你完全不需要它們。你可以移除沒幫助的變
數（進場人數和售出熱狗數）以簡化你的公式。事實上，在我們例子中，
單是收集輕鬆勝利數和 Gatorade 飲料溫度的資料，就足以做出相當正確
的預測了。

*—Neil Salkind*

## HACK #56　預測棒球比賽的結果

在棒球比賽的中間打開廣播聽個五秒鐘,然後關掉。即使沒聽到分數,你也能夠指出誰贏了,而且你正確的機率大於一半。

你看,我是一個很忙的人。我總是不斷找尋在生命中較不重要的事情上節省時間的方式,例如關注我本地的棒球隊,如此我才會有更多時間可以用在生命裡的重要事情上,例如朋友、家人、爭論 Holms 的循序 Bonferroni 程序作為變異數分析的後續追蹤方法,是否恰當且符合邏輯等等。前天就發生了一個相關案例。想知道 Kansas City Royals 是否會贏得一場正在進行中的棒球比賽,我很少有時間等到比賽結束。我現在馬上就想知道!

就很像 Veruca Salt 想要擁有 Willy Wonka 巧克力夢工廠中的員工 Oompa-Loompas,而且「現在!」就要一樣,我也沒什麼耐性。

如同靈光一閃,我發現到我可以打開車上的廣播幾秒鐘,然後就會有足夠的資訊來猜測比賽的結果。而且即使沒聽到目前比數或誰在壘包上,我也可以做到。

### 它如何運作?

在一場棒球比賽的前幾個小時中,開啟廣播聽那場比賽的報導。聽得剛好夠長,足以識別出哪一隊在打擊。那一隊就有大於 50% 的機率贏得該場比賽。

### 這為何行得通?

棒球這種遊戲,你作為進攻一方的時間越久,你可能得到的分數就越多。單一局次中,有越多打擊者擊球,讓跑者沿著壘包路徑移動到達到本壘板的機率就會上升。看待這個的另一種方式是,想像在對一個隊伍很重要的一局結尾。如果該隊伍得了很多分,他們必定是有較多的人上場打擊,比該場中最少的三名打者數還要多很多,結果就是,在進攻方的時間也會等比例地比另一隊還要長。在一場比賽的過程中,打擊時間最長的一隊最有可能得到最多分(或有較多高得分的局次)。

抽樣理論 [Hack #19] 指出,一個樣本最可能捕捉到的是一個母體最常見的元素。在此,我們的母體是我們有可能聽到的一場比賽的所有瞬間。該母體中,最常見的特性(就誰在打擊而言)就屬於打擊最多的那一隊。

圖 5-4 顯示常規的九局比賽的一種可能的打擊時間分布。在這個例子中，勝利的那隊進攻的時間佔了 58%。回溯起來，隨機轉到比賽的轉播時，有 58% 的機率會發現勝利隊伍正在打擊。

圖 5-4　贏的隊伍和輸的隊伍打擊的時間比例

預測的準確度就棒球比賽轉播的長期來說，會高於 50%，但它不會非常、非常準確。這是因為打擊時間和贏得比賽之間的關係並非一種完美的相關性 [Hack #11]。選手可能得分很快，例如第一次打擊就是全壘打，或是他們可能打擊了很多次，但很多跑者都困在壘包上，從未得分。

然而，整體來說，這兩個變數之間的相關性應該是正向的。即使是圖 5-4 我虛構的資料中那或許不怎麼令人印象深刻的 58% 準確率，也意味著，你比盲目猜測正確的時間會多 16%。如果在二十一點（blackjack）的牌桌上你有這樣的優勢，那你只需一個禮拜就能變為百萬富翁。

## 證明這行得通

要測試我的主張之正確性，你可以使用每天報紙上的資料。雖然大多數的記分板上不會包含有關每一隊打擊時間（time-at-bat）的資訊，但有一個變數提供了幾乎相同的資訊。報導上幾乎總是會有一個「總打擊次數（total at-bats）」。雖然這項統計資訊不等同於花在打擊的時間，它們的相關性應該相當高。每天都會有十幾個比賽的這個資訊被提供出來，而只要數天的資料應該就足以測試我的理論。為每個隊伍收集總打數，以及哪個隊伍贏得比賽的資料。

真實世界的研究人員經常沒辦法取用他們真正想要了解的變數，而我們使用打擊數（number of at-bats）而非打擊時間（time at bat）就是這種情況很好的例子。在這種情況下，我們必須接受次佳的可用選擇。科學家將這種取代情況稱為 proxy（委託）變數或 surrogate（代理）變數。

我的假說是，打擊數最多的隊伍應該有超過 50% 的機率贏得比賽。出於好奇，我自己測試了這個假說。我用了 Chicago Cubs 這個隊伍作為例子，因為他們的統計資訊在 Web 上就可輕易取得。我任意選了 2003 年以及 Cubs 的頭 25 場比賽。對於這些比賽的分析發現，打擊次數最多的隊伍有 56% 的時間都是贏球的。如果我消除打數一樣的三個情況，我的預測就會有 63% 的準確度。

雖然打數最少的隊伍有的時候還是會贏得 Chicago Cubs 的比賽，打數之間的偏差越大，具有最多打數的隊伍就越有可能贏得比賽。當打數最多的隊伍贏球時，它們的打數比輸球的隊伍平均多了 4.14。當打數最低的隊伍贏球時，他們比起輸球的那隊打數平均只少了 2.88。

## 適用它的其他地方

有些人建議過我，就我支持的隊伍 Kansas City Royals 而言，如果我想要超過一半的時間都猜對，那我應該永遠都猜輸球。對啦，對啦，非常幽默。

## 它在何處行不通？

如果你在第九局時打開廣播，這個方法的準確度就會很低，這就是為什麼我會建議你在比賽的頭幾個小時再嘗試。依據棒球規則，如果主場的隊伍在第九局上半結束後領先，就永遠不會換他們打擊。他們贏了。比賽結束。因為主場隊伍比客場隊伍更常贏球，這表示通常贏球的隊伍根本就不會在第九局打擊。

這暗示著這個預測方法只適用於第九局的一個有趣變體。在第九局打開轉播，如果你的隊伍在打擊，就不是什麼好跡象。「贏球隊伍偶爾會有比他們對手少的打數」這個發現所使用的 Chicago Cubs 的資料有部分能以這個事實解釋：獲勝隊伍有的時候只會有八局可以打擊。

這個方法不適用於所有的運動。舉例來說，在籃球比賽中，你不會預期持球時間會與得分有正相關，對高能且得分快速的球隊而言，這甚至會有負相關。另一方面，在足球比賽中，處於有利位置的時間會被視為表現品質的關鍵指標，通常也與贏球正相關。

## 在 Excel 中繪製直方圖

使用 Microsoft Excel 來繪製資料的分布，以讓你對統計資訊有更好的理解。

「一張圖片勝過千言萬語」這種老生常談確實有些真理在其中。一張圖通常是了解 1,000 個數字最好的方式。人類是視覺的動物。我們善於檢視一張圖並觀察出不同的特性。我們很不擅長查閱 1,000 個數字的清單。

要了解資料，可以運用的最強大的工具之一就是**直方圖**（*histogram*），表現值的分布（distribution of values）的圖形。這裡是直方圖的概念。假設你有很多的資料，例如 1955 到 2004 年之間，每場平均打席（plate appearances）為 3.1 或更多的所有 6,032 名棒球選手的打擊率（batting average）。讓我們也假設你想要知道這些值是如何分布的。最低和最高的值是什麼？低的值比高的值更多嗎？打擊率完全是介於 0 到 .400 之間的隨機數字嗎？還是有些模式在？

打擊率可以有許多不同的值。在 1955 到 2004 之間，有 6,032 名選手有合格的打擊率，而打擊率的不同數值有 1,229 個。你可以繪製出圖形來顯示每個獨特的打擊率的選手數（雖然我無法想像這個圖看起來會怎樣）。但我們不是真的在意每個獨特的值，例如說，「有 13 名選手有 .2862 的打擊率」這個事實，並不是很有趣。取而代之，我們可能想要知道具有非常接近的打擊率的選手數，譬如介於 .285 和 .290 之間的。

讓我們把每個範圍想成是一個桶子（bucket）。每名選手的球季平均都會歸類到一個桶子中。舉例來說，1959 年 Hank Aaron 有 .354 的打擊率，所以我們會把那個球季放到 .350–.355 的桶子中。因此，這裡是我們的計畫：我們會把每位球員的球季平均放到一個桶子中，計算每個桶子中的球員球季（player-seasons）數，然後畫出一個圖顯示每個桶子中的球員數（以遞增順序排列）。這樣的圖就是一個直方圖。

### 程式碼

在這個例子中，我想要查看打擊率的分布。我使用一個資料表，其中含有各年每位選手的打擊統計資訊（並列有每位選手曾參與的所有球隊），而我把這個表叫做 **b_and_t**。我只選擇打席夠高，足以擁有聯盟頭銜的打擊手，而且是在 1955 到 2004 年間有比賽的那些選手：

```
SELECT b.playerID, M.nameLast, M.nameFirst, b.yearID, b.teamG,
b.teamIDs, b.AB, b.H,
b.H/b.AB AS AVG,
b.AB + b.BB + b.HBP + b.SF as PA
FROM b_and_t b inner join Master M
on b.playerID=m.playerID
WHERE yearID > 1954
AND b.AB + b.BB + b.HBP + b.SF > b.teamG * 3.1;
```

執行完這段查詢後，我將結果儲存到了一個名為 *batting_averages.xls* 的
Excel 檔案中。

在 Excel 中繪製直方圖的一種方法是使用 Analysis ToolPak 增益集。新
增它的方式是從 Tools（工具）選單選取 Add-Ins…，然後再選 Analysis
ToolPak。這會在 Tools 選單上新增一個功能表項目，叫做 Data Analysis，
這會引入數個新的函數，包括一個 Histogram 函數。但我發覺這個介面很
令人困惑且沒有彈性，所以我就用其他方式。

這裡是我建立直方圖的方法：

1. 在資料工作表中，創建新的一欄叫做 Range。

2. 在這一欄的第一個儲存格中，使用一個函數來為你想要繪製其分布的
   值進行捨入（round）運算。要這麼做，最簡單的方法是使用 ROUND
   函數的 Significant Figures 選項。在我的工作表中，有一欄 I 包含我想
   要計算其分布的值（打擊率），所以我可以使用像是 ROUND(I2,2) 的
   公式來捨入到最接近的 .010。個人來說，我發現 .005 的 bucket 大小
   最有描述性，所以我用了一個技巧。你可以在 ROUND 函數內乘上一
   個值，然後在該函數外做除法運算，以取得幾乎任何大小的 bucket。
   在 ROUND 函式內，我乘上了 bucket 大小的倒數，在此即為 1 / .005
   = 200。在函數外部，我乘上了 bucket 的大小。在我的工作表中，欄
   I 含有那些平均值。所以我使用 ROUND(I2 * 200,0) / 200 作為我
   的公式。把這個公式複製貼上到工作表的每一列（你可以雙點擊儲存
   格的右下角來快速這麼做）。

3. 現在，我們準備好要計數每個 bucket 中的球員數了。選擇工作表中
   所有的資料，包括新的 Range 欄。從 Data 功能表選擇 Pivot Table 和
   Pivot Chart Report。選取 Pivot Chart Report 並點擊 Finish（我們會使用
   所有的預設值）。我們會為我們的樞鈕分析表（pivot table）選取兩個
   欄位。在 Pivot Table Field List 調色盤中選擇 Range。把這拖放到樞鈕

表的 Drop Row Fields Here 部分。接著,把「playerID」拖放到樞紐表的 Drop Data Item Here 部分。預設情況下,Excel 會去計數底層的資料中匹配每個範圍值(range value)的球員 ID(player ID)數。樞紐表現在會顯示每個 bucket 中的項目數。你應該會看到一個(非常大的)圖,其中有每個 bucket 中的球員數。

4. 整理這個圖(我喜歡消除背景的塗滿效果和線條,然後改變欄位的寬度)。圖 **5-5** 顯示整理過的圖的一個例子。

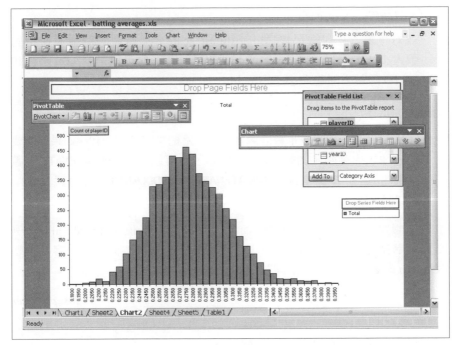

圖 5-5 來自一個樞紐表報告的直方圖

看一下這個直方圖,我們可以看到這個分布看起來類似一個鐘形曲線,它往右偏斜,中央大約在 .275 左右。

## 駭入這個 Hack

以公式計算 bin(桶)的好處之一,就是你可以輕易更改用來設定 bin 的公式。這裡有其他幾個建議的公式:

ROUNDDOWN(*&lt;value&gt;*, *&lt;significance&gt;*) 和 ROUNDUP(*&lt;value&gt;*,
*&lt;significance&gt;*)

> 這個 ROUNDDOWN 函數會往下捨入到最接近的有效數字
> （significant figure）。舉例來說，ROUNDDOWN(3.59,0) 等於 3，而
> ROUNDDOWN(3.59,1) 等於 3.5。同樣地，ROUNDUP 往上捨入到最接近
> 的有效數字。ROUNDUP(3.59, 0) 等於 4，而 ROUNDUP(3.59,1) 等於
> 3.6。

LOG(*&lt;value&gt;*, *&lt;base&gt;*)

> 有的時候，在對數尺標（logarithmic scale）上繪製一個值並使用對
> 數大小（logarithmic-size）的 bin 有其用處。你可以結合 LOG 函數和
> ROUND 函數來創建大小不定的 bin。

CONCATENATE(...)

> CONCATENATE 函數並不會計算數字，而是把文字接在一起。如果你想要
> 明確地列出範圍（例如 3.500–3.599），你可以使用 CONCATENATE 函數
> 來創建這些，舉例來說，CONCATENATE(ROUNDDOWN(3.59,1)," to ",
> ROUNDUP(3.59,1)-0.01) 會回傳 3.5 to 3.59。

如果你想要把這帶到下個層次，你可以用一個具名值（named value，例
如具名儲存格 A1 *bin_size*）來取代 bin 的大小。這讓你可以很容易動態
改變 bin 的大小，並實驗不同數目的 bin。

*—Joseph Adler*

---

## HACK #58 美式足球的兩分轉換

在美式足球中，什麼時候兩分轉換（two-point conversion）的嘗試是正確
的選擇呢？不管你用的是什麼「表（chart）」，統計學家加入爭論之後，問
題就會變得甚至更複雜。

幾年前，我在觀看當地的職業足球隊比賽時，他們正要輸掉比賽，比分很
接近。我們隊伍糟糕表現的娛樂效果並不如我看到隊上教練試著閱讀並理
解**兩分轉換表**（*two-point conversion chart*）時的困惑表情來得有趣。

在美式足球中，達陣得分後（達陣本身值 6 分），拿分的隊伍有兩種選項可以得到「額外」的一分或兩分。通常，隊伍會選擇踢過球門柱來多得一分（就像短距的射門），但他們也能夠選擇「要拿兩分」（「go for two」，稱為**兩分轉換**），其中涉及利用跑陣或傳球的進攻方式嘗試再次達陣。

在那個時候，如同後來體育記者所「確認」的，很明顯他並不清楚如何閱讀那種表。特別是，在解讀表上的欄位時，他不知道上面列的是一個隊伍領先或落後了多少分，他以為那代表的是，如果他們做了兩分轉換，一個隊伍的分數會領先或落後幾分。

在我沉思一名 NFL（國家美式橄欖球聯盟）總教練到底是怎麼蒙混過關，竟然不懂得閱讀這樣的表格之際，我開始好奇是誰產生了這個「表」，以及它所依據的原理是什麼。之後，在我搜尋「官方的表」時，我發現了兩種「官方」的表，而且它們並不總是相符。

最近，我遇到一張表則是以可能結果的機率之統計分析，還有剩餘時間量（以剩餘的控球次數表示）為基礎。這個表與我先前發現的那兩個表都不相符。

這個 hack 是為你而寫的，教練大人。它從統計的角度審視何時要爭取兩分，何時安於一分就好。

## 傳統的兩分轉換表

當你在電視上看到一名教練拿著一張護貝過的卡片，並在決定要不要拿兩分之前研讀它，那就是兩分轉換表，不過運動播報員喜歡把那張卡片稱為 *the chart*（**那張表**），如前一節提過的，被使用的表不只一種。其中些微的差異可能是因為有一張被認為是在 NFL 中用的，而另一張則被視為大學足球比賽中所用的一組傳統的標準決策。

這些差異的依據也可能是，大學用的表是給風格更好鬥或自信的特定球隊所設計的。大學的表看起來是為了要勝利而玩，而非平手。不過大學球賽現在才有延長賽的規則，它們是相當近來的改變，而職業球賽則已經有延長賽規則好一陣子了。

NFL 的 表 在 Norm Hitzges 的 網 站 上 有 提 供， 位 於：*http://www.normhitzges.com/thechart.htm*（Norm 是達拉斯市的廣播員，也是全方位的運動大師）。大學用的表（在 *http://www.NFL.com/fans/twopointconv.html* 找到的）跟 1970 年代所用、由 UCLA（University of California, Los Angeles，加州大學洛杉磯分校）發展出來的表一樣。**表 5-14** 顯示了兩張表所建議的判斷，並經過一點濃縮。

表 5-14　是否要爭兩分的傳統決策表

| 局數 | 落後或領先的分數 | | | | | | | | | | | | |
|---|---|---|---|---|---|---|---|---|---|---|---|---|---|
| | 0 | 1 | 2 | 3 | 4 | 5 | 6 | 7 | 8 | 9 | 10 | 11 | 12 |
| 落後（NFL） | 1 | 1 | 2 | 1 | 1 | 2 | 1 | 1 | 1 | 1 | 2 | 1 | 1 |
| 落後（大學） | | 2 | 2 | 1 | | 2 | 1 | 1 | 1 | 2 | 1 | 2 | 2 |
| 局數 | 0 | 1 | 2 | 3 | 4 | 5 | 6 | 7 | 8 | 9 | 10 | 11 | 12 |
| 領先（NFL） | 1 | 2 | 1 | 1 | 2 | 2 | 1 | 1 | 1 | 1 | 1 | 2 | 2 |
| 領先（大學） | | 2 | 1 | 1 | 2 | 2 | 1 | 1 | 1 | 1 | 1 | 1 | 2 |

UCLA 的表並沒有在分數平手或你的隊伍落後四分的情況提供建議。另一方面，NFL 的表則是所有的情況都有建議。如討論過的，主要的差異似乎就是在你是否願意為了平手而玩。UCLA 顯然不希望為了平手而比賽，而 NFL 的表就沒有這種遲疑了。

## 現代的超科學的表

在真實世界中，一組統計機率控制一項運動比賽的結果，而要多拿兩分或拿額外的一分就好的決定，所依據的資訊不應該僅限於分數和你的隊伍是輸還是贏。在實際的比賽場合中，聰明的教練會把下列額外的因素也納入考量：

- 他們的射門球員成功射門的可能性

- 他們的隊伍在給定的兩分轉換任務上會得分的可能性

- 他們球員目前的健康狀況、態度和技能

- 他們的隊伍將會得到多少更多的控球時間

過去的統計顯示，平均的 NFL 足球隊大約有 98% 能拿到那額外的一分，而嘗試兩分時，大約有 40% 會成功。教練必須運用他們的經驗和直覺來估量他們球員目前的能力水平，而一張表在那方面並沒有太大的幫助。

然而，就剩餘的控球時間而言，這正是以機率為基礎的決策系統需要考量的那類資訊。基於考量到任一個選項的成功率（拿一分的 98% 和拿兩分的 40%）並從假想的足球比賽終局往回倒推的一個程序，統計學家產生了一個不僅會依據目前分數，也會考慮兩邊球隊剩餘控球次數的一個表。

在 2000 年發行的一本 *Chance* 雜誌（Vol.13, No.3）中，Harold Sackrowitz 呈現了使用一種叫做 *dynamic programming*（動態規劃）程序的分析結果。**表 5-15** 顯示 Sackrowitz 博士的表格的一部分。

表 5-15　嘗試兩分轉換的現代決策表

| 局數 | | 0 | 1 | 2 | 3 | 4 | 5 | 6 | 7 | 8 | 9 | 10 | 11 | 12 |
|---|---|---|---|---|---|---|---|---|---|---|---|---|---|---|
| **剩餘的控球次數** | | | | | | | | | | | | | | |
| 1 | 落後 | 1 | 1 | 2 | | | | | 1 | | | | | |
| | 領先 | 1 | 2 | 1 | 1 | | 2 | 1 | 1 | 1 | | | | |
| 2 | 落後 | 1 | 1 | 2 | 1 | 1 | 2 | | 1 | 2 | | 2 | | |
| | 領先 | 1 | 2 | 1 | | | 2 | 1 | 1 | | | | | |
| 3 | 落後 | 1 | 1 | 1 | 1 | | 2 | | 1 | 2 | | 2 | | |
| | 領先 | 1 | 2 | 1 | 1 | | 2 | 1 | 1 | 1 | 1 | 1 | 1 | 2 |
| 4 | 落後 | 1 | 1 | 2 | 1 | 1 | 2 | 1 | 1 | 2 | 2 | 2 | 1 | |
| | 領先 | 1 | 2 | 1 | 1 | | 2 | 1 | 1 | 1 | 1 | 1 | | 2 |
| 5 | 落後 | 1 | 1 | 2 | 1 | 1 | 2 | 1 | 1 | 2 | 2 | 2 | 1 | |
| | 領先 | 1 | 2 | 1 | 1 | | 2 | 1 | 1 | 1 | 1 | 1 | | 2 |
| 6 | 落後 | 1 | 1 | 2 | 1 | | 2 | 1 | 1 | 2 | 2 | 2 | 1 | |
| | 領先 | 1 | 2 | 2 | 1 | | 2 | 1 | 1 | 1 | 1 | 1 | 1 | 2 |

這個兩分轉換表的基礎是從比賽不同時間點開始的分支可能性，並假設額外一分或兩分轉換的基本成功率。一場平均的 NFL 四節比賽總共會有六次控球權，所以可以把這個表看作是在第四節最有用處。Sackrowitz 也假設 50% 的延長賽勝利機率。

## 這是如何運作的？

**表 5-15** 的計算過程就類似這個簡單的範例：

1. 想像你落後一分，而且沒有什麼機會再次奪到球。

2. 你有 98% 的機會踢出一個加分球，並有 50% 的機率贏得延長賽。那麼拿那額外的一分會有 49% 的獲勝機會（.98 x .50 = .49）。

3. 你有 40% 的機會達成兩分轉換，所以要那兩分會讓你們有 40% 的勝利機會。失敗，比賽就結束，而成功會贏得比賽。

4. 49% 比 40% 還要好，所以你應該選擇拿額外的一分就好。請注意，如果你相信你球隊達成兩分轉換的機率大於 49%，你就應該去嘗試。類似這樣的計算，但延伸到較長的一系列控球權，結果就是表 5-15 所反映的決策樹。

那麼下次你發現自己正在擔任關鍵足球比賽的教練，有重要的決策要做時，你應該使用哪個表呢？這要由你決定，但要記得我數年前在電視上看過的那個困惑的足球教練。他不只在下一年被大家視為比較聰明的足球教練 Dick Vermeil 所取代，而且 Vermeil 還是曾經協助發展過 UCLA 兩分轉換表（表 5-14）的人。現在你就知道故事的後來怎樣了吧！

## 躋身最佳選手之列

HACK #59

有許多方式可以使用資料來判斷在任何的運動中，誰是最佳選手。然而，在個別運動中，比較表現的所有直覺方法都有有效性的疑慮存在。

我朋友和我都是很好勝的人。我們最近的戰鬥競技場是撲克（poker）遊戲。我和朋友定期聚在我家，參加一種德州撲克（Texas Hold 'Em poker）的比賽。這是非正式的比賽，但我們都非常認真對待這個比賽。我們撲克比賽的運作方式如下：每個人一開始都有等量的籌碼，而籌碼用完時，他們就要離場。會有第一個出局的人，還有最後一個出局的人，其他人則介於中間。所以，舉例來說，如果有七個人玩，就會有人第一名、第二、第三、第四、第五、第六與第七。

我們都認為自己相當厲害，也因為好勝，我們一直想要找出一種客觀的方法來比較跨越比賽的表現。身為團體中的統計學家之一，我接受了這個挑戰，試著設計出各類方法來產生某種客觀的指數，讓所有參賽者能互相比較他們的表現，一勞永逸地決定出誰是最佳玩家，誰只是剛好運氣好而已。這是我的探索故事，以及我所挑選的統計解法。我並非要透露結局，但我學到的是，沒有單一的最佳解法。

### 如何得到不錯的排名？

這種如何識別出最佳選手的事情，是競爭激烈的組織（例如運動聯盟或協會）常見的問題。問題是如何總結跨越各種類型、地點和場合的表現。

體育的世界中,有三種常用來判斷誰是「最厲害」的方法。所有的這些做法都有一些直觀上的道理可循,但每個方法都有它自己的優點和缺點。

首先,讓我們看一下我必須分析的資料之本質。你的資料可能也很類似,不管你舉辦的是每週的家庭大富翁遊戲,或你負責經營職業的高爾夫球協會。雖然撲克不是一種運動,但任何有組織的競爭性活動都會提供資料來進行排名。**表 5-16** 顯示我們自己的夏季撲克聯盟八場比賽的結果。

表 5-16  夏季撲克聯盟的資料

|  | Paul | Lisa | Billy | BJ | Mark | Bruce | Cathy | Tim | David |
|------|------|------|-------|----|------|-------|-------|-----|-------|
| 5/14 | 6 | 5 | 4 | 3 | 2 | 1 | | | |
| 5/21 | 3 | 6 | 4 | 5 | 7 | 2 | 1 | | |
| 5/28 | | | 5 | 4 | 1 | 3 | 2 | | |
| 6/4 | | | 4 | 6 | 3 | 7 | 2 | 5 | 1 |
| 6/11 | | | 4 | 5 | 6 | 1 | 2 | 3 | |
| 6/18 | | | 5 | 4 | 2 | 3 | 1 | | |
| 6/25 | | | 1 | 4 | 3 | 5 | 2 | | |
| 7/2 | | | 1 | 5 | 4 | 3 | 2 | | |

你可以看到九名玩家至少都參與了一場比賽,但沒有一場比賽是所有的人都參加的。如果一個人在某場比賽那晚沒有拿到任何的點數,那就是因為她沒有玩。在像是高爾夫球或網球這類的運動中,這是很常見的情況。

在兩個情境中,有七個人下場玩,但在其他場合中,可能少到只有五個人坐下來玩。有四個人所有的八場比賽都有玩(那些是必須承認自己有點搞不清楚什麼是生命中重要事物的頑強玩家)。其中一名玩家 David 只參與過一場比賽。

每位玩家名字底下的點數代表他們出局的順序。如果有六名玩家,而你第一個出局,你就會以最後一名得到一點。如果你是六位玩家中的贏家,你就會以第一名拿到六點。

請注意有關這個點數系統的幾件事。首先,你只要有出場就會至少得到一點。其次,比賽的玩家越多,你贏得該場比賽的點數就越多。

那麼,在這個撲克聯盟中,要如何為玩家排名呢?這裡是三種常見的情況,它們在某個程度上都是可行的。

**總點數**。在我的情況中，第一個想到的做法可能是單純把每場比賽的點數都加總起來，然後依據總點數來排名玩家。這是名人以他們的收入排名，或銀行搶匪以他們的犯罪次數排名時所用的方法。只要多參加幾場比賽，你的排名就會上升。要成為本年度的最佳高爾夫球選手，你還必須參與很多場比賽，而不僅僅是在那些比賽中表現得不錯而已。

**平均表現**。第二個方法是平均那些點數：把總點數除以玩家所參與的比賽數。產生平均值的美好之處在於，你會得到代表典型表現水平的一個數字。這很適合用來測量某些難以捉摸的事物，例如才華。你在撲克牌桌（或任何其他領域）的平均表現應該是最佳的單一能力指標。

**總勝利數**。第三個方法，也是在團體運動中最簡單也最常使用的方法，就是計算勝利次數。最常獲勝的玩家就是最佳玩家。這種方法對錦標賽風格的這種撲克比賽（我們玩的那種）以及會有一名競爭者是明顯贏家的任何比賽，都運作得很好。

## 比較這三個方法

雖然每種排名方法都有某些明顯的優勢，也都能把事情做好，**表 5-17** 為每名玩家顯示了所有三種排名系統中他們所具有的值，讓我們可以做比較。

表 5-17　總結撲克比賽的表現

|  | Paul | Lisa | Billy | BJ | Mark | Bruce | Cathy | Tim | David |
|---|---|---|---|---|---|---|---|---|---|
| 點數 | 9 | 11 | 28 | 36 | 28 | 25 | 12 | 8 | 1 |
| 平均 | 4.5 | 5.5 | 3.5 | 4.5 | 3.5 | 3.13 | 1.71 | 4.0 | 1.0 |
| 勝利數 | 1 | 1 | 2 | 1 | 2 | 2 | 0 | 0 | 0 |

所有的三種評分系統都合理。但就誰是最佳玩家這個問題，三個系統都有各自不同的答案！對像我這樣的撲克科學家來說，這顯然是很令人挫折的發現，因為我們可以為三種方法中的任何一個辯護說它是排名的「最佳」方法，但每個方法都會產生一名不同的「最佳」玩家這點，卻有點矛盾。**表 5-18** 顯示在各個評分方法之下，排名的差異。

表 5-18　撲克比賽排名

|  | Paul | Lisa | Billy | BJ | Mark | Bruce | Cathy | Tim | David |
|---|---|---|---|---|---|---|---|---|---|
| 點數 | 7 | 6 | 2.5 | 1 | 2.5 | 4 | 5 | 8 | 9 |
| 平均 | 2.5 | 1 | 5.5 | 2.5 | 5.5 | 7 | 8 | 4 | 9 |
| 勝利數 | 4 | 4 | 2 | 4 | 2 | 2 | 6 | 6 | 6 |

請注意「最佳玩家」在每個系統下是如何的不同。BJ 在點數系統下是最佳玩家。Lisa 在平均系統下是最佳玩家。在勝利數系統下,有三個人並列第一,都是最佳玩家,但 BJ 和 Lisa 卻不是其中之一。三個方法真正的唯一共識是,David 是排名墊底的最差玩家(David,抱歉囉,但數字不會說謊。也抱歉這個公開嘲笑。或許免費送這本書給你可以有所補償?)。

藉由平均那些平手的人之排名來指定新的排名,我打破了這種平手的情況。換句話說,Billy、Mark 和我自己在勝利數系統之下,都並列第一,所以 1、2 與 3 的排名平均為 2,而那就是我們的排名。

如果三種不同的評分系統導致三種不同的排名,顯然它們不可能全都同樣有效。它們所產生的分數不可能全都可以真正反映我們感興趣的變數,也就是以同樣方式定義的撲克玩家能力。這裡的解決方案並不涉及挑選最佳的單一做法。我的目標並不是識別出最佳的系統,然後都使用它,我的目標是提供有效的資訊,然後讓其他人以他們想要的方式解讀這個資料。

我的解決方案是提供依據三種評分方法的所有的這三種排名系統。如此一來,玩家就能專注於對他們來說最合理的方法所產生的排名了。

## 故事結尾

事實證明,在我的撲克聯盟中,對玩家最合理的系統就是讓他們排名最高的那個。思考一下這點。

我晚上能睡得安穩,是因為我知道這任何一個方法大概都是可接受且「準確」的。畢竟,這三個方法都不會把我誤認為唯一的最佳選手。這本身就是某種的有效性證據!

真實世界的職業運動組織很清楚每個系統的優點與缺點,並建立了合成的點數系統。在網球和高爾夫球(以及撲克排錦標賽)領域中,改善排名系統的一些特殊技巧包括:

- 結合很長一段時間的表現資料
- 贏得較為困難的比賽的點數獎勵應該高一點
- 同時使用平均表現和總點數來獎勵優良表現*以及*頻繁的參賽。

有點諷刺的是，這些可能比較公平且更為準確的系統在媒體和觀眾的眼中經常都被視為過度複雜和瘋狂。試著讓排名系統更為有效，所帶來的結果經常是大眾認為它們無效，所以反對使用它們。

## 以機率估算圓周率

統計學家很喜歡認為任何重要的事都可以透過統計學來發現。那實際上可能是真的，因為我們發現，你甚至可以使用統計學來估計科學中最為重要的基本數值之一，也就是 pi（圓周率）。

計算 pi 的能力是所有嶄露頭角的天才經常會擁有的一種技能。舉例來說，我記得 22 除以 7 會相當接近。其他還有各式各樣的不同方法，某些比另外一些來得準確。不過我最愛的方法含有機遇的元素，以及漫長而孤寂的海上航行或其他強迫性的獨居時期。有興趣了嗎？讀下去吧，Gilligan。

在示範如何估算 pi 的值之前，我會先討論一些基本的幾何（geometry）事實。別慌，我懂的幾何學也不多，所以我們不會花太多時間在那上面。我只會涵蓋要欣賞這個 hack 魔法所需的基礎。

### Pi

在幾何學中，我們發現 *pi* 這個大約是 3.14159 的數字（其符號為 π）和一個圓（circle）的各個部分結合在一起的方式之間有重要的關係存在，如**圖 5-6** 所示。

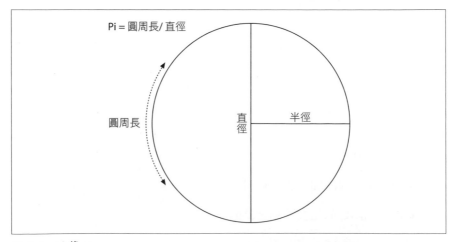

圖 5-6　計算 pi

舉例來說，如果你把一個圓的直徑（diameter）乘以 pi，你會得到那個圓的圓周長（circumference）。如果你把一個圓的半徑（radius）平方，再乘上 pi，你就會得到那個圓的面積（area）。

這都很酷，或許啦，但主要還是喜歡玩幾何學的人會對些感興趣，而非喜歡統計學的人。不過就再等一下吧！

## Pi 與掉落的針

在 1700 年代，Georges-Louis Leclerc 為世界獻上了一個半幾何、半統計的謎題。他是布豐的伯爵（Count of Buffon）或之類的人物，所以這個問題被稱為 Buffon's Needle Problem（布豐的針問題）。他的描述很廣義，並不具體，而我將之總結於此：

> 想像有一根針隨機落在畫有兩條平行水平線的圖上。這兩條線之間的距離比針的長度還要長。這根針落在其中並觸碰到其中一條線的機率為何？

這是你第一次聽到時，會覺得不可能解決的那種問題，但這是可解決的。在此我們沒必要花時間計算解答，但我當然可以那樣做，我向你保證。真的，我做得到。真的！解法與幾何學有關，而且它會考量到兩個重要的組成資訊。任何給定的隨機掉落位置會有下列關鍵：

* 針的中心位在何處，表達為與最接近的直線之距離。

* 針與最接近的直線之垂直線所成的角度。

以這兩個資訊定義針的隨機位置能讓我們獲得一些有助於簡化問題的一般觀察：

* 如果針的中心點剛好落在其中一條線上，那麼針就一定會碰到那條線，無論角度為何。

* 如果針的中心點足夠接近一條線，在針長度一半之內，那麼針有的時候就會碰到一條線。針的角度決定它是否會碰到直線。

* 如果針的中心點與一條線的距離大於針長度的一半，那麼針就永遠都不會碰到那條線，不管角度為何。

* 越接近一條線，針碰觸到那條線的機率就越大。

針落下的所有可能位置可被繪製為一條曲線，代表著與一條直線的所有可能距離，以及針與垂直線的所有可能角度。這裡就需要用到三角學（trigonometry），而數學家使用這個方程式來定義這樣的曲線：

$$\text{Probability} = \frac{(2)(\text{length of the needle})}{(\pi)(\text{distance between the lines})}$$

Probability：機率　length of the needle：針的長度
distance between the lines：直線之間的距離

這就是此問題的解答。讓我們以一些真正的數字來快速測試一下它，只為了確認 Leclerc 是否正確。想像一根三英寸長的針隨機落在一個木製縫紉台上，它上面的紋路形成了兩條相距四英寸的平行線。有多少比例的時間那根針會碰到兩條線之一呢？這裡是必要的計算：

$$\frac{(2)(\text{length of the needle})}{(\pi)(\text{distance between the lines})} = \frac{(2)(3)}{(3.1459)(4)} = \frac{6}{12.566} = .477$$

這根針大約有 48% 的時間會碰到一條線。

 很有可能，你精於賭博的頭腦已經開始轉動，想像一間很大的房間裡充滿了鐵針掉落的聲響，地板上還滿布著線條之類的東西。去吧，你會成功的。這個原理已經在你可能已經見過的一些狂歡遊戲中發揮作用了。你是否曾注意到那些乒乓球落入魚缸或是足球穿過金屬環的次數都很少嗎？

## 機率和 Pi

不過我承諾你的，是你可以使用機率來估計 pi，而非使用 pi 來找出機率。數學的威力能讓我們四處移動任何方程式的任何元素，所以等號右邊的任何元素都可以被移到左邊。我們可以重新安排我們的機率方程式來產生一個看起來像這樣的 pi 方程式：

$$\text{Pi} = \frac{(2)(\text{length of needle})}{(\text{Probability})(\text{distance between lines})}$$

我會使用我們測試機率方程式時所用的相同數字來證明它是可行的。我們已經知道 pi 的正確答案是什麼了，所以讓我們看看這個方程式是否行得通：

$$\frac{(2)(\text{length of needle})}{(\text{Probability})(\text{distance between lines})} = \frac{(2)(3)}{(.477)(4)} = \frac{6}{1.908} = 3.1447$$

這個方程式計算出來的 pi 值是 3.1447，非常接近 3.14159。如果我們允許數字能延續到小數點後很多位，我們就會有甚至更準確的答案。

## 使用機率估計 Pi

在我們的例子中，我們知道機率，所以我們能夠使用那項資訊來計算 pi。但如果你不知道 pi，而且需要計算它呢？如果你被困在荒島上，或是正在經歷很漫長的海上航行，或是腿斷了只能躺在床上，沒辦法取得包含精確 pi 值的參考資料呢？此外，如果你得計算一個圓的圓周長，或是一個球體的體積，或是在幾何學或金融學或物理學中任何需要用到 pi 值的數字呢？惡夢般的情境，對吧？你可以使用這個公式相當準確地計算 pi 值，只要進行實驗並收集資料就好了。

設置好有兩條水平線的一個區域，丟下一些針，然後記錄結果。測量你的線之間的距離以及你針的長度，並讓隨機的偶然性去做認知上繁重的工作。從多次落下的針收集大量資料樣本，以取得精確到小數點後幾位的機率，或許需要一千次掉落之類的。祝你好運，並記得仔細記錄。

讓我們假設你畫了兩條相距 8 英寸的線，並使用一根大約 7 英寸長的編織針。如果你用這些道具進行了大量的掉落實驗，你可能會發現針大約有 50% 到 60% 的時間碰到一條線。讓我們假設是 55% 吧！要使用這個資料計算 pi，你會像這樣應用這個數學式子：

$$\frac{(2)(\text{length of needle})}{(\text{Probability})(\text{distance between lines})} = \frac{(2)(7)}{(.55)(8)} = \frac{14}{4.4} = 3.18$$

你會發現 3.18 相當接近圓周長與直徑的比率，如圖 5-6 所示。

如果你的視力不如從前，就沒必要使用看不太到的針。你可以應用相同的邏輯，使用落到桌面的鉛筆，或是滾過地板到一固定區域的彈珠，或是降落在一個矩形目標上的跳傘員。你需要鉛筆、彈珠或跳傘員有機會落在其上的兩條平行線，而你也需要知道該物體的長度。只要結果是隨機的，任何東西都可以，而降落在乾草堆上的跳傘員會比掉在乾草堆中的一根針還要更容易找到許多。

# CHAPTER SIX

# 聰明思考

## Hacks 61–75

本章的 hack 把焦點放在如何幫助妳思考得更清楚、更聰明，或更有創意。一開始我們會使用機率的法則證明你比超級英雄還要聰明 [Hack #61]。然後精通統計捷徑 [Hack #66] 和發現詐騙的能力 [Hack #64]，能讓你一直覺得自己很聰明。

藉由發揮你善於懷疑的一面，你就能繼續讓自己和其他人印象深刻：「解開神奇巧合之謎」[Hack #62]，駭入奇怪現象的真相 [Hack #63]。在否證（也可能是證明）ESP 的存在 [Hack #68] 之後，你的朋友會在你能讀他們的心 [Hack #67] 時感到驚訝。

最後，自我提升課程的結尾是學習避開常見的不合邏輯的陷阱 [Hack #69]。

現在，既然你已經變聰明了，你應該很輕易就能發現周遭中其他人沒有注意到的事情。你可以掌握交通堵塞 [Hack #74] 的藝術、探索你與 Kevin Bacon 和所有其他人的關聯 [Hack #72]，並看出只有政治科學家知道的虛假選舉系統 [Hack #73]。

要完善從這一章所學到的知識，就去拓展你的視野。嘗試不同的職業，例如諜報活動或破解密碼 [Hack #70]，或「發現新物種」[Hack #71]，或者甚至是其他星球上的生命 [Hack #75]。

### 智勝超人

**#61** 閃電有可能劈在相同的地方兩次，但非常不可能。機率的法則能讓我們計算一系列罕見事件連續發生的可能性。

偶爾，我們聽到極度不可能的事件在同一個人身上發生了超過一次，例如一名森林保護員被閃電劈到數次，或是紐澤西州（New Jersey）的情侶贏了樂透頭彩兩次。當它們出現在新聞上，這些故事經常都會包括當地統計學教授的訪問，他們會估計這種事情發生的機率。

用來計算一連串事件全都發生的可能性的數學相當簡單。比較困難的部分是找出其中任何單一事件發生一次的機率之良好估計值。然後，你就只需要把那些個別的機率乘在一起，就能得到整串怪事發生的總可能性。

## 幸運的 Lois Lane

要示範計算一整個系列的事件之發生可能性所涉及的步驟，我會從經典文學挑選一個例子。這一連串的罕見事件是在 *Lois Lane* 漫畫雜誌 #56 中描述的，它是由 DC Comics 在 1965 年的四月出版的。這些故事中常見的一個模式涉及了 Lois 遇到了一些乍看之下難以解釋的超自然體驗，但在故事的結尾，會發現它們其實有一些簡單的原因。

> Lois Lane 是漫畫英雄超人（Superman）的老婆（之前是女朋友兼頭號粉絲），在 1960 和 1970 年代，她是 DC 的漫畫系列中，非常受到歡迎的一個角色。在見多識廣的漫畫迷之間，那個時代的 *Lois Lane* 漫畫於現在作為一種特別奇特的漫畫文學實例，為人所津津樂道。Lois 在日常生活中，通常都能戰勝機率。她的漫畫應該要是統計學課程的必備讀物。

後來，在故事結尾由超人做出「說明」的奇怪體驗的一個例子涉及到一個統計 hack 的應用。Lois 假裝有心電感應，以跟有「Long Odds」（大賠率）稱號的罪犯 Larkin 混在一起，或許還能為他們報社弄到獨家新聞。

但效果好過頭了，她被 Larkin 所綁架，被迫提供他「心電感應」的資訊，讓他可以犯下罪行。對 Lois 及歹徒都很幸運的是，她盲目猜測的結果是正確的，所以 Larkin 讓她活著。她的猜測太準確了，使得 Lois 都開始相信她真的有某種精神力量。

結果就是，根據最終拯救了她的超人，Lois 只是運氣好而已！非常幸運！驚人地幸運，幸運到不可思議。即使 Lois 要做出那一長串正確預測和準確猜測的機率相當渺茫，她還是好運到成功了。恭喜啊，Lois！

超人提供了 Lois 所做的那些驚人壯舉的機率，但故事的作者（匿名）並沒有提供計算過程。讓我們審視 Lois 所做的隨機猜測，進行我們自己的計算，然後檢查這名鋼鐵英雄的數學對不對。為了判斷這一系列獨立事件的機率，我們會套用乘法法則 [Hack #25]。

## 猜測

在那個故事中，Lois 正確地猜到下列這些事，而且要提醒你，是完全隨機猜到的：

1. 在五輛完全相同的裝甲車中，哪一輛實際載有 Metro Bank 這家銀行的現金

2. 放有一家大公司薪資的保險箱的開鎖組合

3. 鎮上最富有的人未公開的電話號碼

4. 銀行搶匪把贓物放在 20,000 棵樹中哪一棵底下

她最後還是猜錯了，在超人救了她之後，猜測一個罐子中的軟糖有多少顆的時候。如同超人向 Lane 小姐所解釋的，她並沒有心靈力量，他指出她碰巧猜對這四件事的勝算（odds）是 326,454,839,047 比 1，或是 326,454,839,048 分之 1。

她說：「超人，我懂了！我只是幸運到碰上了那『一次機會』。」超人回答說：「沒錯，畢竟也有些人總是能贏得樂透頭獎（或效果上類似的這種胡扯）。」由超人或他的超級電腦算出的那個數字當然是很大，所以看起來好像是對的，但我不認為那接近正確答案。我的猜測是，這種結果甚至更為神奇。

## 計算過程

讓我們進行自己的計算吧！對於猜測 1 和 4，我們可以找到非常接近獨立猜對那些問題答案的機率。對於猜測 2 和 3，我們就必須做些假設。

再一次，這裡是 Lois 所做的猜測，以及各自獨立來看，每一個猜測的勝算的真實計算過程。

這裡所涉及的數學，對於被要求為這一連串不太可能發生的事件產生可能性陳述的統計學家而言，算是容易的部分。困難的部分在於決定起始值，即構成方程式的那些元素。如你在我們嘗試估算 Lois 有多幸運的過程中所見，我們必須做出一些稍微狂野但還算合理的猜測，以得知任何特定事件發生的機率。大多數時候，統計學家其實都無法真正得知那些基本機率。他們通常會專注在機率可被得知的理論情況，而非像 Lane 小姐所遇到的那些真實世界問題。

---

**猜測 1**。五部裝甲車中，哪一部實際載有 Metro Bank 的現金？這是最簡單的一個。五種可能性，一個正確選擇。機率是 5 分之 1 或 1/5。

**猜測 2**。Lois 猜到放有一家大型公司薪資的保險箱的開鎖組合。這是一個真正的謎題。Lois 不只猜到應該轉到的那五個數字，她也猜到這五個數字必要的順序，以及輪盤必須轉動的方向。

在真實世界中，這種組合式密碼鎖有各種不同類型，所以很難確定關於這個問題我們應該做出什麼假設。我曾對保險箱的開鎖做過一點研究（就說是為了這個 hack 所做的吧），而我也學到了一點關於保險箱組合鎖的知識。通常，一個組合序列總共會有一到八個數字。我會猜三或五個數字的序列是最常見的。刻度盤上的數字可能有任何範圍的值，但對於大型保險箱（例如故事中的薪資保險箱）來說，0 到 99 是最常見的。

所以，一開始我們假設她在有三或五個數字組合的兩種保險箱中隨機挑了一種，這個猜測的機率是 2 分之 1，或 1/2。假設她每次都從 0 到 99 的範圍中隨機挑選一個數字，那麼對序列中的每個數字而言，就是 100 分之 1，或 1/100。她還得猜測起始方向。讓我們假設大多數的保險箱，有 80% 是先向左，而只有 20%，即 5 分之 1 是先向右（這也是她的猜測）。

到目前都沒問題。但出於 Lois 實際指出的組合，在這裡會變得非常棘手。她的預測是「11 右… 13 左… 5 左…回到 8…往前到 15」。這是一種非常奇怪的組合。首先，唸出組合的順序通常是不同的：*左 13*，而非 *13 左*。其次，連續*兩次*往左有可能有意義嗎？你當然得改變刻度盤的方向才能將每個數字鎖定在序列中。畢竟，刻度盤每次往左的路上都會經過許多數字。它要如何知道是否要計數經過的每個數字以作為組合程序的一部分呢？我會單純假裝那位匿名的作者稍微報錯了這個序列，不然我就得停在這裡無窮的混淆迴圈中，只能把手指頭放在鍵盤上，永遠無法再繼續了。

最後，為什麼 Lois 會開始說「往回」和「向前」而非左與右呢？那只會讓她的指示更不清楚（或許是為了掩護自己，以防失敗？）。同樣地，我會假設她用那些詞來代表方向的改變，即使*往回*大概代表*左*，而*往前*大概代表*右*，這真的只會讓事情變得更複雜。那麼這個猜測保守的一組機率就會是 $1/2 \times 1/5 \times 1/100 \times 1/100 \times 1/100 \times 1/100 \times 1/100$。那是 100,000,000,000 分之 1。

**猜測 3**。Lois 也猜到鎮上最富有的人未公開的電話號碼。有幾種方式可以找出這個機率。

首先，如果 Lois 有點天真（不是要冒犯 Lois 的粉絲，只是我猜她是那樣而已），她設下的條件限制，可能只有電話號碼必須有七個數字，而且不能以 0 開頭。在這些規則之下，會有 9,000,000 個可能的電話號碼。這裡假設我們是從 10,000,000 個可能的七位數號碼開始計算的（9,999,999 是最高的七位數號碼，然後為 0,000,000 這個號碼加上一個）。

如果我們不能把從 0 開始的任何號碼算在內，那就消除了號碼 0,000,000，以及所有的六位數或更少的號碼（他們有 999,999 個）。這是我們能夠消除的整整一百萬個可能性。所以，在這種情境下，Lois 猜中號碼的機率會是 9,000,000 分之 1 或 1/9,000,000。讓我們暫時放下對她的疑慮，假設她不會猜測她自己的電話號碼，或是她背起來的其他電話號碼。我猜那大約有 10 組左右。所以 Lois 有 8,999,990 之 1 的機會猜中。

一個比較聰明的 Lois（為了這裡的說明所做的假設）可能會知道 Metropolis 這個都市中特定的電話交換機號碼（exchanges），或是可能用於未公開號碼的那些數字，或是用於鎮上富有地區的號碼，或之類的。在那時，在特定的區域碼中，前三個數字被稱為電話交換機號碼，它們只有少少的一組可能數字。Metropolis 這種大小的都市可能會有五十個左右經常被使用的這種號碼，所以她可能會從中挑選。在這種「聰明 Lois」的情境中，她猜中的機率就大大改善了。現在，她只需從 500,000 個號碼中盲目挑出一個，而非 9,000,000 個。她的機率可以是 500,000 分之 1 或 1/500,000。我對 Lois 智力的粗略估計指出，這種情境不是最有可能的，但她是一個大型都市報社的記者，所以她可能會有這些知識。讓我們仁慈一點，就這樣假設吧！

**猜測 4**。最後，Lois 猜對「20,000」棵樹中，哪一棵底下埋藏著銀行搶匪的贓物。就像猜測 1，這也是相當容易計算的一個。如果埋藏贓物的樹林裡真的剛好有 20,000 棵樹（而這個數字大概只是一個估計或捨入過的），那麼正確猜中的機率就是 20,000 分之 1 或 1/20,000。

## 最終機率

所以，在我們放下對 Lois 的疑慮，做了對她有利的假設，認為她懂保險箱的組合鎖和電話的號碼系統之後，連續猜對這四個問題的機率就是 1/5 × 1/100,000,000,000 × 1/500,000 × 1/20,000。這一連串幸運的猜測出現的機率，保守估計，會是 5,000,000,000,000,000,000,000 分之 1，甚至比原本就已經很難相信的 326,454,839,048 分之 1 還要驚人。

「超人，我懂了！我只是幸運到碰上了那一次機會」，Lois 做出這樣的結論。確實如此。當然，這個機率甚至比超人有一天會向 Lois 求婚還要更低，但那發生了。所以，我是誰呢？怎麼有資格搞砸超人先生與超人太太的好事呢？

## 解開神奇巧合之謎

### HACK #62

機率的模式會產生一些異常有趣的巧合。這裡談論如何解讀看似無法置信的巧合。

統計學家一個偶爾讓人感到不快的任務是把各個角落都充滿奇思異想、令人愉悅的巧遇和驚喜的世界，轉換成一個沉悶、可預測又無趣的地方。在此，我即將要那樣做，所以如果你想要保持樂觀、正面的角度看待這個世界，那就跳過這個 hack，挑選另一個來讀（我推薦較愉快的主題，例如**贏得大富翁遊戲 [Hack #51]**）。

我選擇科學一點，以理性看待這世界，並以因果關係所產生的結果為基礎。我的問題（或許也是你的，如果你的思維方式跟我一樣的話）是，面對異常情況（難以解釋的非預期事物）時，我很容易把所發生的事情視為某種神祕的、精神的或超自然存在的證據。巧合就是很好的例子。當我親眼目睹一件不可思議的巧合，我傾向於落入非科學解釋的安慰之中，例如命運或同步性（synchronicity）。

*Synchronicity*（同步性）被精神病學家的先驅 Carl Jung 用來指稱具有個人意義的巧合。他認為這為我們提供了洞察潛意識的內在世界的機會，但仍然也會賦予它們偽神秘的解釋。他並不是統計學家。

我問題的解答（也或許是你的，如果你還站在我這邊的話），是思考一下並應用一些基本的機率法則。如此，我就能對這些事情有所掌握，並在考慮到宇宙中所存在的超大型樣本大小之後，把這種巧合視為是必然發生的。藉由套用這些法則，我就能對我所生活的世界感覺良好一點。我就能在機遇的懷抱中安然入睡，並且不需要神秘、奇幻的解釋。這裡是你遇到下一個神奇巧合時，可以用來應付它們的三個策略。

## 比較可能的結果數

我還是個小孩時，很習慣在我讀的漫畫書（例如 *Statboy and His Flying Dog, Parameter*）上看到一個常見的廣告。這個廣告賣的是修改過的美國一分錢硬幣，上面除了標準的 Lincoln 頭像之外，還多了 John F.Kennedy 的畫像。為了說明這兩位總統為何應該擺在一起，他們還列出了這兩位總統共有的一長串「驚人」的巧合（另外，記得沒錯的話，如果買了一組這種硬幣，我甚至會拿到一張小型的海報，上面列有那些相似之處）。

那個清單上面所列的，不僅是明顯的事情，還有像是他們兩人都被刺殺、兩人都由名為 Johnson 的副總統繼任。我能夠（當時也確實那麼做）把這些巧合解讀為他們兩人之間有某種重要且有點魔幻的關聯之證據。讓我們使用這些巧合作為例子，並把它當作一個研究問題來處理：這兩位總統之間的相似之處，是否不尋常地多？

> 現在的我發現，就是那個漫畫書上的廣告導致我有一段時間認為 *coincidence*（巧合）這個詞衍生自 *coin*（硬幣）。當然，我很快就學到事情不是那樣（當然是在研究所之前），而是與 co-incidents（同時發生的事件）有關。

要決定一個巧合是真的很神奇或是單純可預測的，可以使用的一個工具就是計數可能的結果數，然後判斷給定的那個結果（巧合）是否不太可能是碰巧發生的。這就是**預測一大群人中是否有人生日相同 [Hack #45]** 時所採取的做法。

**表 6-1** 的第一欄顯示了在那些舊漫畫書廣告中所列出的一些巧合，這種東西也可以在「難以置信」類的出版物中找到。第二欄顯示簡短的一串特質，它們是這兩個人可能共有但實際上並不一樣的特質。

表 6-1　比較 Abraham Lincoln 和 John F. Kennedy

| 一些驚人的巧合 | 一些平凡無奇的非巧合 |
| --- | --- |
| 都被刺殺。 | 身高不同。 |
| 當選那年都是 60 結尾的。 | 體重不同。 |
| Kennedy 的刺客從一間倉庫開槍，然後躲在一家戲院；Lincoln 的刺客在一家戲院開槍，然後躲在一間倉庫（好吧，總之是穀倉）。 | 他們死的時候年紀不同（雖然他們出生時年紀是相同的）。 |
| Lincoln 是在 Ford 的戲院中被槍擊；Kennedy 是在一輛 Ford 中被槍擊。 | 他們生於不同年的不同日期。 |
| 兩人都在星期五被殺。 | 兩人的中間名不同。 |

| 一些驚人的巧合 | 一些平凡無奇的非巧合 |
|---|---|
| 兩人被殺時，都是坐在他們妻子旁邊。 | 兩人的妻子名字都不同，而鞋子大小或許也不同。 |
| 兩人的繼任者都叫做 Johnson。 | 他們繼任的前任總統名字都不同。 |
| | Lincoln 有留鬍子；Kennedy 沒有（想到這點，他們的臉有數百個面向不同）。 |
| | Kennedy 大概偶爾有玩板球；Lincoln 一生從未玩過板球。 |

把焦點放在 Lincoln 和 Kennedy 之間相對少數的巧合，然後忽略那些幾乎有無限多的不同之處，我們很容易對某些離奇的連結之存在有不正確的認知。當然，奇特的關聯仍然可能存在，但「巧合」並沒有為它們提供證據。

## 找出真正的機率

如果你經常玩撲克（如果你是 Hollywood 小有名氣的藝人，你顯然不時在玩），你就知道很少會看到同花大順（royal flush）：一手五張牌分別是 10、J、Q、K 和 A，全都同花色。如果你的對手拿到了一手同花順，不會是很神奇的事情嗎？你會懷疑有作弊之虞嗎？這全都取決於你一生中見過多少手撲克牌組，我猜啦，或者是留在你最近記憶中的那些。

讓我們以一次發出五張牌的簡單情況來進行我們的數學計算。要找出一次發出五張牌拿到同花大順的機率，我們可以先計算可能的五張撲克牌組有多少種，然後與定義為同花大順的那些組合之數目做比較。這個過程需要三個步驟：

1. 在順序有關係的情況下，計算可能的卡牌排列數。我們先從這開始，是因為其中的數學是最容易的。52 張牌的任何一張都可能是第一張牌，接著剩餘的 51 張都可能是下一張牌，然後是 50 張中任何一張，依此類推，一直到 48 張中的任一張。所以，考慮到順序時，可能的卡牌排列數為：

$$52 \times 51 \times 50 \times 49 \times 48 = 311,875,200$$

2. 不過順序並不重要。所以，我們把這所有可能排列的巨大總數除以可能的不同牌卡序列之數目。不同序列的數目為 $5 \times 4 \times 3 \times 2 \times 1 = 120$，所以可能的五張撲克牌組數為：

$$311,875,200 / 20 = 2,598,960$$

3. 因為可能的同花大順只有四種,每個花色一種,我們就把這個正向
   結果的數目(4)除以可能結果的總數(2,598,960),得到的機率就
   是 .000001539,或是 649,740 分之 1。

你的對手或是你應該每 649,740 手就會拿到一次構成同花大順的五張牌。
所以,如果這真的發生,肯定是很罕見的事。如果在同一局比賽中,這發
生了超過一次,你應該把那解讀為很神奇的巧合或是作弊的證據,由你決
定。我知道我的計算器和我會猜什麼。

> 如果是換牌換到同花大順呢?畢竟,在換牌撲克(draw
> poker)和德州撲克(Texas Hold 'Em)中,玩家有機會改
> 善他們手上的牌,或至少可以引導它朝著某個目標前進。
> 在換牌撲克中,如果你有同花大順中的四張牌,並且希望
> 捨棄第五張,抽一張新的牌,你就有 47 分之 1 的成功機
> 會,或 .021%。如果你有兩次機會改善你手上的牌,勝算
> 就上升到 .043%,或大約每試 25 次會成功 1 次。

## 移除被賦予到無意義事件上的意義

當它必須從資料找出意義時,人腦最能發揮用處。我們令人驚嘆的智慧甚
至可以在實際上沒有意義時找出意義。通常,這會發生在我們認為我們目
睹了奇蹟般的一組巧合出現之時。當我們去找時,就會發現巧合。

極度不可能的事件隨時都在發生,每天的每個小時的每分鐘。這些非常不
可能的事件之所以有趣,只因為我們決定它們是有趣的。想想我們的撲
克牌例子。因為可能的一手五張牌的牌組有大約 2.6 百萬種,任何特定的
牌組之機率都是 2.6 百萬分之一。這個機率對我們決定有特殊意義的牌組
(例如黑桃 10、J、Q、K 和 A)來說是這樣,對我們決定沒什麼特別意
義的牌組(例如梅花 4、黑桃 6、方塊 J、黑桃 Q 和紅心 A)也是如此。
為什麼你抽到同花大順時會很驚訝,而抽到任何其他隨機組合的牌時,卻
不會同等驚訝?所有的撲克牌組的機率都是相同的,是我們指定了意義給
某個特定的結果。

下次,你身處擁擠的地方,例如棒球比賽、遊樂園或機場,而你遇到某個
你認識的人時,請注意這種巧合之所有意義,單純是因為你剛好認識那個
人。沒錯,你會碰到那個特定的人的機會很小(除非你被跟蹤了),但你
百分百可以確定你會碰上其他的人。所有的那些人只是剛好跟你在同一時
間出現在那裡而已。它是個巧合,混合了特定個體的這些人剛好在同一時
間出現在同一個地方,這是極度不可能的,但這對你來說,並不是有意義
的巧合。

如果我們計數你認識的所有人，你會發現遇到你認識的人的機會其實還不小。讓我們假設你認識 200 個人，而你在某個晚上獨自前往了 Kansas City Royals 的棒球比賽。如果那 200 個人每個賽季都會去看一場 Royals 的比賽，而這樣的主場比賽有 81 場，那麼 200 個人的每一個都會有 1/81 的機率跟你在同一個晚上出現在那裡。你會遇到任何一個特定的人（例如你的 Frank 叔叔）的可能性很低，但你知道的某個人會在那裡的可能性很高。大約有 92% 的機率你的 200 名朋友中有一或多個會在那裡，即使它們每個人都不常去看比賽。即便你只認識 56 個人，他們之中有一個或多個人在那裡的機率也大於 50%。

我們經常曝露在會彼此互動且會以非常不可能的方式產生巧合的大量人事物之中。偶爾，那些巧合對我們來說有意義，所以我們注意到它們。令人驚訝的應該是，我們沒有更常注意到這些極度不可能的事件。

## 察覺生命真正的隨機性

HACK #63

在你指責賭場經營不正當的遊戲或以只雇用金髮女郎為由威脅要對你老闆提出法律訴訟之前，這裡有個工具可以幫你區分大概是隨機發生的那些看似不隨機的情況，以及實際上真的不是隨機發生的那些看似不隨機的情況。大概啦。

隨著你越來越注意到機遇在你周圍的世界所扮演的角色，並開始習慣性的以統計駭入日常生活的情境，你可能會對看起來不對勁的模式過度敏感。不要濫用你新獲得的能力，把機率視為了定數。此外，不要預期應該要是隨機的東西看起來會是隨機的，別犯這種錯。

### 隨機看起來是怎樣？

看起來隨機，跟真的是隨機，不是同一件事。當事件有數種可能的且發生機率相等的結果，它們之中任何一個都可能發生。但由於人類心智的運作方式，許多人認為，有數種同等可能結果的事件，其結果的模式看起來應該要有特定的樣子，一種看起來隨機的模樣（不管那是什麼意思）。

舉例來說，真實世界的研究發現，人們傾向於相信，翻轉硬幣時，最可能出現的結果是看起來最混雜的那些。為了闡明這個想法，請看一下**表 6-2**（在仔細閱讀了一下之前，不要去看**表 6-3**）。你認為最可能出現的硬幣翻轉結果是哪個序列呢？

表 6-2　硬幣翻轉的模式，未顯示機率

| 答案 | 人頭與數字的模式 | 機率 |
|---|---|---|
| A | 人頭、數字、人頭、人頭、數字 | ? |
| B | 數字、數字、數字、數字、數字 | ? |
| C | 人頭、人頭、數字、數字、數字 | ? |
| D | 人頭、人頭、人頭、人頭、數字 | ? |

許多人會給出「A」這個答案。或許你也是。被要求解釋為何 A 看起來最為可能時，回答會包括像下列的描述：

- 「其他幾個太規律了。」

- 「A 是最雜亂的，所以最有可能。」

- 「A 看起來最隨機，就好像真的會發生的那樣。」

即使你知道硬幣翻轉是隨機的（假設硬幣是公正的），看起來隨機並不會使某件事情更為可能。所有的這些硬幣翻轉的模式，實際上都同等可能，如表 **6-3** 中所示。

表 6-3　硬幣翻轉模式，顯示機率

| 答案 | 人頭與數字的模式 | 機率 |
|---|---|---|
| A | 人頭、數字、人頭、人頭、數字 | $1/2 \times 1/2 \times 1/2 \times 1/2 \times 1/2 = 1/32 = .03125$ |
| B | 數字、數字、數字、數字、數字 | $1/2 \times 1/2 \times 1/2 \times 1/2 \times 1/2 = 1/32 = .03125$ |
| C | 人頭、人頭、數字、數字、數字 | $1/2 \times 1/2 \times 1/2 \times 1/2 \times 1/2 = 1/32 = .03125$ |
| D | 人頭、人頭、人頭、人頭、數字 | $1/2 \times 1/2 \times 1/2 \times 1/2 \times 1/2 = 1/32 = .03125$ |

被請求預測一連串的硬幣翻轉的某個特定結果時，所有的可能結果必須同樣可能，因為硬幣的每次翻轉都獨立於其他次翻轉。換句話說，該硬幣並不知道剛才它落下時是人頭或數字，所以那個硬幣沒辦法知道下一次翻轉時，它應該落在哪一面。硬幣，就跟骰子或輪盤一樣，沒有記憶。

## 如何認出隨機的結果？

要在看到時知道那是不尋常事件序列（sequence of events），你得決定你要注意的是一種組合（combination）或一種排列（permutation）。在機率理論中，我們討論的是如何藉由查看特定組合（例如任意順序的兩個人頭與兩個數字）的機率和特定排列（會產生三個人頭與兩個數字的確切序列，例如這種特定順序的人頭、數字、人頭、人頭、數字）的機率來計算可能性。

如果你被詢問的是哪個結果最有可能，或是一個給定的結果是否可能是隨機發生的，你要先決定所問的是組合（例如任意順序的人頭與數字的總數，或是抽出五張同花色的紙牌的不同方式之數目），或是關於可能的排列。這兩者之間有幾個重要的差異：

組合

　　組合是指從某個母體隨機抽取時，最終會產生一個特定數目的值總共會有幾種方式。硬幣翻轉的結果就是從理論上由 50% 人頭和 50% 數字所構成的無限大母體中抽取的樣本。組合的數目會變動，取決於我們感興趣的特定的值有幾個。換句話說，抽取五次或翻轉五次時，抽出三個人頭的方法數，會比抽出五個人頭的方法數還要多。所以抽出三個人頭比抽出五個人頭更有可能。

排列

　　排列是給定數目的一組元素能被安排的方法數。換句話說，它們是確切序列的數目。在我們的硬幣翻轉例子中，每一個的值可以是 1 或 2 的五個元素會產生 32 種可能的不同安排方式。所以，**表 6-3** 中所顯示的每個排列都是每 32 次會發生 1 次。

## 如何計算組合數？

可能組合數的計算方式是把抽取一次可能拿到的值的數目（例如硬幣的兩個值：人頭或數字）乘以自己，每抽一次就乘一次：

$$\text{number of values}^{\text{number of draws}}$$

number of draws：抽取次數　number of values：值的數目

五次硬幣翻轉會有 32 種可能的組合（$2^5$）。

這個方程式可用來計算從一個母體抽出特定數目的元素並得到某個**特定**抽取結果（例如三個人頭）的**方法數**：

$$\frac{n!}{r!(n-r)!}$$

前面這個方程式需要這些變數：

$n$　　抽取次數或元素的數目（例如 5 次硬幣翻轉）。

$r$　　感興趣的特定抽取結果（例如 3 個人頭）。

> ! 　階乘（factorial），它表示把一個數字乘以該數字減 1，然後再乘以該數字減 2，依此類推，一直降到 1。舉例來說，5! 代表 $5 \times 4 \times 3 \times 2 \times 1 = 120$（順道一提，這就是**一手五張牌的撲克牌組有 120 種可能組合 [Hack #62]** 的原因）。

所以翻轉五次硬幣拿到三個人頭的方法數為：

$$\frac{5!}{3!(5-3)!} = \frac{120}{6(2!)} = \frac{120}{12} = 10$$

32 種可能組合中的 10 種組合意味著你有 10/32 的時間翻轉一個硬幣五次會剛好得到 3 個人頭，或是 31% 的時間。

---

### 荒島上的統計駭入

如果你是在一座荒島上，沒辦法取得書籍或方程式，但必須找出翻轉硬幣五次時，應該會多常出現剛好三個人頭。你可以使用暴力式的方法，列出所有可能的翻轉結果，然後計算它們之中有幾個剛好有三個人頭。這看起來會像這樣，其中我們感興趣的結果（三個人頭）以粗體顯示：

HHHHH THHHH HHHHT **THHHT HHTTH** THTTH HHTTT THTTT
HHHTH **THHTH HHHTT** THHTT HHTHH **THTHH HHTHT** THTHT
HTHHH **TTHHH HTHHT** TTHHT HTTTH TTTTH HTHTT TTHTT
**HTTHH** TTTHH HTTTT TTTTT **HTHTH** TTHTH HTTHT TTTHT

---

### 何時要感到懷疑？

要判斷一個模式是否為隨機的（也就是偶然發生的），必須：

- 知道特定組合（而非排列）的機率
- 要對抗心理傾向，預期偶然的結果不會產生某種可識別的模式
- 設下標準指出一個事件必須多不可能我們才需要去質疑資料

回到我們翻轉硬幣的表格，現在顯示在**表 6-4** 中，並加上了感興趣的特定結果之機率。

表 6-4　翻轉硬幣的結果與機率

| 順序 | 此順序的機率 | 結果 | 結果機率 |
|------|------------|------|---------|
| 人頭、數字、人頭、人頭、數字 | .03125 | 三個人頭 | .31250 |
| 數字、數字、數字、數字、數字 | .03125 | 五個數字 | .03125 |
| 人頭、人頭、數字、數字、數字 | .03125 | 三個數字 | .31250 |
| 人頭、人頭、人頭、人頭、數字 | .03125 | 四個人頭 | .15625 |

這些結果中，最罕見的是五個數字，進行五次硬幣翻轉時，大約每 100 次會發生 3 次。在給定的任一次嘗試中，它是不太可能發生的，但跨越一連串的嘗試中，它偶爾會發生。如果一連串的嘗試中它經常發生，那就有問題了。

你對什麼程度的可能性感到滿意呢？一個事件必須多罕見你才會認為它不是偶然發生的呢？科學家設下的一個標準是 5%。如果研究的結論指出只有 5% 或更少的時間會出現的一個結果，它通常就會被認為是顯著（significant）的，並且大概就會是機遇之外有某些東西正在產生影響的證據。

不過你得自行決定什麼時候你要控告有人作弊。做這種決定時，祝你好運囉！它應該只有小於 5% 的時間會導致拳打腳踢。

—*Jill Lohmeier* 與 *Bruce Frey*

## 看出偽造的資料

HACK #64

如果你以前從未想過這點，你可能會很自然地假設在大多數的隨機資料集中，所有的數字（digits）都同樣可能出現。但依據 Benford's Law（班佛定律），在自然發生的許多種資料中，數字越小，它出現在首位數字（leading digit）的情況就會越常見。你可以使用這個秘密知識來檢查任何資料集的真實性。

19 世紀，遠在電子計算器出現以前，科學家使用發表在書籍中的表格來找出對數（logarithms）的值。觀察力特別敏銳的 19 世紀天文學家和數學家 Simon Newcomb 注意到，這些含有對數表格的頁面中，頭幾頁磨損的情況會比後面幾頁還嚴重。Newcomb 的結論是，以 1 開頭的數字出現的次數比 2 開頭的數字還要多，以 2 開頭的數字出現的次數比 3 開頭的數字還要多，依此類推。

Newcomb 在 1881 年的 American Journal of Mathematics 發表了基於他觀察的一個實證結果，指出以 *d* 這個數字（digit）開頭的一個數字（number）在自然發生的許多種資料中出現的機率，其中 *d = 1, 2, … 9*。Newcomb 的**第一有效數字定律**（*first significant digit law*）並沒有得到太多注意，被人所遺忘，一直要到超過 50 年後，General Electric 這家公司的物理學家 Frank Benford 才注意到磨損嚴重的對數表格上有相同的模式。

在廣泛的各種資料（包括原子重量、河流流域面積、人口普查數字、棒球統計資訊，以及金融資料等）上大規模的測試（20,229 個觀察值！）之後，Benford 在 Proceedings of the American Philosophical Society（Benford, 1938）上發表了關於這第一有效數字的相同機率定律。這一次，第一有效數字定律吸引了很多關注，成為知名的 *Benford's Law*。雖然 Benford's Law 在 1938 年包含大量統計證據的論文之後變得相當廣為人知，但它缺乏嚴謹的數學基礎，這部分的證據要到 1996 年才由 Georgia Tech 的數學教授 Theodore Hill 所提供（Hill, 1996）。

今天，Benford's Law 普遍應用在自然資料會出現的數個領域中。Benford's Law 最實務的應用或許就是偵測會計中詐欺性的數據（或無意的錯誤），這是 Saint Michael's College 的商業管理與會計教授 Mark Nigrini 首創的應用（*http://www.nigrini.com/*）。

虛構資料的偵測不僅在會計中有其重要性，在廣泛的其他應用中也是（例如藥物測試的臨床試驗）。這個 hack 描述 Benford's Law，示範如何應用它，提供它為何有效的一些直覺解釋，並且給出何時可套用 Benford's Law 的一些指導方針。

## 它如何運作？

在它最簡單的形式中，Benford's Law 指出，在許多自然發生的數值資料中，第一個（非零）的有效數字之分布依循一種對數型的機率分布，如下列所述。依照 Hill（1997）所用慣例，讓 $D_1(x)$ 代表一個數字 $x$ 的第一個以 10 為基數（base 10）的有效數字。舉例來說，$D_1(9108) = 9$，而 $D_1(0.025108) = 2$。

然而，根據 Benford's Law，$D_1(x) = d$ 的機率，其中 $d$ 可以等於 1, 2, 3, …, 9，可由下列方程式得出：

$$P(D_1{=}d) \;=\; \log_{10}\!\left(1 + \frac{1}{d}\right)$$

因此，**表 6-5** 給出第一有效數字的機率。

表 6-5　Benford's Law 之下第一個數字的機率

| 第一個非零數字 | 依據 Benford's Law 的機率 |
|---|---|
| 1 | 0.301 |
| 2 | 0.176 |
| 3 | 0.125 |
| 4 | 0.097 |
| 5 | 0.079 |
| 6 | 0.067 |
| 7 | 0.058 |
| 8 | 0.051 |
| 9 | 0.046 |

## 應用此定律

要示範如何運用 Benford's Law，我會考慮兩個你能自行驗證的範例。

**街道地址**。要看 Benford's Law 如何作用，打開你城市或鄉鎮的電話簿，翻到任何一頁，記錄以每個非零十進位數字開頭的房屋號碼的數目。兩頁應該就足夠了。除非你的城鎮有什麼不尋常的事情發生，相對次數都應該類似於 Benford's Law 所預測的個別機率。

**表 6-6** 顯示從 2005–2006 Narragansett/Newport/Westerly, RI Yellow Book 這本電話簿（白頁章節）的兩頁擷取出來的 413 個房屋號碼。

表 6-6　遵循 Benford's Law 的地址

| 第一個非零數字 | 房屋號碼的第一個數字的相對次數 | 根據 Benford's law 的機率 |
|---|---|---|
| 1 | 0.334 | 0.301 |
| 2 | 0.174 | 0.176 |
| 3 | 0.143 | 0.125 |
| 4 | 0.075 | 0.097 |
| 5 | 0.073 | 0.079 |
| 6 | 0.075 | 0.067 |
| 7 | 0.046 | 0.058 |
| 8 | 0.043 | 0.051 |
| 9 | 0.036 | 0.046 |

圖 6-1 更清楚地顯示這個模式。

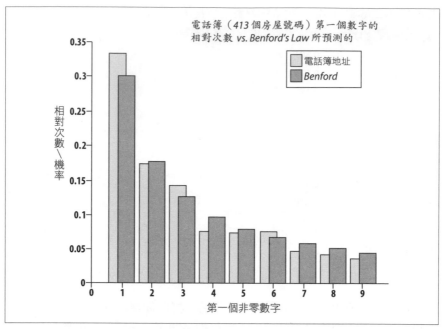

圖 6-1　遵循 Benford's Law 的街道地址

雖然與 Benford's Law 的相符程度並非完美，但你可以看到相當合理的吻合度。如果採樣的地址數更大一點，所產生的相對次數就會更靠近 Benford's Law 所預測的機率。

**股票價格。**我們知道股市也會依循 Benford's Law。你可以自己去獲取更新到分鐘內的最新 NASDAQ 證券價格（*http://quotes.nasdaq.com/reference/comlookup.stm*）來做驗證。

**圖 6-2 和表 6-7** 顯示 2006 年 1 月 27 日的 NASDAQ 證券價格的第一個非零十進位數字的相對次數，以及 Benford's Law 所預測的機率。

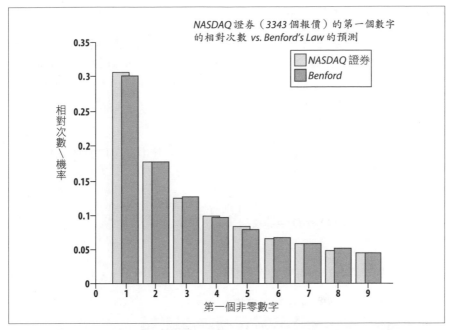

圖 6-2　遵循 Benford's Law 的股市

表 6-7　遵循 Benford's Law 的 NASDAQ 證券

| 第一個非零數字 | NASDAQ 證券的第一個數字的相對次數 | 根據 Benford's Law 的機率 |
|---|---|---|
| 1 | 0.301 | 0.301 |
| 2 | 0.167 | 0.176 |
| 3 | 0.133 | 0.125 |
| 4 | 0.095 | 0.097 |
| 5 | 0.082 | 0.079 |
| 6 | 0.071 | 0.067 |
| 7 | 0.055 | 0.058 |
| 8 | 0.045 | 0.051 |
| 9 | 0.049 | 0.046 |

你可以在 *http://homepage.mac.com/samchops/benford/* 取得用來產生本節表格和示意圖的 Matlab 程式碼。此外，Mark Nigrini 提供了他的 DATAS 軟體（包括一個免費的 EXCEL 程式），它能為第一個數字、第二個數字和頭兩個數字做更為精密的資料分析，在此取得：*http://www.nigrini.com/datas_software.htm*。

## Benford's Law 更廣義的描述

Benford's Law 不僅適用於第一個非零數字,也包括了其他數字(digits)的機率。同樣地,根據之前的討論,讓 $D_2(x)$ 代表 $x$ 這個數字(number)的第二個以 10 為基數的有效數字(significant digit)。舉例來說,$D_2(9108) = 1$、$D_2(9018) = 0$,而 $D_2(0.025108) = 5$。請注意,不同於第一有效數字,第二有效數字可以是零。

然後,根據 Benford's Law,$D_2(x) = d$ 的機率,其中 $d$ 可以等於 0,1, 2, $\cdots$, 9,可由下列方程式給出:

$$P(D_2=d) = \log_{10}\left[1 + \left(\sum_{i=1}^{k} d_i \cdot 10^{k-1}\right)^{-1}\right]$$

這個公式得出了第二個有效數字的機率,如**表 6-8** 所示。

表 6-8　Benford 的第二有效數字定律

| 第二有效數字 | 根據 Benford's Law 得出的機率 |
|---|---|
| 0 | 0.11968 |
| 1 | 0.11389 |
| 2 | 0.10882 |
| 3 | 0.10433 |
| 4 | 0.10031 |
| 5 | 0.09668 |
| 6 | 0.09337 |
| 7 | 0.09035 |
| 8 | 0.08757 |
| 9 | 0.08500 |

從**表 6-8**,你可以看到第二個數字的機率之間的差異並不如第一個數字所對應的機率那樣巨大。

現在,回到股市。要演示 Benford's Law 與第二個有效數字的關聯,我計算出了前面 NASDAQ 證券範例第二個有效數字的相對次數。**表 6-9** 中的結果再次顯示出了與 Benford's Law 的預測值很接近的機率。

表 6-9　NASDAQ 證券價格遵循 Benford 的第二數字定律

| 第二個數字 | 第二個數字的相對次數 | 根據 Benford's Law 的機率 |
| --- | --- | --- |
| 0 | 0.12803 | 0.11968 |
| 1 | 0.11427 | 0.11389 |
| 2 | 0.10918 | 0.10882 |
| 3 | 0.10290 | 0.10433 |
| 4 | 0.10230 | 0.10031 |
| 5 | 0.09273 | 0.09668 |
| 6 | 0.09064 | 0.09337 |
| 7 | 0.09153 | 0.09035 |
| 8 | 0.08406 | 0.09035 |
| 9 | 0.08436 | 0.08500 |

一個更廣義的 Benford 機率公式可用來計算第 $n$ 個數字（$n$th digit）的個別機率。讓 $D_k(x)$ 代表一個數字 $x$ 的第 $k$ 個以 10 為基數的有效數字。那麼，根據 Benford's Law，$D_1(x)=d_1$, $D_2(x)=d_2$,···, $D_n(x)=d_n$ 的機率可由下列方程式得出：

$$P(D_1=d_1,D_2=d_2,\ldots,D_n=d_n) = \log_{10}\left[1 + \left(\sum_{i=1}^{n} d_i \cdot 10^{n-i}\right)^{-1}\right]$$

請注意，如果 $k$ 不等於 1，那麼 $d_k$ 就能等於 0, 1, 2, ···, 9，而如同前面提過的，$d_1$ 可以等於 1, 2, ···, 9。

## 這在其他哪些地方行得通？

Benford's Law 的兩個特性是尺度不變性（*scale invariance*）和基數不變性（*base invariance*）。

**尺度不變性。** Benford's Law 具有尺度不變性，也就是說，如果你把資料乘以任何的非零常數，你所得到的分布依然會遵循 Benford's Law。因此，股票報價的單位是美元、第納爾（dinars）或謝克爾（shekels），或河流長度的單位是英里或公里，都沒有關係，不會有差異。你最終得到的資料都會遵循 Benford's Law。

要證明這個，我用了前面範例中的 NASDAQ 證券資料，把每個值乘上 π。如你在**表 6-10** 中所見，相對次數仍然遵循 Benford's Law。

表 6-10　NASDAQ 證券放大 π 倍後仍遵循 Benford's Law

| 第一個非零數字 | NASDAQ 證券的第一個數字的相對次數 | 依據 Benford's Law 的機率 |
|---|---|---|
| 1 | 0.306 | 0.301 |
| 2 | 0.176 | 0.176 |
| 3 | 0.123 | 0.125 |
| 4 | 0.097 | 0.097 |
| 5 | 0.081 | 0.079 |
| 6 | 0.066 | 0.067 |
| 7 | 0.058 | 0.058 |
| 8 | 0.049 | 0.051 |
| 9 | 0.045 | 0.046 |

**基數不變性**。Benford's Law 的基數不變性（base-invariant property）指出，它不僅適用於基數為 10（base 10）的情況，也能用於更廣義的基數。此外，Theodore Hill 也證明 Benford's Law 是唯一具有這種特性的機率定律（Hill, 1995）。

> 你可以在 Hill（1997）中找到 Benford's Law 使用廣義的基數 b 時的公式。參考資料的細節請參閱本章的「也請參閱」章節。

Benford's Law 在具有下列特徵的資料上運作得最好：

**足夠的變異性**

變異性（variability）越高，Benford's Law 的效果就越好。

**沒有內建的最大值或其他類似的限制**

舉例來說，Benford's Law 就不適用於高中高年級生的年齡，或是當地老人會的成員。

**產生自計數或測量的數字**

舉例來說，對於社會安全號碼（social security numbers）和郵遞區號來說，它就不那麼適合，因為它們單純是識別號碼，而非真正的數值。

**大型樣本大小**

資料集越大，Benford's Law 就越合適。

隨機抽樣

資料產生自大量的隨機樣本，並且來自大量的隨機選取的機率分布。理解到這點讓 Hill 成功證明了 Benford's Law（Becker, 2000； Hill, 1999）。

既然稅務資料強烈遵循 Benford's Law，它也被用來找出虛假的納稅申報，而且相當成功。描述 Benford's Law 的一些基本特色時，我們示範了每個人都可以進行骯髒但快速（quick-and-dirty）測試來找出資料的違規之處。更具體地說，任何人都能輕易計算第一個數字的相對次數，並把結果與 Benford's Law 預測的機率放在一起比較。

實務上，專家和相關單位用來識別出與 Benford's Law 的偏差和其他不規則之處的程式可能相當複雜。另一個要記住的重點是，與 Benford's Law 有所偏離並不是詐騙的證明，但確實提出警示，建議做進一步的調查。

> 關於使用 Benford's Law 來偵測詐欺的更多細節，包括「符合程度（goodness-of-fit）」的試驗，請參閱 Nigrini（1996）。請前往這個 hack 的「也請參閱」章節來查看參考資料的細節。

## 這為何行得通？

雖然 Benford's Law 的證明相當技術性，這個數學原裡有一些具有洞察力且直覺的解釋。我覺得特別有吸引力的這種解釋是由 Mark Nigrini（1999）所提供的。

他的解釋如下。假設有一筆投資的初始金額 $100 預期會以年利率 10% 的幅度成長，那麼這個總金額的第一個數字要變為 2，將會需要大約 7.3 年。這是因為總金額必須增加 100% 才能達到 $200 的值。相較之下，考慮 $500 增加到 $600 所需的時間。如果我們同樣假設年增長率 10%，要達到 $600 就大約需要 1.9 年。所以，投資金額的第一個數字是 5 的時間會比第一個數字是 1 的時間還要少很多。一旦總金額達到 $1,000，它就會需要大約 7.3 年的時間，其第一個數字才會變為 2（另一次的 100% 增長）。

真實世界更為複雜一點，但這可以幫忙解釋為什麼 1 比其他較大的數字（digits）更常出現在第一個數字。另一個直覺解釋是，小城鎮比大型都市多，而較短的河流比較長的河流多。

## 它在哪裡行不通？

Benford's Law 較不太可能應用在變異性不夠的資料集，或非隨機選取的資料集。舉例來說，電腦檔案的大小大略依循 Benford's Law，但只在所選的檔案類型不受限的情況下是這樣。

為了示範這點，我找出了一部 Apple PowerBook G4 電腦上檔案大小的第一個數字。結果顯示於**圖 6-3** 和**表 6-11** 中，有顯現出 Benford's Law 的模式。

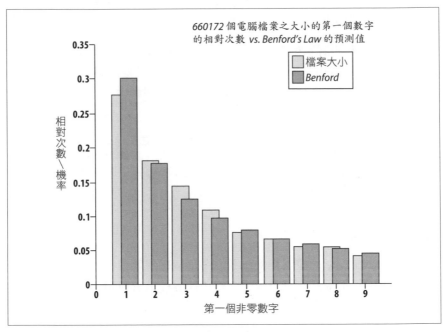

圖 6-3　遵循 Benford's Law 的電腦檔案大小

表 6-11　約略遵循 Benford's Law 的電腦檔案

| 第一個非零數字 | 660,172 電腦檔案的第一個數字的相對次數 | 根據 Benford's Law 得出的機率 |
| --- | --- | --- |
| 1 | 0.277 | 0.301 |
| 2 | 0.181 | 0.176 |
| 3 | 0.144 | 0.125 |
| 4 | 0.107 | 0.097 |
| 5 | 0.076 | 0.079 |
| 6 | 0.067 | 0.067 |
| 7 | 0.054 | 0.058 |
| 8 | 0.054 | 0.051 |
| 9 | 0.041 | 0.046 |

雖然圖 **6-3** 和表 **6-11** 中所顯示的結果依據的是 660,172 個檔案，表 **6-12** 顯示出 600 個的樣本大小就大到足以展現 Benford's Law 的模式（雖然沒有大型樣本那麼明顯），前提是檔案樣本是隨機的。

表 6-12　隨機選取的 600 個電腦檔案大小

| 第一個非零數字 | 600 個電腦檔案的第一個數字的相對次數 | 根據 Benford's Law 得出的機率 |
| --- | --- | --- |
| 1 | 0.262 | 0.301 |
| 2 | 0.187 | 0.176 |
| 3 | 0.147 | 0.125 |
| 4 | 0.107 | 0.097 |
| 5 | 0.069 | 0.079 |
| 6 | 0.070 | 0.067 |
| 7 | 0.052 | 0.058 |
| 8 | 0.057 | 0.051 |
| 9 | 0.052 | 0.046 |

為了比較，我計算了同一部電腦上一個 iTunes 音樂資料庫中 MP3 檔案的相對次數。表 **6-13** 和圖 **6-4** 顯示這組檔案並沒有遵循 Benford's Law。

表 6-13　沒有遵循 Benford's Law 的音樂 MP3 檔案

| 第一個非零數字 | 601 個 MP3 檔案的第一個數字的相對次數 | 根據 Benford's Law 得出的機率 |
| --- | --- | --- |
| 1 | 0.080 | 0.301 |
| 2 | 0.097 | 0.176 |
| 3 | 0.276 | 0.125 |
| 4 | 0.270 | 0.097 |
| 5 | 0.161 | 0.079 |
| 6 | 0.070 | 0.067 |
| 7 | 0.023 | 0.058 |
| 8 | 0.013 | 0.051 |
| 9 | 0.001 | 0.046 |

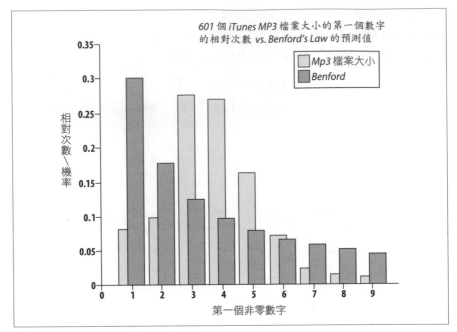

圖 6-4　沒有遵循 Benford's Law 的音樂 MP3 檔案

這大約 600 個 MP3 音樂檔案的檔案大小沒有近似 Benford's Law 並不讓人感到意外，因為 MP3 音樂檔案的大小所展現的變異性比隨機選取的任何 600 個電腦檔案都還小得多。

## 也請參閱

- Becker, T.J.(2000)."Sorry, wrong number: Century-old math rule ferrets out modern-day digital deception," *Georgia Tech Research Horizons*, *http://gtresearchnews.gatech.edu/reshor/rh-f00/math.html*.

- Browne, M.(1998)."Following Benford's law, or looking out for no.1. " *The New York Times*, 1998 年 8 月 4 日。

- Fawcett, W. (n.d.). "Significant figure generator." *http://williamfawcett. com/flash/SigFigDistbGen.htm*.

- Benford, F.(1938)."The law of anomalous numbers." *Proceedings of the American Philosophical Society*, 78, 551–572.

- Hill, T.P.(1996)."A statistical derivation of the significant digit law." *Statistical Science*, 10, 354–363.

- Hill, T.P.(1995)."Base-invariance implies Benford's law." *Proceedings of the American Mathematical Society*, 123, 887–895.

- Hill, T.P.(1997)."Benford's law." *Encyclopedia of Mathematics Supplement*, 1, 112. Kluwer.

- Hill, T. P. (1999). "The difficulty of faking data." *Chance*, 26, 8–13.

- Newcomb, S.(1881)."Note on the frequency of use of the different digits in natural numbers." *American Journal of Mathematics*, 4, 72–40.

- Nigrini, M.(1999)."I've got your number: How a mathematical phenomenon can help CPAs uncover fraud and other irregularities." *AICPA Journal of Accountancy Online Journal*, 1999 年 5 月 , *http://www.aicpa.org/pubs/jofa/may1999/nigrini.htm.*

- Nigrini, M.(1996)."A taxpayer compliance application of Benford's law." *Journal of the American Taxation Association*, 18, 72–91.

- 你可以在此取得產生本節中表格和示意圖的 Matlab 程式碼：*http://homepage.mac.com/samchops/benford/*。你必須安裝有 Matlab（*http://www.mathworks.com*）才能執行那些程式碼。

—*Ernest E. Rothman*

## 功勞要歸功於應得之人

HACK
#65

文本計量分析（stylometrics）是一種統計程序，用來辨識定義一名作者寫作風格的底層維度。它使用因素分析（factor analysis）的方法來判斷誰寫了什麼。

Howe-Mutch 教授碰到了一個問題。他最好的兩名學生正坐在他的辦公室中，希望解決某個爭端。Howe-Mutch 博士把 A+ 的榮耀給了 Paul 的期末論文（談論巧克力牛奶的歷史重要性）。問題在於，Lisa 宣稱那是她寫的，並做出了抄襲的指控！兩位都是過去曾為他撰寫過高品質論文的好學生。所以，要判斷誰是真正的作者，並不簡單，要接受他最喜愛的學生之一作弊，也不容易。

幸好，這名優秀的哲學博士有多年的經驗，他比他在州立社區學院與卡車學校的兼任教授身分所暗示的還要有智慧。除了其他晦澀的統計愛好，Howe-Mutch 博士還有涉獵**計量文體學**（*stylometry*），它是一種統計方法，用來分類文字作品的風格。這個方法也可用來識別匿名的作者。有幾種可能性或嫌疑人可以挑時，或是在嫌疑人的典型寫作風格廣為人知且已經量化過了的時候，這種方法運作得最好。讓我們看看這名心碎的教授如何應用這些技巧來找出真正的作者。

## 建構一個模型

首先，Howe-Mutch 博士請 Paul 和 Lisa 把他們過去寫的所有其他沒有爭議的論文都帶過來。花一些時間把那些論文掃描到電腦中，藉此建立出兩位寫作者使用的所有不同字詞的資料庫。

> 又或者他們是把電子版寄給他，所以不需要掃描，但這些都跟故事主軸沒關係，所以為什麼要質疑我呢？

對於第一個分析，兩名寫作者所寫的所有字詞都被放在一起。Howe-Mutch 博士計數每個字詞被使用的次數，並在合併起來的資料庫中識別出了 50 到 100 個最常使用的字詞。這些字詞就成為提供資料來進行**因素分析**（*factor analysis*）的項目或關鍵變數。因素分析這種統計程序會檢視各組變數間的**相關性 [Hack #11]**，並識別出相關性比其他變數還要高的**變數叢集**（clusters of variables）。這些成組的變數的共通之處會被假設為它們全都具有的一種因素（factor）、組成部分（component）或維度（dimension）。

就我們的故事而言，我只會顯示 Howe-Mutch 博士識別出為兩人作品中最常見字詞的 10 個。**表 6-14** 顯示那些字詞和它們的使用頻率。檢視 Paul 和 Lisa 寫過的所有這些字詞時，有 4.2% 的時間使用 *the*，1% 的時間使用 *weasel*，諸如此類的。

表 6-14　Paul 和 Lisa 常使用的字詞和它們的頻率

| 字詞 | 頻率 |
|------|------|
| the | 4.2% |
| and | 2.1% |
| to | 1.8% |
| a or an | 1.2% |
| weasel | 1.0% |
| of | 0.8% |
| in | 0.8% |
| that | 0.5% |
| it | 0.4% |
| not | 0.2% |

這些字詞會被用作變數來試圖辨別出能夠描述寫作風格的一或多個維度的底層因素。Paul 和 Lisa 的風格之間的差異可能就在這些維度的不同地方。可能的情況是只需要一個維度或因素就能描述這些字詞用法的變異性，又或者可能需要許多維度。一旦這些維度（由彼此相關的那些變數所定義，或稱維度上的 *load*）被識別出來，任何的寫作樣本就能被放置（*placed*）到由那些因素所架構的理論空間中。

Howe-Mutch 博士因素分析的資料是由寫作樣本中每段的 500 個字詞所提供的。每一段都會收到每個字詞變數的一個分數。這個分數會是該字詞在那個段落被使用的次數。**表 6-15** 顯示 Howe-Mutch 先生所收集的資料的一些例子。

表 6-15　研究資料的樣本

|  | the | and | to | a/an | weasel | of | in | that | it | not |
|------|-----|-----|-----|------|--------|-----|-----|------|-----|-----|
| 第 1 段 | 21 | 8 | 11 | 5 | 4 | 0 | 0 | 1 | 0 | 2 |
| 第 2 段 | 10 | 7 | 15 | 5 | 2 | 10 | 1 | 0 | 0 | 0 |
| 第 3 段 | 5 | 5 | 5 | 2 | 6 | 12 | 2 | 4 | 1 | 0 |
| 第 4 段 | 0 | 2 | 4 | 3 | 1 | 4 | 6 | 8 | 1 | 0 |
| 第 5 段 | 4 | 11 | 16 | 2 | 0 | 3 | 5 | 0 | 3 | 1 |

在**表 6-15** 中，分數代表每個字詞出現在該文字段落的次數。

## 因素分析

接著，Howe-Mutch 會做因素分析，它是一種相當複雜的數學程序，現在都是使用電腦來進行，而研究人員會在過程中的不同時間點做出許多理論驅動的決策。基本上，因素的識別方式是持續探索變數間的關係，一直到找到能夠最大程度解釋整體資料之變異性的一小組變數為止。每組中的變數所共有的共通性提供了定義該因素所需的數學素材。選定了因素之後，任何觀察（在此是一段文字樣本）都能接收到那個因素的分數，然後被放置到那個理論空間中，其中因素的分數就是位置的坐標。

在這個例子中，分析指出有兩個因素很好地描述了樣本文字。因素 1 是由字詞的使用所定義的，例如一端的 *the* 和 *a/an* 與另一端的 *of* 和 *in*。換句話說，文字段落之間的差異在於它們使用冠詞（articles）的頻率，而冠詞使用頻率較高的段落通常介詞（prepositions）的使用頻率就會比較低。因素 2 則是由 *weasel* 這個詞的使用頻率所定義。

在探索式的因素分析中，通常研究人員感興趣的是發現並命名可解釋人類行為與特徵的**構念**（*constructs*，即無形的特徵）。不過對這裡的用途而言，Howe-Mutch 感興趣的只是如何依據這些將它們錨定於兩端的變數（例如字詞的使用）來定義那些維度。他所感興趣的並不是找出為什麼傾向於含有 *the* 這個詞的那些段落經常也會含有 *a* 或 *an*。他也沒興趣知道為什麼 *weasel* 這個詞的使用能夠區分他不同的寫作樣本。就他的目的而言，他只要知道這兩個因素能夠提供幾個良好的坐標軸，來描繪出兩位作者選擇在他們的樣本中使用的所有字詞所構成的空間。

當 Paul 和 Lisa 的每篇樣本論文的因素分數都被計算出來，我們就能很清楚知道兩位作者有不同的風格。Lisa 比 Paul 更常使用 *weasel* 這個詞，她的論文在因素 2 上有比較高的分數。Lisa 的論文也比較頻繁使用冠詞，在因素 1 上分數也相當高。另一方面，Paul 的論文有避免使用 *weasel* 這個詞的傾向，在因素 1 上也比較偏向於介詞那端。

單憑文字很難描述，所以一張示意圖可以幫忙展示樣本文字的所在位置。**圖 6-5** 顯示那兩個因素、定義它們的字詞用法，以及不同的寫作樣本落在兩個因素的哪個位置。為了方便這裡的討論，**圖 6-5** 僅顯示少數幾個寫作樣本，並且僅標示出了**表 6-14** 和**表 6-15** 中的 10 個字詞。這個圖中也包含了那篇有爭議的論文在這個理論維度空間中的位置。

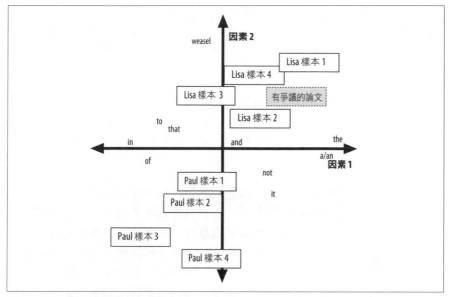

圖 6-5　文字樣本的因素分析

這個神秘事件的解決之道現在已經很清楚了。有爭議的論文具有 Lisa 論文的特性，而非 Paul 的。因為 Paul 和 Lisa 早期的論文展現了一致但不同的風格，至少以字詞出現次數這個定義來說是這樣，這個因素地圖是可用來辨別該篇論文最有可能的作者的一種實用工具。

Howe-Mutch 博士將 A+ 的榮耀頒給了 Lisa，並指責 Paul 的抄襲，而且現在正與 Paul 的律師進行一場漫長的法庭鬥爭，這最終無疑會讓我們優秀的統計學家朋友身無分文。不過重要的事情是，統計程序能讓看不見的變得有形。科學再次獲得了勝利。

## 也請參閱

- "Who wrote the 15th book of Oz?," by J.N.G. Binongo in *Chance*, 16, 2, 9–17.

# 使用巴斯卡三角形快速計算機率

HACK
#66

需要快速得知機率嗎？巴斯卡三角形（Pascal's Triangle）是數字的一種
簡單布局，能讓我們快速且輕易地計算機率。它已經持續發揮作用 300 年
了，我打賭它也能幫上你的忙。

統計學家最常做的事情就是計算機率，這能夠描述各種情況的預期結果。
一個簡單的例子是翻轉硬幣。想像你被要求押注在一次硬幣翻轉的結果
上。有兩種可能的結果，人頭和數字，單次硬幣翻轉得到任一個結果的機
率是 2 分之 1，或 1/2。

如果你知道得到勝利結果有多少種不同的方式及可能的結果總數，這裡的
數學就很簡單。在硬幣翻轉的例子中，得到勝利結果的方式只有一種，而
可能的結果只有兩個。如果我們要多次翻轉一個硬幣，並找出所有可能結
果的數目，以及其中有多少種組合符合我們的勝利條件，所涉及的數學也
只會難一點點而已。舉例來說，如果我在兩次硬幣翻轉中，想要連續得到
兩次人頭，我可以列出所有可能的結果，識別出讓我成為贏家的那些結果
的數目，然後看看所有結果中有多少比例我是贏家。那個比例就會是我勝
利的機率。

不過可被算作勝利的可能結果數通常會比我們簡單的硬幣翻轉例子還要更
複雜，因為嘗試（或擲骰子，或購買樂透彩券，或任何東西）的次數可能
會很多，不同的組合也會有很多。舉例來說，你可能會想要找出你從一頂
帽子中抽出的，或透過某種其他隨機選擇程序挑選的任何物體集合中不同
元素的可能組合數。

想像你和親戚六人要開車前往機場，而你們全都必須搭乘一輛大客車。你
們沒人喜歡彼此，所以你們需要公平的方法來決定誰要坐哪。你會隨機挑
選兩人坐在前座。

給我叔叔 Frank 的私人備註：沒錯，這個例子是以去年感
恩節的「不愉快」改編的。一切都可以原諒，至少在我這
邊的家族是這樣，但我們都認為來年你最好還是開自己的
車過來。

現在，你需要知道你會坐在前座的機率，以及可能會跟誰坐在一起。問題
就是計算這些親戚坐在前座的不同組合有多少種。對於簡單的賭注，例如
硬幣翻轉，以及生死之間的情況，例如坐車的長途旅行，你可以使用叫
做巴斯卡三角形（Pascal's Triangle）的一種數字布局來為你進行數學的
計算。

## 巴斯卡三角形

顯示在**圖 6-6** 中的就是巴斯卡三角形。數字的這種布局具備一些有趣的特性。這裡所顯示的是由 10 列所構成，最低的一列有 10 個數字，但它可以是無限大，有無窮多的列數。外層往下的兩邊全都是 1。下一個對角線也是從 1 開始，不過往下的過程中每次都會遞增 1。

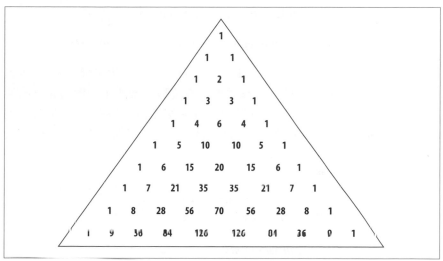

圖 6-6　巴斯卡三角形

類似的有趣進展在整個三角形都找得到。請注意每個數字都是它上面兩個數字的總和：84 是 56 + 28、7 是 6 + 1，依此類推。然而，這些很酷的模式並非我們對這個三角形感興趣的原因，我們是要用它來計算各種結果的機率。

## 使用這種三角形計算機率

Pascal's Triangle（巴斯卡三角形）是以 Blaise Pascal 為名（生活在 1600 年代，非常聰明且非常早期的機率理論貢獻者），它運用到我們要回答各種問題所需的所有計算。

雖然這種數字模式被稱作 *Pascal's Triangle*，但 Pascal 本人從未宣稱這是他原創的。Pascal 的老師 Hérigone 以及大約相同時代的其他同事都有提出過類似的數字模式。

存在一個通用的公式，可用來判斷一種特定類型的可能結果之數目。只要可能的結果剛好有兩種，就適用這個公式，因此，**二項係數**（*binomial coefficient*）這個詞被用來描述這個公式的結果（*bi-nomial* 代表有兩個名稱，或是就統計而言，有兩個結果）。要決定給定的嘗試次數之下，結果可能的二項式組合之數目，我們會使用這個公式：

$$\text{Number of Possible Winning Combinations} = \frac{k!}{k!(n-k)!}$$

Number of Possible Winning Combinations：可能的勝利組合數

可以被輸入到這個公式的一個範圍的可能的值，是這種巴斯卡地圖（Pascal's map）上的坐標。方程式中代表試驗次數或事件數的 $n$ 指出要前往哪一列。方程式中的 $k$ 告訴我們要前往該列上的哪個項目。沿著這個地圖左邊的那些 1 就像是邊界，它們會被算作零。所以，要使用這個三角形，我們會從 0 算起。

> 這個公式中數字後的驚嘆號代表**階乘**（*factorial*），它表示你應該從那個數字倒數到 1，過程中把那些數字乘在一起。舉例來說，5 階乘就是 5×4×3×2×1，或 120。順道一提，根據規則，0! 算作 1。

**評估翻轉硬幣之結果的機率**。對於我們的第二個，稍微較複雜的硬幣翻轉問題，即翻轉一個硬幣兩次剛好得到兩個人頭的機率，就像下列這樣使用此三角形：

1. 要前往的列數，是由我們會做出的硬幣翻轉次數決定，也就是 2。而在那一列中，我們要數到哪個項目，則是由我們想要看到的人頭數來決定的，也就是 2。在我們的硬幣翻轉例子中，2 次試驗的 2 個人頭，就會算到這一列：

   **1 2 1**

2. 然後，數過兩個項目來到 **1**。我們的答案就是 1，所以我們會有一次機會得到兩個人頭。

3. 但這是多少機會中可能有的 1 次機會呢？把你所在的那列的所有數字加起來，你就會得到答案！ 1 + 2 + 1 = 4，所以我們的機會是 4 分之 1，或 25%。

這個三角形也能回答較複雜的問題。假設你想要從六次的硬幣翻轉得到剛好 3 個人頭：

1. 往下數六列（記得要把三角形的頂端算作 0）。你會得到這列：

   **1 6 15 20 15 6 1**

2. 數過三個數字，你會來到 20。六次硬幣翻轉中，有 20 種不同的方式會剛好出現三個人頭。

3. 你會問，那這 20 是多少可能性中的機會呢？把那列中所有的值加起來，我們得到 64。64 分之 20 的時間你會剛好得到三個人頭（或三個數字）。那大約是 31% 的時間。

**估算糟糕的一趟乘車旅行的機率。**這個三角形的另一種用法是展現以特定方式抽出的特定數目的元素有多少可能的組合。我們的乘車旅行範例所感興趣的是，從一組六個人裡面，抽出兩個人的可能組合有多少種。

對於有六個元素的一個集合，你會抽出其中兩個，並配對它們。就這個問題，在定義此三角形的那個二項式公式中，你可以把那六名親戚想成是 $n$，而要抽出的兩個名字則是 $k$：

1. 往下數六列，然後再數過兩個項目，你會碰到數字 15。從六個人裡面抽出兩個人有 15 種可能的組合。

2. 在這個例子中，你感興趣的只是你被抽到，並與一個特定的人一起坐前座的機率。那會是前座乘客 15 種可能的組合中的 1 種。所以，你只有 15 分之 1 的時間會與你那討厭的 Frank 叔叔、Aunt Tillie，或其他人配成對，一起坐前面。

## 這為何行得通？

這個三角形中的數字會與你實際使用那個二項式方程式進行數學計算所推導出來的值相符，但你會注意到這個三角形會在過程中回答數個其他的問題。這些數字的模式、它們的進展方式，都與用來決定機率的其他公式一致。

舉例來說，六次硬幣翻轉所產生的可能組合總數可以藉由加總這個三角形第六列中的值來回答：64。你也可以在數學上推導出那個值，方法是套用一個硬幣可能結果數的通用公式：$2^{翻轉次數} = 2^6 = 64$。

至於你會在六個人裡面挑兩個時，被選為兩個的其中一個，而另外一個人會是其他人裡面的特定一個的機率（我們前往機場的例子），這個三角形會說是 15 分之 1。但你也能以這種方式得出：

1. 在六人裡面挑兩個人的兩人小組中的機率 = 2/6 = .33

2. 特定的一個「其他」人被選取的機率 = 5 個「其他人」分之 1 = 1/5 = .20

3. 這兩種情況都發生的機率 = .33×.20 = .066，而 .066 = 15 分之 1。

所以，當你有一個看起來複雜的問題，涉及到組合與排列，而且有太多的可能性，使得你的大腦轉個不停時，就讓巴斯卡三角形撫慰人心的樂聲為你困惑的心靈帶來平靜吧！

## HACK #67　控制隨機念頭

我們內在思維漂浮不定的本質經常被視為好像是在創造一條無法預測的隨機路徑。你可以利用這個誤解來猜出你身邊的人的想法，方法是增加他們會專注在你希望的任何東西上的機率。

這種詭異的場景並不令人陌生，例如 Edgar Allen Poe 在 *Murders in the Rue Morgue* 中所描述的這個：

> 我們倆都滿懷心思，至少有十五分鐘沒說過一個音節。突然，Dupin 以這些話打破了沉默：「他是一個非常小的傢伙，那是真的，他在 *Theatre des Varietes* 那家雜耍戲院會表現得更好」。我無意識地回答：「那點毫無疑問」，我嚴肅地說道：「Dupin，這超出了我的理解範圍，我毫不猶豫承認我嚇到，幾乎無法相信我的理智了。你怎麼可能知道我在想些什麼呢…？」。

你是否曾經在與他人對談的過程中，心思稍微飄到別的地方去，然後你回頭繼續跟對方說話，講述你所想到的東西，結果另一個人想的正是你剛才在想的東西！

為什麼會發生這種事情呢？你可以讓這種情況發生嗎？你能夠預測其他人即將要說什麼嗎？不只可能，你有的時候確實可以讓它發生，而有的時候你能夠預測其他人要說什麼。如果你們兩個人的背景類似，這就更有可能是真的。

## 精神控制

我們的記憶充滿了字詞、思想、故事等等與其他字詞、思想和故事關聯的東西。如果你希望某個人想到特定的主題，以讓你可以讀她的心思，那麼要騙她去想你希望她想的東西，最簡單的方法就是提到與你想談的主題緊密相關的某個主題。

舉例來說，如果你希望你的朋友開始想到獅子、老虎或是熊，你可以用與那些東西關聯的字詞來 prime（預先準備）她的心智，例如綠野仙蹤（Wizard of Oz）、桃樂絲（Dorothy）、托托（Toto）或甚至是條紋（stripes），因為條紋和老虎（tigers）彼此有高度相關。

所有的字詞在書寫和口語語言中都有特定的出現頻率。有些字詞有非常高的出現頻率（例如 the、it 等），然而其他的字詞有非常低的出現頻率（例如 aardvark）。此外，有些字詞經常會與其他字詞一起出現（例如 salt 和 pepper，或 rhythm 與 blues）。事實上，它們實在太常與其他字詞一起出現，研究人員發現人們只要聽到其中一個字，就會想到那兩個字。

藉由學習這些關聯，我們就能更快速處理送進來的資訊。如果我們聽到 salt（鹽）時，就想到 salt and pepper（鹽與胡椒）了，那麼我們就搶先一步，在餐桌上的友人說出「請幫我拿」之前，就伸手去拿那兩種東西了。

所以，如果你想要「控制」某個人的心智，技巧單純就是知道哪些東西最常一起出現。一個字詞的出現頻率越高，一個人想到它的可能性就越高。同樣地，兩個字詞越常一起出現，只說出其中之一時，就越有可能讓人兩者都聯想到。

## 機率與字詞關聯

對那些經常與彼此關聯的字詞有興趣的研究人員，多年來已經收集了很多資料，想要看看對我們人類來說，什麼是正常的。精神病學家運用字詞間典型的自由聯想關係，作為閱讀潛意識的一種工具。認知心理學家使用相同的資訊來了解大腦處理資訊的方式。

關於線索（cues，呈現出來的可能導向某個關聯的字詞）與目標（targets，線索呈現出來後想到的字詞），我們有大量的已知資訊可用。表 6-16 顯示字詞線索的一個樣本，以及一般人（例如你的朋友）會想到特定目標的機率。這個表提供了一個範圍的好線索和壞線索，以讓你對大多數的心智如何運作有個概念。

表 6-16　字詞關聯的機率

| 線索 | 目標 | 機率 |
|------|------|------|
| condom | sex | .53 |
| bumpy | sex | .01 |
| broccoli | green | .25 |
| broccoli | gross | .01 |
| pajamas | sleep | .36 |
| accident | car | .36 |
| accident | oops | .01 |
| mother | father | .60 |
| mother | goose | .02 |
| orthodontist | teeth | .42 |
| hero | Superman | .17 |
| hero | Batman | .02 |
| statistics | numbers | .26 |
| statistics | boring | .03 |
| coleslaw | fish | .01 |

當你希望你的對象想到特定的字詞或概念，像這樣的資訊就很實用。舉例
來說，若你的目標是 *sex*（性），那麼以 *condom*（保險套）作為線索，就
會比用 *bumpy*（高低不平）還要好。

**表 6-16** 取自看似完整列出數千個字詞典型關聯的一個清
單，可在這裡找到：*http://w3.usf.edu/FreeAssociation/*，
這是由 South Florida 與 Kansas 兩間大學的研究人員
Nelson、McEvoy 與 Schreiber 所提供。

## 建構一個字詞關聯清單

關聯的概念和字詞在每一個人腦中都會形成稍微不同的連結網路，但在共
有某種文化（流行文化或其他）與共享某種經驗的一群人裡面，這些網路
會類似。為了能夠大聲說出你朋友的想法（並且嚇他們一大跳），你得知
道世界中你的那個隱喻角落最有可能出現的關聯。

你能夠進行一個小型的研究，來幫助你判斷在你朋友間，哪些字詞最常與
彼此關聯。以幾個代表性的朋友或家族成員建構出一個樣本。製作出測試
字詞的一個清單，並詢問你的樣本，聽到你說每個字時，想到的第一個東
西。常見片語或稱呼中的字詞效果最好。不過，能讓人聯想到最愛的笑
話、電影或歌曲的字詞，最適合用在真實的對談中。

藉由你的小型研究，你能從真實世界中認知心理學家用於他們的研究以了解思考過程的那類資料中取得一小部分的樣本。

如果有些字詞讓你的許多朋友都給出某個字詞作為回應，你就能假設它與測試字詞有很強的關聯。你想要有最高機率的字詞，才能把心智狀態引領到某個可預測的結果。

## 為何這行得通？

人腦非常有效率，能夠在之前習得的任何情境中處理字詞或概念。研究發現，當人們被要求指出一連串的字母是否是一個字詞，他們會對在識別任務開始之前就展示給他們看的字詞所預備好或預先啟動的那些字詞有更快速的反應。舉例來說，如果顯示過 *stripes*（條紋），那麼出現 *tiger*（老虎）或 *lemon*（檸檬）時，人們對 *tiger* 的反應速度會比 *lemon* 快。

藉由談論與其他字詞或概念緊密相關的字詞或概念，你就在你朋友腦中啟動了觸發神經元的程序，激發通常會一起發動的那些神經元。你的大腦學過特定的字詞或主題幾乎總是會一起出現，所以它知道當關聯的字詞或主題之一被啟動了，那些關聯字詞和主題所在的區域也應該要一起發動。如此，你的思考程序就能順利進行。

## 它適用於其他何處？

這種特殊的心智技巧有一些失敗的風險，特別是在你所仰賴的關聯是低機率的關聯之時。然而，你可能只是想要享受暗中操控其他人的感受，而不是想把這當成表演。

我們可以「預備（prime）」他人去做很多看似單純只是自然發生的事情，只因為它們毫不費力就能達成而且經常出現。舉例來說，你可能只要自己打個呵欠，就能使其他人打呵欠。你甚至只需要談論打呵欠或睡覺，就能使朋友打呵欠（事實上，在我寫這段的時候，我就打呵欠了）。同樣地，如果你晚餐想吃某種食物，你可能只需要提到那種食物，就能使你家的人也想要吃它。

你大概也像這樣 prime 了自己很多次了。你在聽你最喜愛的 CD 時，當一首歌結束，你是否會在下一首歌開始之前，就在腦海裡聽到那首歌的旋律？如果你知道某些人常會把哪些東西聯想在一起，你要在你 prime 了他們之後預測他們的思維，就相對的容易。這就是結了婚的人經常能夠完成彼此的句子的部分原因。

## 這在何處行不通？

如果某個人跟你並沒有共通的語言背景，因為他們說的是不同的語言或不同的方言，他們可能就不會跟你有同樣的字詞關聯。

如果一個字詞有數個同等可能的字詞關聯，這也可能行不通。舉例來說，如果你以字詞 *hot*（熱）來 prime 了某個人，有些人可能會開始想到天氣（hot and *cold*，熱與冷）。有些人可能會想到食物（hot *dogs*，熱狗）。其他人則會開始想到他們愛慕的人（hot *babe*，火辣的寶貝）。

你看到 *hot* 這個字時，想到的下一個字是什麼？我就知道你會那樣說！

—*Jill Lohmeier* 與 *Bruce Frey*

# 找尋 ESP

雖然大多數的科學家都同意 ESP（超感官知覺）實際存在的證據並不多，他們可能是錯的。你或你的朋友或是你養的猴子可能有 ESP，而現在就是找出它存在的最佳時代！

**超感官知覺**（*extra-sensory perception*，ESP）這個詞是創造來描述獨立於傳統五感（視覺、聽覺、觸覺、味覺和嗅覺）之外的感官知覺。第一個使用這個詞的，是 1920 和 1930 年代在杜克大學（Duke University）的心理學家 J.B. Rhine。當時這引起了很多興奮之情，因為 Rhine 和他的同事當時能夠識別出看似能展現 ESP 能力的個人。一直到 1970 年代之前，在大眾媒體和一些科學寫作中，甚至會把有 ESP 存在這種事當作理所當然，還認為我們在某個程度上全都有那種能力。

不過，今天你不會聽到太多有關 ESP 的事情，而大多數的科學家也做出結論說這種事情大概並不存在。更具體地說，它沒有達到任何其他的假想現象都被預期要符合的標準，所以不被科學界所接受，例如實驗證據、可重複的研究等等。但你可以進行你自己的研究，識別出你或你的朋友是否可能具有超能力，來為此增添新的資料。

## 識別心靈能力

雖然我們假設的心靈能力範圍很廣,從讀心到以精神移動物體都是,但傳統上研究 ESP 的方式是使用一副叫做 *Zener* 的牌卡。一副 Zener 牌卡有 25 張背面都相同的卡片。每張牌的正面顯示五種符號之一:圓圈、十字、正方形、星形或波浪線,如圖 **6-7** 所示。

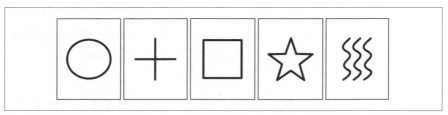

圖 6-7　Zener 牌卡

如果你手邊沒有這種卡片,你可以用空白的索引卡片和黑色的麥克筆很輕易地做出它們。只要確定沒有人可以看透它們就行了(除非他們*真的*有心靈能力,在那種情況下,他們還能看穿你)。為每種符號做出五張牌,總共 25 張。

要使用一副洗過的 Zener 牌卡進行 ESP 的測驗,有幾種不同方式可用:

- 一個人在翻牌之前,藉由大聲唸出每一張的符號來猜測那些牌的順序。

- 一個人看著每張牌的正面,然後試著透過心靈感應將之「傳送」給坐在附近的另一個人。

- 一個在另一個房間或距離遙遠之處的人,看著每張牌的正面,然後試著透過心靈感應跨越長距離把它傳給另一個人。有的時候,接收者會想像他們與發送者位在同一個房間,並且能夠看到卡片。

不管你選的是哪一種方法,程序都是測試過所有的 25 張牌,然後記錄成功數和失敗數。25 張牌中,受試者正確地識別出了幾張?某些研究中,在他們處理整副牌的過程中,接收者會被告知他的表現如何,而有的時候,要到實驗結束他才會被告知情況。結果變數是正確識別出來的卡片的數目或百分比。

在 ESP 研究中,試著讀取其他人心思的人叫做*接收者*(*receiver*),而希望她的心思被讀取的,叫做*發送者*(*sender*)。

## 分析結果

若結果是單靠偶然性就能預期的，這個結果就能被視為受試者沒有心靈能力的證據。如果受試者得到的正確數比機遇所預期的高，這個結果代表的就是受試者可能有 ESP。

所以，偶然預期的會是什麼呢？如果你要猜 25 張牌，而每種類型的牌各有五張，單靠巧合，你會猜對大約 5 張。譬如說，想像一下，你 25 次的每一次都猜星形，你保證會猜對 5 次，猜錯 20 次，因為你知道星形整體而言剛好會出現五次。如果你每次都在 5 種可能性中隨機猜一種，你平均的成功率也會是 25 分之 5，或是 20%。

但若是你的成功率高於 20% 呢？如果你 25 次中猜對 6 次，也就是 24% 的成功率呢？我們應該把這當作有偶然性之外的其他東西在發揮作用的證據嗎？我們需要的是對於可能的不同結果的統計分析，以判斷什麼百分比應該被視為很不尋常，而必定是有不尋常的東西存在的證據。

> 統計檢定所揭露的只是偶然性是否為一個結果的最佳解釋。就我們的實驗而言，具有統計顯著性的結果並沒有證明發揮作用的是 ESP，而僅是指出機遇不是最佳的解釋。畢竟，高命中率的最佳解釋可能是接收者看到牌卡的符號反射在發送者的眼鏡上，或其他較不有趣的原因。

我們知道，短期來說（或是在一個小型樣本中，若是使用統計術語的話）與母體有所差異的結果很常見。不過我們也知道，與母體值有很大差異的情況也不常見，特別是長期來說（或是使用大型樣本時）。事實上，在一個樣本值和母體值之間找到一個給定大小的差異的機率，是與該樣本的大小直接相關的。

對於 ESP 的實驗，樣本大小是猜測或試驗的次數，而母體是跨越所有的試驗，不同的符號之已知分布。任何次數的猜測之母體值都是 20% 正確，那是單靠偶然性可預期的。如果樣本值和這個母體值之間有大型的差異，那麼很可能就有偶然性之外的東西在作用。

這裡適用的統計分析叫做比較一個觀察到的比例和一個預期比例用的 Z 檢定。它類似於其他常見的統計檢定，例如 *t* 檢定 **[Hack #17]**，會計算出一個差，然後判斷，如果一個給定的樣本真的是從具有特定特徵的一個母體隨機抽取出來的，那麼發現這樣的差異的情況有多常見。

任何差異的機率都是依據樣本的大小來計算的。舉例來說，如果 25 次的嘗試之後，一個人有 24% 猜對，而非預期的 20%，那麼這種分析所需的資訊會是：

- 樣本大小是 25

- 觀察到的比例（observed proportion）是 .24

- 預期的比例（expected proportion）是 .20

我不會顯示這個特定分析的公式和計算過程，只會顯示結果給你看。單靠偶然性的話，在 25 次的猜測中，有 31% 的機率受試者會至少猜對 24% 的卡片。換個方式來講，經歷你實驗的 100 名受試者中，有 31 名會得到這個結果或是更好。所以，24% 的命中率高於平均，但也沒有不尋常到我會想要打電話給八卦小報 *The National Enquirer*。

那麼其他的命中率呢？又或者如果你試驗超過 25 次呢？**表 6-17** 顯示正確猜中給定百分比（或更高比例）的卡片的機率。這個表假設 20% 的預期命中率。

表 6-17　各種 ESP 命中率的可能性

| 猜測次數 | 正確百分比（命中率） | 這種命中率或更高情況的機率 |
|---|---|---|
| 25 | 20% | 50% |
| 25 | 30% | 11% |
| 25 | 40% | 1% |
| 25 | 50% | .01% |
| 100 | 20% | 50% |
| 100 | 30% | 1% |
| 100 | 40% | .00001% |
| 100 | 50% | .000000000001% |

請注意，極端結果的可能性在樣本大小增加時劇烈下降的情況。舉例來說，只有 25 次猜測時，得到 40% 正確的機率大約是 1%；如果你那樣測試過 25 張牌 100 次，你很可能只有一次機會有那種命中率或更高。不過如果你猜 100 次，也許是逐一用完一副牌四次，你得到 40% 或更佳命中率的機率就只有 100,000,000,000,000 次中的 1 次！

## 多少算夠？

如果你想要進行 ESP 實驗，你應該建立一個標準來指出一種表現必須多不可能出現，你才會把它視為有偶然以外的因素在作用的證據。通常，在統計研究中，如果一個結果偶然出現的機率是 5% 或更小，那個結果就會被視為具有統計顯著性。對於有 25 張 Zener 牌和 25 次猜測的 ESP 實驗而言，你大約有 7% 的時間會猜中 8 或更多張牌。你會正確猜到 9 或更多張牌的機率只有 2%。所以，以 8 或 9 次之間的命中率作為標準，在科學上就是合理的。

我心裡的懷疑主義者覺得有必要為你留下一個警告。如果你進行這個實驗，並在你自己或其他人身上得到了一個顯著的結果，那很酷。但如果你能夠重複這個發現，以相同的人重現實驗並得到類似的結果，那就是事情開始刺激的時候了！如果那真的發生了，立即打個電報給我。我會賣掉我的房子，買輛火車，然後我們會走上名利雙收之路！

## HACK #69 治癒 Conjunctionitus 這種思考偏誤

兩個獨立事件都發生的機率永遠不會比其中任一個事件單獨發生的機率還要高。出乎意料的是，這個常識性的真理並不是常被注意到。

想像一下，在一場晚餐餐會中，你被介紹給 John，一位高大、笑容滿面的運動型男子。你跟他聊了幾分鐘，發現他很友善，而且很容易被逗笑，但不算很聰明那種。John 很熱切地談論現在正在比的 World Series 世界大賽，也開始聊你開的車是什麼。

從那場餐會回家的路上，你的配偶問到晚餐前在跟你聊天的那名男子。你分享了有關 John 的一些事，但你發現你並不知道他是做什麼工作的。事實上，你越想越發現，關於他，你知道的真的不多。你的配偶決定跟你玩一下益智遊戲，並說明道：

> 我稍微知道 John 一點。我會提供一系列關於他的敘述。它們可能是真或假。全都可能是真的，也全都可能是假的。有可能真假混合在一起。我要你依據你對於每個敘述為真的信賴程度排列它們。完成之後，我會診斷你是否患有一種常見的腦部疾病，叫做 *Conjunctionitus*。

然後你的配偶要你排序下列敘述，猜測關於 John 哪些最有可能是真的：

1. John 是電腦科學家。

2. John 是汽車銷售員。

3. John 之前是棒球選手。

4. John 是共和黨員。

5. John 是之前有在打棒球的電腦科學家。

6. John 是有在跑馬拉松的傳教士。

7. John 會吹奏單簧管。

8. John 結婚了。

你，就跟其他許多人一樣，可能把敘述 3（之前是棒球選手）列為最有可能的一個，並把敘述 1（電腦科學家）列為最不可能的那一個。到目前為止，還不算瘋狂，至少依據你跟他的對話，這些都是合理的猜測。

Conjunctionitus 的症狀與你在你的排名中指定給敘述 5 的位置有關。我敢打賭在你的排名中它比敘述 1 更有可能。若是如此，你就患有 Conjunctionitus，這種病症會使人們做出糟糕的機率判斷。

事實是，兩個事件一起發生的機率永遠不會大於其中任一個事件單獨發生的機率。因此，John 是以前打過棒球的電腦科學家的可能性，不會比 John 是電腦科學家的可能性還要高。不過不用怕，要改善你在這類情況中做出可能性判斷的能力，第一步就是承認你有問題。下一步則是了解情況，以便開始療癒。

## 問題

雖然更多的資訊可能會使一個描述看起來更類似或更能代表某個人或某樣東西，更多的資訊並不會使得一件事情變得更有可能。如之前提過的，兩個事件一起發生的情況不會比其中之一單獨發生更有可能。考慮到一個人在世界上可能做的所有事情。你要如何判斷 John 最有可能做哪些呢？你會先從查看基本比率（*base rates*）開始。

世界上結了婚的男人大概會比電腦科學家、汽車銷售員、之前的棒球選手、共和黨員、傳教士、馬拉松跑者和單簧管吹奏者還要多。因此，最有可能的是 John 結婚了。你把那個可能性列在哪裡呢？

因為我們或許無法真的知道所有其他可能性的基本機率，我們可以使用我們手上擁有關於 John 的資訊來預測哪些其他的可能性最有可能。我們知道，如果我們考慮所有前棒球選手的群組以及所有電腦科學家的群組，大概只會有非常少數的人會同時屬於這兩個群組。因此，身在電腦科學家的群組中，而且之前又曾在打棒球的可能性必定會比身在電腦科學家群組或身在前棒球選手群組的可能性還要小。

然而，大多數的人，既便他們是理性、有智慧的決策者，都會被連接性（*conjunction*）的句子（即列出兩個個別的「事實」）所吸引，就好像把「事實」列在一起會讓它們更有可能是真的那樣。即便那第二個「事實」本身看起來不太可能也是如此，或者說更是如此。

## 連接點（Conjunction Junction），你的功能（Function）是什麼？

為什麼我們的心智會如此運作呢？1970 年代，諾貝爾得主 Daniel Kahneman 和他的同事 Amos Tversky 拿幾個問題給大學學生做，其中有一個選項對於一個給定的人格描述有高度代表性、一個選項與該描述不相容，而有一個選項是高度相似的選項與不相容的選項兩者都包含。

能夠顯現這種連接謬誤的最廣為人知的問題，或許就是現在很有名（至少在認知心理學的圈子裡）的 Linda Problem：

> Linda 今年 31 歲，單身、直言不諱，而且非常聰明。她主修哲學。
> 身為一名學生，她非常關心歧視和社會正義的議題，她還參加了反核示威。

受試者被要求依據這些述句有多可能為真來排列它們：

1. Linda 是國小老師。

2. Linda 在書店工作，並且會上瑜珈課。

3. Linda 活躍於女權運動。

4. Linda 是精神病學的社會工作者。

5. Linda 是美國女選民聯盟（League of Women Voters）的成員。

6. Linda 是銀行職員。

7. Linda 是保險推銷員。

8. Linda 是銀行職員，也活躍於女權運動。

Kahneman 和 Tversky（還有其他許多在那之後重複他們實驗的人）發現，人們一致都把選項 8（活躍於女權運動的銀行職員）列為比選項 6（銀行職員）還要更有可能。這是因為選項 8 提供了更多資訊，看起來似乎更能代表 Lina。因為我們預期她在政治上很活躍，但我們並不認為她會是銀行職員，這看起來就好像，她是銀行職員的唯一可能就是她同時也積極參與政治。

然而。我們知道，選項 8 永遠都不會比選項 3 或 6 更有可能，因為想像一下所有活躍於女權運動的人，其中只有一個子集（subset）會是銀行行員（或許還是很小的子集）。同樣地，如果我們想像世界上所有的銀行行員，其中也只有一個子集（或許同樣也是一個小子集）的人會活躍於女權運動。因此，身為銀行職員的可能性必定大於身為活躍於女權運動的銀行職員的可能性。很合理，對吧？但你的心智並不希望你以那種方式運作。

 描述「兩個事件一起發生的機率不能大於其中任一個事件單獨發生的機率」的規則叫做 *conjunction rule*（連接規則）。有很多人經常會相信兩個事件接連發生的情況比一個事件單獨發生的情況更有可能的這個事實叫做 *conjunction fallacy*（連接謬誤）。

## 治療方式

要停止錯誤地思考這類命題，解藥很簡單：

1. 將之切出。

2. 停止。

3. 不要那麼做。

你在很多地方都能看到 conjunction fallacy（連接謬誤）發生。要小心注意它可能會發生的情況，並分析那些情況。舉例來說，你可以找一名棒球球迷，問他說他最愛的選手中，不常打出全壘打的是誰。然後再問那名選手在下場比賽中，最有可能做出下列哪件事：

• 打出一支全壘打

• 被三振

• 被三振並打出一支全壘打

那名球迷或許會相信，比賽中因為三振打出全壘打會比單純的全壘打更有可能。但這是不可能的。

在某些情況中，挑選這種連接命題（conjunction proposition）可能沒有問題。如果兩件事必定永遠都會一起發生（例如打雷與閃電），那麼兩者一起發生的機率就等於其中之一發生的機率。而如果你加上打雷與閃電的敘述，並把它改為打雷（而且沒有閃電）的可能性，比上打雷而且閃電的可能性，那麼，事實上，打雷而且閃電會更有可能。然而，這只在其中一者永遠都不會在另一者沒出現的情況下出現時，才會是真的。

一旦你注意到機率估計中的這個常見的錯誤，你就到處都能看到它。舉例來說，你可以在政治預測的領域輕易找到這種 conjunction fallacy。George W. Bush 總統比較有可能：

- 提名一位穩健的最高法院大法官
- 提名一位穩健的最高法院大法官以及一位右翼的最高法院大法官

當然，你現在知道答案了，但有許多政治分析師可能會與你爭論這個。但這是因為他們有這種病。他們罹患了 Conjunctionitus。你曾經也是，但現在你被治癒了。

### 也請參閱

- Tversky, A.(1977)."Features of similarity." *Psychological Review*, 84, 327–352.

- Tversky, A.and Kahneman, D.(1974)."Judgment under uncertainty: Heuristics and biases." *Science*, 185, 1124–1131.

### HACK #70 以 Etaoin Shrdlu 破解密碼

你永遠都不會知道你何時需要破解秘密訊息，不管那是你的同事 James Bond 所攔截到的，或是你的醫師撰寫處方時潦草寫下的。這裡是你會需要的所有統計技巧，探員 003.14159。

你可能會注意到，你電腦鍵盤上的某些按鍵變髒或磨損的情況比其他按鍵更嚴重。那是因為你按它們的頻率比其他按鍵更高。你可能也會注意到，那些字母通常位在鍵盤的中間，或更準確地說，它們是在你的雙手放在鍵盤中間時，靠近你的手的那些小圓圈中。

你按鍵損耗的情況，以及它們在標準打字機（即 QWERTY，頂端那列的前六個字母）模式上分布的位置，都是以它們在英文中的使用頻率為基礎。在一個語言中，字母集（alphabet）中不同的字母被用在字詞的拼寫中的頻率也會不同。只要應用這些已知的字母頻率，加上其他的統計技巧，你就能快速地解碼機密文件，不管它們是 Leonardo da Vinci 的日記、新聞報紙中的謎題，或電視上 Vanna White 所翻開的那些又大又亮的字母。

## 單一替換式密碼

基於字母的密碼最簡單也最古老的一種就是單一替換（single substitution）格式。在這些密碼中，訊息的字詞中實際的字母會被變換到字母集內的其他字母。在這種編碼的最簡單的形式中，整個訊息都用同樣的字母來替換相同的字母。舉例來說，一個簡單的密碼可能會使用表 6-18 中所示的替換模式，其中上面那列的字母（plain text，明文）會被底下那列的字母（the cipher text，密文）所取代。

表 6-18　一種單一替換密碼

| 明文 | A | B | C | D | E | F | G | H | I | J | K | L | M | N | O | P | Q | R | S | T | U | V | W | X | Y | Z |
|------|---|---|---|---|---|---|---|---|---|---|---|---|---|---|---|---|---|---|---|---|---|---|---|---|---|---|
| 密文 | N | A | O | B | P | C | Q | D | R | E | S | F | T | G | U | H | V | I | W | J | X | K | Y | L | Z | M |

有了表 6-18 中顯示的編碼之後，下列的明文段落：

> Tom appeared on the sidewalk with a bucket of whitewash and a long-handled brush.
>
> （Tom 拿著一桶白色塗料和一把長柄刷出現在人行道上。）

會變成像這樣的密文：

> Jut nhhpnipb ug jdp wrbpynfs yrjd n axospj uc ydrjp yhwd ngb u fugq-dngbfpb aixwd.

這段文字看起來像胡言亂語，但只要有表 6-18 中所顯示的「金鑰（key）」，任何人都能輕易地把那些沒有意義的字母換回原本的字母，讓 Tom Sawyer 第二章第二段的第一個句子顯露真身。

## 使用機率來解碼替換式密碼

當然，解碼密文時，真正的任務是在無法取得密碼金鑰時那樣做。真實生活中的密碼破解員以及 *Wheel of Fortune* 遊戲節目的勝利參賽者都使用相同的工具來解決他們的問題：他們應用英文字詞中字母的已知分布的相關知識。

電腦與電腦分析的崛起，以及數以百萬計的書籍的電子化，使得字母集每個字母確切的機率之計算變得可能，雖然密碼學家（製作密碼與破解密碼的人）已經知道相關的基礎一段時間了。這裡是其中的一些基本知識：

- 就在英文中的使用率而言，最常見的字母是 E。

- 最不常用的字母是 Z。

- 最常見的子音是 T。

- J 和 X 很少使用，Q 也是。

- Q 被使用時，它後面幾乎總是會接著 U。

- 在英文中，只有 A 和 I 會被用作單字母的字詞。

即使只有這些基本的機率事實，你也可以開始處理像是我們 Mark Twain 作品中段落的那種密碼。在打亂的版本中，最常出現的字母是 P 和 N。因為 N 被用作單字母字詞，它就不可能是 E（N 最有可能是 A），所以良好的初次猜測會是 P 被用來代換 E。

稍微知道一點字母的分布情況，我們就識別出了 E 與 A 的代換字母。我們無法肯定這是正確的，但就像任何優秀的統計學家那樣，我們認為我們大概是對的。**表 6-19** 顯示字母集的每個字母可能的分布。

表 6-19　英文中字母的頻率分布

| 字母 | 頻率 |
|---|---|
| A | 8.04% |
| B | 1.54% |
| C | 3.06% |
| D | 3.99% |
| E | 12.51% |
| F | 2.30% |
| G | 1.96% |
| H | 5.49% |
| I | 7.26% |

| 字母 | 頻率 |
| --- | --- |
| J | 0.16% |
| K | 0.67% |
| L | 4.14% |
| M | 2.53% |
| N | 7.09% |
| O | 7.60% |
| P | 2.00% |
| Q | 0.11% |
| R | 6.12% |
| S | 6.54% |
| T | 9.25% |
| U | 2.71% |
| V | 0.99% |
| W | 1.92% |
| X | 0.19% |
| Y | 1.73% |
| Z | 0.09% |

## ETAOIN SHRDLU

「ETAOIN SHRDLU」這個奇怪的詞組是一種 *mnemonic device*（喚起記憶之技巧，記憶工具），用來記憶最常出現的字母。這 12 個字母佔據了所有字母出現次數的 80% 以上。

你可能會注意到 ETAOIN SHRDLU 中字母的順序並不完全是表 6-19 中所顯示的熱門度排名順序。但也夠接近了，而且會比完全正確的順序還要容易發音。要記得的另一件事情是，字母機率的任何「權威」清單都得取決於用來計數字母的原始資料。你可以找到字母順序和頻率的許多不同清單，而有些會與彼此稍有不同。

舉例來說，某個組織所產生的英文字母統計分布清單仰賴的可能是電腦分析，以及七部文學經典（例如 *Jane Eyre* 和 *Wuthering Heights*）中字母出現的實際次數。那七本書中有兩本是 Tarzan 的小說。我猜想如果我們把這個字母分布表格與其他的做比較，我們會發現字母 Z 出現的次數比例會比使用其他來源資料時更大。不過對於常見的字母，例如 E、T 和 A，用它們作為破解密碼時的最佳初次猜測，是廣泛的共識。

## Wheel of Fortune 策略

在電視的遊戲節目 *Wheel of Fortune* 上，解決結尾的大謎題之前，製作人會很好心提供某些字母，並在類似 hangman 遊戲的階段揭露它們是否出現。他們提供 R、S、T、L、N 與 E。之所以會給這些，當然是因為它們是常見字母，而且在我們的前 12 中：ETAOIN SHRDLU。玩家能夠再選三個子音和另外一個母音。使用我們對於字母頻率的統計知識，一個良好的基本策略會是挑選 A 作為母音，以及最為常見但尚未出現的三個子音：H、D 和 C。

### 編碼過的文字之統計分析

這裡講述你如何使用這些字母的統計資訊在現實生活中解碼秘密訊息或解決謎題。如果編碼過的文字很長，這個方法的效果就越好，但就算是較短的文字段落，它也運作得出乎意料的好。計算編碼過的替換字母（密文）的分布，然後與**表 6-19** 中所顯示的分布做比較。

**圖 6-8** 以圖形顯示這個程序。僅顯示前 10 個最常見的字母，但分析時會用到所有的字母。這個範例假設編碼過的文字有很多，而使用的是**表 6-18** 中的替換加密法。

因為最常見的替換字母是 P，再來是 J，所以破解密碼的一個良好猜測是看看 P 是否真的能是 E，而 J 是否真的能是 T。這些初次猜測也能往下延伸到每個字母。藉由從最常出現的字母開始，然後在清單中往下移動，密碼破解員就能快速看出這些初步假設是對還是錯，然後不斷修改這些猜測，直到英文字詞開始浮現為止。

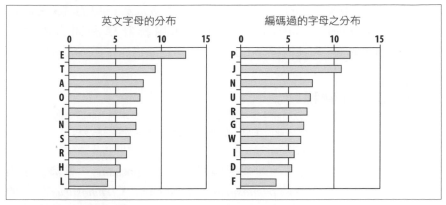

圖 6-8　英文字母的頻率（左）與編碼過的字母之頻率（右）

## 其他常見的字母模式

除了單純知道個別字母的出現頻率，優秀的密碼破解員還會運用其他字母模式的統計資訊：

- 字詞最有可能以 T、O、A、W 或 B 開頭。

- 大多數的字詞以 E、T、D 或 S 結尾。

- 如果一個字詞中有兩個字母重複，他們最有可能是 SS、EE、TT、FF 或 LL。

- 經常出現的雙字母字詞包括 *of*、*to*、*in*、*it* 與 *is*。

- 目前為止，最常見的三字母字詞是 *the* 和 *and*。其他常見的三字母字詞包括 *for*、*are* 和 *but*。

- 傾向於成對出現的字母包括 TH、HE、AN、IN 與 ER。

- 最常用的字詞有 *the*、*of*、*and*、*to*、*in*、*a*、*is*、*that*、*be* 與 it。

- 或許也反映出人們傾向於撰寫什麼東西，書面文字中，前 100 個最常用的字包括 *dollars*、*great*、*general* 和 *public*。*Debts* 差點擠不進前 100，但也出乎意料的常見。

## 也請參閱

- 單一替換式密碼的良好解釋可以在 *frequency analysis*（頻率分析）的條目底下找到，位於：*http://en.wikipedia.org/wiki/Frequency_analysis*。

- 這個 hack 中所提到的一些統計資訊可以在 *http://www.data-compression.com* 和 *http://www.scottbryce.com* 找到。運用統計學解開密碼文字（cryptogram）和其他編碼的良好資訊與建議也能在那些網站找到。

## HACK #71　發現新物種

雖然每天都有整個物種的生物在滅絕，偶爾也會有之前不知道的新物種被發現。令人意外的是，統計工具，而非生物工具，可以做到這點。

幾年前，有一個新的物種，即某種類型的負鼠（possum），被識別了出來。這個新物種的學名是 *trichosurus cunninghamii*。*Trichosurus* 代表的是，嗯…負鼠（我猜啦），而 *cunninghamii* 的部分則指出牠的發現者，Ross Cunningham，Australian National University 這間大學的統計學家。如果你想要有某個物種以你命名，這裡說明統計學如何派上用場。

### 以統計學識別物種

有一整個體系的統計分析會查看幾個變數，然後找出它們之間自然發生的分組。通常，變數的這些分組（groupings）或叢集（clusters）是以它們之間的相關性 [Hack #11] 為基礎識別出來的。

使用這種策略的一種程序試圖找出底層的維度，或是影響著其他較不重要的變數的隱形、巨大的基本變數。這個程序是因素分析（*factor analysis*），而我們在其他地方看過（除了其他功用外）它如何能被用來識別寫作者的風格 [Hack #65]。

統計學充滿了能夠識別出維度、底層因素和分組的類似技巧。識別出分組的目標對於有生物學傾向、希望識別出新物種的統計學家而言，有很大的用處。

要讓某個群組的動物在技術上被視為不同的物種，它必須共有一組獨特的生物特徵，讓它有別於類似的動物。當然，同一科的動物看起來也會與彼此稍有不同，我們人看起來也都跟其他人稍有不同，但我們全都是一個物種（我的叔叔 Frank 或許是這個規則的例外）。

如果一個動物群組，例如 Cunningham 博士的負鼠，彼此之間的共通之處比牠們與該物種中的其他生物還要多，牠們就可能是自成一個物種的新物種候選。統計學家可以判斷「牠們與彼此更類似，而與該物種其餘生物更不同」的程度是否高於可能偶然發生的情況。

使用 Cunningham 的發現作為模型，你有幾個步驟可以遵循，以做出你自己的發現。

**收集一些資料**。這種負鼠存在於澳洲（Australia）靠近人類的地方超過 200 年了，但沒有人注意到。持平來說，牠看起來非常像其他的負鼠，其中最常見的是 *trichosurus caninus*，現在則叫做**短耳負鼠**（*short-eared possum*）。

有段時間我們假設這些小傢伙實際上都只是一個物種。Cunningham 博士所做的一部分事情是收集並組織他周圍野生生物的敘述性資料。結果就是，他對於負鼠的各個身體構造（眼睛、耳朵、鼻子和喉嚨）有非常多具體且量化的描述，並有其他物理特徵的測量值。

**挑選一種統計方法**。Cunningham 所選的技巧類似因素分析，但有一個更有氣勢的名稱：**典型變量分析**（*canonical variate analysis*）。你可以使用那些用到分數中變異性的任何方法來建立不同的分組。其中有些我們在本書討論過，例如這個 hack 前面提過的因素分析，但其他還有許多可行的程序。

> 如果你真的精通統計，知道這點或許對你有幫助：**典型變量分析**在功能上與**區別分析**（*discriminant analysis*）或**多變量變異數分析**（*multivariate analysis of variance*，MANOVA）相同，這是另外兩個會建立變數的線性組合以在概念上定義兩個或更多個不同群組的程序。

Cunningham 使用這種統計程序來檢視這個我們預設是單一物種的動物（你知道的，就是那些叫做 *trichosurus caninus* 的傢伙）之敘述資料，並顯示出可能有兩個不同的物種存在。

**選擇一個假說並分析資料**。統計學家會對假說（*hypotheses*）進行檢定（test），所以你分析的開頭應該是猜測提供你資料的這兩組動物之間是有差別，還是沒有差別。

在我們英雄的例子中，Cunningham 假設有兩組不同的動物存在，解釋了收集到的資料。然後，這個程序（當然是使用電腦來計算）識別出哪個變數最能夠作為區分這兩個理論群組的關鍵特徵。

使用這個工具，即典型變量分析，或類似迴歸分析的東西，其間的差異在於，在迴歸分析中使用變數來做出預測時，研究人員有關於實際受試者的一些已知資料：他們屬於哪個群組 [Hack #13]。在此，這個程序並不知道正確的答案是什麼。取而代之，它是找出依據手上的變數能夠產生最大差異的群組。

以下是 Cunningham 使用的變數：

- 頭長（head length）

- 顱骨寬度（skull width）

- 眼睛大小（eye size）

- 耳長（ear length）

- 體長（body length，從鼻尖到未捲曲的尾巴末端）

- 尾巴長度（tail length）

- 胸寬（chest width）

- 腳長（foot length）

雖然也有考慮其他變數，Cunningham 之所以會選這些，是因為後來發現，它們是與另外一群做出區分所需的最重要的特徵，也因為它們大概是不會受到環境影響的特徵。

**解讀結果。**任何統計分析的最後一步都是描述並理解你所發現的東西。對於發現物種而言。你需要夠詳細地描述新的物種，以區分牠們與其他類似的物種。

Cunningham 所用的程序找出了一系列不同的方程式，它們會賦予每個生物變數不同的權重，以找出能夠最佳區別兩個群組的組合。這些方程式（此程序稱它們為*變量，variates*）類似於迴歸方程式，具有結果或判據（criterion）變數來決定一隻負鼠屬於哪個群組。

在此,這個最佳的單一方程式能解釋他的資料庫中所有負鼠的這些特徵高達 89% 的變異性:

> (head length × .44) + (skull width × .07) + (eye size × .05) + (ear length × .82) + (body length × .35) + (tail length × .72) + (chest width × .16) + (foot length × .70)

我提供了這個研究標準化過的權重,所以我們就可以比較它們。較大的權重代表負鼠的那個身體部分最能區辨數學上選取的這兩個負鼠群組。

在這個資料中,你能夠找到依據耳長、尾長和腳長區分出的差異最大的兩個負鼠群組。能夠解釋的變異性很大,以致於在統計上 Cunningham 做出結論,數學上識別出的分組是真實的。在資料中發現的兩個負鼠群組實際上真的是兩個不同的負鼠物種,而它們之間能以耳長和其他幾個變數來辨別。在前面展示的方程式中,權重越大,兩個物種在那種身體特徵上的差異就越大。

## 兩個負鼠物種

表 6-20 顯示我們的統計學家和他的數學首次識別出的兩個負鼠物種的正式描述。請注意,牠們的名稱甚至是根據這個統計分析中找到的關鍵預測子所取的!

表 6-20　兩種常見的澳洲負鼠

|  | trichosurus caninus | trichosurus cunninghamii |
|---|---|---|
| 常見名稱 | 短耳負鼠 | 帚尾山負鼠(Mountain brushtail possum) |
| 棲息地 | 北方 | 南方 |
| 耳朵 | 較短 | 較長 |
| 腳 | 較小 | 較大 |
| 頭 | 較大 | 較小 |
| 尾 | 較長 | 較短 |

所以,開始收集你在紗窗上找到的那些怪異臭蟲的資料吧!如此你就開啟了你偉大的不朽之路。那是一個物種的臭蟲,還是兩種?等你告訴我。

## 也請參閱

* 我第一次是在這篇很棒的文章中認識到這種做法的:Hall, P. (2003). *Chance*, 16, 1.

## 感受關聯性

#### #72

「六度分隔（six degrees of separation）」的概念不僅是社群的新時代隱喻
或涉及演員 Kevin Bacon 的派對遊戲。如果你想要實際測試「我們都認識
某個認識所有其他人的人」的這個概念，就找出你與每個人的連結有多接
近吧！

我認識一個人，他認識一個以前曾為美國總統工作過的人。世界很小，對
吧？我並不是要說我很有關係，只是想說我跟自由世界的領導者只有兩次
握手那麼遠。在你感到太驚訝之前，你應該要知道，你跟世界上幾乎每一
個人都只有幾個連結那麼遠。

任何的兩個人都在六度分隔的範圍內，或許是真的，這個魔法和經常被
引數的數字 6 實際上都是取自一個真實的科學研究！這裡有一些聰明的研
究方法來讓你揭露將我們全都串連起來的那些隱形連結，或至少能讓你連
結到雞尾酒派對上另一端的那個人。

### 六度分隔（Six Degrees of Separation）

有一齣 John Guare 所撰寫的戲劇叫做 *Six Degrees of Separation*，以及根
據這部戲改編，由 Will Smith 主演的同名電影。還有一種流行的聚會小遊
戲有時被叫做 *Six Degrees of Kevin Bacon*，它試圖透過一系列的電影與演
員來找出任何的男演員和女演員是否與 Kevin Bacon 有關聯，藉此將他們
連結在一起。

這個片語和概念來自於探討小世界問題（*small-world problem*）的一個研
究。你曾在派對上或在咖啡廳中與陌生人交談，然後發現你們都認識同一
個人嗎？社會心理學家 Stanley Milgram 在 1960 年代對這個現象起了興趣
（那時候的雞尾酒派對比現在多很多）。社交網路中，有多少重疊之處存
在？如果我們能全部聚在一起，列出我們認識的每一個人，是否永遠會存
在某些連結？最終很有可能是這樣的，隨著我們從熟人網路的中心往外探
索，我們會發現幾乎與每一個人我們都可以找到一些關聯。但這需要多少
個聯結呢？

只有一度分隔意味著我們全都認識所有的人。嗯，但我不認識你啊（沒有
冒犯的意思），所以我們知道一個連結太少了，沒辦法連接所有人。是否
只有兩度分隔呢？如果我們不認識彼此，或許我們有共通的朋友？

因此，問題就是，你跟其他任何人之間有幾度分隔呢？要得到答案，就
用這個 hack 中的方法進行一個大型研究或小型研究。

## 進行大型研究

一個人要如何研究「我們是否真的生活在一個小世界中」的問題呢？最好的辦法就是複製 Stanley Milgram 所用的方法。

**選擇一個目標**。Milgram 一開始先挑選了在麻州波士頓（Boston, Massachusetts，Milgram 住的地方）工作的某個他認識的人。那不是 Kevin Bacon，而是同意擔任目標的一名股票經紀人，也就是 Milgram 希望建構的一個關係串鏈的末端終點。你可以挑選你最好的朋友、你學校的校長，或是你大學的校長。不過你必須先取得他們的同意（倫理上的要求）。

**招募參與者**。然後 Milgram 從兩個社群隨機抽樣：波士頓和內布拉斯加州的奧馬哈（Omaha, Nebraska）。這個抽樣的方法是刻意要代表認識目標的任何人的兩個極端可能性。先從很靠近和離很遠的人開始，他們資料的平均就應該對於母體有相當的代表性。Milgram 招募了 300 個隨機挑選的人。你應該在能夠負擔的範圍內找出一樣多的人。

**訓練參與者**。Milgram 郵寄了一個包裹給招募來的每個人。這個包裹中含有描述這個研究的說明，以及一封給那名波士頓經紀人的信。這些人被要求把那封信轉送給我們的目標，但只在他們與他彼此認識的時候那樣做。如果他們不認識他本人，就得記錄一些資訊，例如他們的名字，然後把那個包裹寄給他們認為比較有可能認識目標的人。在這個串鏈中的下一個人會接收到裡面有指示和那封信的相同包裹。如果他們認識那位經紀人，就能直接寄給他，或是寄往串鏈中的第三個連結，依此類推。

在你自己的研究中，請確保你寫的指示清楚又簡單，而在現在，你可能還得解釋這是合法研究，而非商業詐騙或連鎖信（雖然按照字面上是那樣沒錯，我猜啦），或是加上你認為有幫助的任何免責聲明。你也應該包含合約資訊給對此專案合法性有疑慮的任何人。

**收集並分析結果**。在一段合理的時間後，跟你的目標聯絡，拿回所有收到的信。查看每封信，計算來自這個串鏈的名字數。將不同串鏈的長度平均起來，決定典型的關聯數。找出能包括最長串鏈的最小數目，你就有了最大距離。

Milgram 研究中的波士頓目標最終接收到了大約 100 封信。在那些信中，平均的連結數是六，這就是「六度分隔」裡面數字六的由來。

然而,請注意到,不是所有的信件都有抵達,所以我們無法從這一個研究得知六是否真的是正確的數字。這個研究也僅在美國境內進行,而非全世界,所以整個星球上任兩個人都只有幾度分隔的這個較宏偉的觀點所依據的是哲學,而非實證得出的。

> Milgram 得到的回覆率(*response rate*)非常的高,特別是考慮到對於參與者的要求有點複雜。這並不令人驚訝,因為 Milgram 懂得順從(obedience)的概念。Stanley Milgram 更為人所知的,或許是在他的小世界研究的幾年前所進行的另一個結果令人不安的聰明研究。他在 1960 年代早期關於服從的這些研究,Milgram 展示了當權威人士(例如穿著實驗室白色大衣那種服裝的研究助理)請研究參與者去做一些讓他們感覺不舒服的事情,例如啟動(或相信他們正在啟動)開關,電擊另一名研究參與者,會照著做的人數,多到出乎意料。他的研究讓我們對於人們為何會「遵守」他們不認同的「指令」有更多的洞察。

有兩個比較最近的研究確認了社交網路中,人們之間的平均關聯數大約是六或甚至更小。

## 進行一個小型研究

有幾種方式同樣可以使用這些方法,但不用花那麼多工夫。這個活動的目的可以是科學性的,也可以單純為了增加派對的樂趣。

**透過 email 的 Milgram 實驗**。複製 Milgram 的研究,但使用便利的電子郵件。在此,問題會是使用他們電子郵件位址的人之間相隔多少連結。電子郵件比緩慢的郵件更容易使用,而且幾乎是不需要費用的。

當然,透過 email 招募受試者或許更為困難。你很難隨機挑選 email 位址,因為並沒有像大本電話簿那樣的東西可以從中抽樣。此外,你的電子郵件請求可能很快就會被誤認(?)為垃圾郵件,然後被忽略。順道一提,因為你的研究動機是合法的,你應該不必擔心會違反任何 Internet 協定。

**舉辦一場派對**。舉行大型派對(如果你舉辦的是雞尾酒派對,即原來研究的靈感來源,那麼 Milgram 會很高興的)時,把你準備的那些東西拿給你的客人。給他們每個人一個大張索引卡和一支筆。在每張卡的底部,列出

派對上一名客人的名字。如果客人不認識底部列的那個人，他們就應該在卡片頂端簽上他們的名字，然後把卡片轉交給他們認為可能認識那個人的其他人。

這個程序應該持續下去，就像在 Milgram 的研究中那樣，直到卡片到達名字被寫在底部的那個人手上為止。然後那個人就把卡片交上來。在派對結尾，你可以分析這個資料，然後向你的客人證明他們真的全都認識彼此。

## 單純做數學

然而，即使不進行科學研究，快速的數學分析也可能說服你，你與其他任何一個人之間相隔的人數是一個相當低的數字。你知道他們名字的人有多少個呢？100 個？200 個？讓我們假設大約是 100 個吧！假設他們每個人也都知道大約 100 個人的名字，所以只是透過這兩度分隔，你就已經連接到了 10,000 個人（實際上總共是 10,100 個人，把跟你一度分隔的那 100 個人也算進去的話）。要連接到非常多的人，你並不需要太多度分隔，如表 6-21 所示。

表 6-21　分隔度和對應的關聯數

| 分隔度 | 關聯數 |
| --- | --- |
| 1 | 100 |
| 2 | 10,000 |
| 3 | 1,000,000 |
| 4 | 100,000,000 |
| 5 | 10,000,000,000 |

事實上，只要有五度分隔，你就應該能連接到一百億人，比地球上的人口還多！

那麼，為什麼現實中真正連結所有人的連結數會大一點呢？問題在於，每個人認識的那些由 100 個人所成的群組並不是彼此獨立的。不是說你的100 個朋友的每一個人都會有不同的一組 100 人的朋友。你熟識的那 100 個人中，有很大部分也會列在許多其他人的群組中。

社交網路中有很多重疊之處。這個重疊之處實際上能幫助增加你與任何其他住得相對近（例如同一個國家）的人之間有相當直接連結的機率。

## 祖父母矛盾

與網路重疊處有關的一個類似問題是 *Grandparent Paradox*（祖父母矛盾）。你有父母兩人。妳的父母各有兩名父母，所以就是四位祖父母。每位祖父母有兩名父母和四名祖父母。你沒必要往回數太多代，就會得到很大的人數。

這樣計數回 40 代以前的祖父母，你就會來到一萬億（trillion）人。那比曾經活在這地球上的所有人類總計起來還要多，而且那只是回溯到 1,000 多年前。那我們其他的那些祖父母是從哪裡來的？木星嗎？

答案當然是，這棵遺傳樹上的某些地方必然有重疊之處。某些已經有親戚關係的家族成員必定偶爾會有通婚生子的情況出現。為了得體一點，我會說他們是第二堂親或類似的東西。

Milgram 所用的技巧，即 *小世界方法*（*small-world method*）被發現在各種社交網路的研究中，都非常有用處。只有幾度分隔的概念有直觀上的吸引力，因為那讓人感到我們全都是一個小型社群的一部分。

每次我們透過共同的朋友認識一名陌生人時，也都在加強這種概念。我不知道你是怎樣，但在我自己的世界中，我的重要性足以讓我輕易連接到各種有名的人物。舉例來說，1980 年代早期，作為 Lawrence 的 University of Kansas 的一名大學生，我曾是 ABC 電視電影 *The Day After* 的臨時演員，這是一部備受推崇的電影，談論核子戰爭對於美國的潛在影響。*The Day After* 的由演員 John Lithgow 主演，扮演一名科學教授。Lithgow 後來出現在電影 *Footloose* 中，它是由 Kevin Bacon 先生主演的！畢竟這是個小世界啊！

### 也請參閱

- 比較最近的兩個確認六度（更少）分隔的研究在 *Psychology Today* 的文章「Six Degrees of Separation」中有描述，由 Darby Saxbe 所著，出現的期數是 2003 年 11、12 月號。

- 這是一本關於網路新科學的書，對於我們所生活的這個連結時代，提供了詳盡又引人入勝的討論，也包括了六度分隔的概念：Watts, D.J. (2003). *Six degrees*. New York: Norton.

## 學習駕馭投票循環

雖然自由的選舉看似好像是制定政策和選擇官員最公平也最明智的一種系統，統計學家有時還是會擔心政治科學家叫做「投票循環（vote cycling）」的一種矛盾，它可能會導致少數獲勝。舉辦選舉，有更好的方式。

當我還是一名兒童統計學家，我的父母偶爾會允許我在個人的事物上做下選擇，例如要穿什麼、要吃什麼、睡前要讀哪本故事書等等。我注意到有時選擇是沒有限制的：「Bruce，你自己選，你什麼時間想上床睡覺？」而有的時候選擇是以一組替代選項所構成，讓我從中挑選：「Bruce，你自己選，你要現在去睡，還是五分鐘後？」

當然，那第二個選項並不太算是選擇。當我必須在各個替代選擇之間挑選時，我真正的意見並沒有準確反映出來，不像在我可以選擇任何想要的那時一樣。

民主的運作方式也類似那樣。該投票選總統、市長或捕狗員的時候，我們通常必須在幾個替代選擇之間挑選。我們可能對其中任何選項都感到不滿意，但我們還是投了（至少統計學家有那麼做）。

你是否曾在投完票離開投票所的時候，莫名感覺到你真正的感覺並沒有很好地由那些選擇所代表？政治科學家知道那種感受。他們分析過在替代選擇間挑選有時所產生的令人不滿的結果，並發現這種程序可能使得沒有人感到高興（當然，除了選舉贏家之外）。

## 投票循環

建構選舉的方式有很多種。想像一下，全體選民（例如一個城市的居民、俱樂部的成員，或大學的教職員）被要求對某項政策進行投票，而有三個選擇可選。再想像，有三組支持者，每組都偏好三個選項之一，勝過其他選項。這個選舉可以請求人們投票給他們最愛的政策。在這種系統下，最大群組所喜愛的那個政策最有可能贏得最多票數。這看似公平，而且這是我們最常使用的系統。

另一個系統也很合理，至少表面上如此。這個系統所呈現的是每對彼此對立的選項，然後進行某種**兩輪決選制**（*run-off election*）的選舉，其中 A 與 B 比、B 與 C 比，而 C 與 A 比。在這種系統中，得到最多票數者應該會產生一種同等公正的決策。不過，我們發現，叫做**投票循環**（*vote cycling*）的這類系統，很難公平使用，因為你呈現這些選項的順序可以決定選舉的結果！

選舉中的投票循環，其運作方式就類似籃球錦標賽：比賽
發生的順序可能影響誰贏得最後冠軍。

## 它的運作方式

這裡是投票循環可能運作方式的一個例子。想像你的童軍部隊必須決定部
隊會所（或今日童軍聚集的任何地方）內部要漆什麼顏色。作為一個群
組，你們會投票決定是要紅色、白色，或藍色。喜歡不同顏色的不同的政
治「群組」在你的夥伴中形成。

有偏好紅色的 *Apples*、最愛白色的 *Elephants*，以及最喜歡藍色的
*Jayhawks*。這些群組的差異也出現在他們第二喜歡的顏色是什麼，以及他
們最不喜歡的顏色是什麼。**表 6-22** 顯示這三個群組，以及他們的政治議
程。

表 6-22　油漆的顏色偏好與政治

|  | 全體選民的百分比 | 第一選擇 | 第二選擇 | 第三選擇 |
|---|---|---|---|---|
| Apples | 20% | 紅 | 白 | 藍 |
| Elephants | 40% | 白 | 藍 | 紅 |
| Jayhawks | 40% | 藍 | 紅 | 白 |

要決定童軍們的意志，你可以舉行一種兩階段的選舉。第一階段提供兩個
替代選擇。然後那個階段的贏家會與第三種替代選擇「競爭」，以挑出一
個贏家。這兩個階段和結果看起來可能像這樣：

1. 紅或白？參考**表 6-22**，很有可能紅色會拿到 60% 的票，踢掉白色。
   現在，贏家就會對上藍色。

2. 紅或藍？在這次對決中，紅色拿到 20% 的票，而藍色以 80% 的得票
   率大勝。

所以，藍色油漆必定是人們的意志！但這是一個有矛盾的結果，因為只有
一個群組，代表著 40% 的童軍最喜歡藍色。有相等數目的人最喜歡白色，
而另外 20% 的人痛恨白色。順序的決策影響了結果。讓我們以不同的順
序再選一次：

1. 紅或藍？藍色以 80% 的得票率勝出。

2. 藍或白？白色以 60% 的得票率贏得這次對決。

我們得到的結果與之前不同，只因為對決的順序改變了。這很有趣，讓我們再做一次。或許我們可以安排讓紅色這次勝出：

1. 藍或白？在這場鬥爭中，白色會得到 60% 的選票，而存活下來等待與紅色對決。

2. 白或紅？紅色贏得這一次，有 60% 的過半選票。做得好，紅色。紅色顯然是最受愛戴的顏色！

三種對決的順序產生了三種完全不同的政策抉擇。

### 跳脫投票循環

如果我們把投票系統視為測量系統，這種制定決策的對決方法有很低的有效性。可從投票者那裡費力取得的資訊，在此遺失了。不過，有幾個解法能夠解決投票循環的問題。

如果投票系統的設計者所感興趣的是選民的排名順序偏好，選民可能會被要求排名所有的候選選項。最低的平均排名勝出。這是一種比較公平的方法，會用到所有可用的資訊，但它可能會產生沒人真正有興趣的選擇。

舉例來說，這樣的系統曾經導致我們家族在許多年前決定選擇 *Home Alone* 作為我們聖誕節前夕的電影。

另一個解法是單一次投票，可以投給所有的候選選項，多數勝出。這是最常見的系統，但它確實具有有的時候會選出非多數支持的候選人的缺點。

對於有許多候選人的選舉（例如市長或州長的選舉），經常都會有兩輪決選制的選舉，讓為數眾多的候選人削減為較少的數目。這沒有投票循環的弱點，因為所有的替代選擇會同時一起被考慮。它也消除了一次決勝負的做法的弱點，因為它增加了獲勝的候選人有多數支持的可能性。

### 快車道上的生活（你早已深陷其中）

HACK
#74

應用機率的法則、對於人性的知識，以及高速公路駕駛的一些事實，你就能做出明智的切換車道抉擇。

沒有什麼比困在車陣中更令人感到挫折的了，特別是在別的車子移動得比你快的時候。雖然你會很想切換到更快速的車道，但你的判斷可能有缺陷，其他的車道其實並沒有比你現在所在的車道快。

在你不應該切換時決定切換車道，是一種危險的主張。不只因為大部分的車禍都是歸因於駕駛錯誤，而且美國境內每年有 300,000 件的汽車事故就是因為變換車道而發生。當然，如果你很趕，而你隔壁的車道移動得更快，只要你能安全地那麼做，為什麼一名聰明的駕駛人不應該移往生命的快車道呢？畢竟，正如我多次耐心地向法院解釋的那樣，「好的」駕駛人並不一定代表安全的駕駛人，他只是盡可能快速到達他想去的地方的駕駛而已。

問題在於，以統計學為基礎進行電腦模擬的最近研究指出，即使事實上移動的速度相同，駕駛人通常也會認為另一個車道移動得比他們的車道還要快！調查研究所發現的這個錯覺，會讓大多數的駕駛人試著變換到那另外的車道。

## Skips、Slips 與 Epochs

在忙碌的高速公路或交通堵塞的車陣中，我們的感知世界是由我們前面的大卡車、我們看到的左右來車，以及困在我們後面的傢伙所構成。要判斷我們的行進速度，儘管我們有車速表，最令人信服的資料通常會是我們兩邊的車子（他們正超過我們嗎？或是我們正超過他們？）。

交通研究人員把你正在超越其他車子的時間叫做 *skips*，而其他車子正在超越你的時間稱為 *slips*。最近的研究把 skips 稱作**穿越時期**（*passing epochs*），而 slips 稱作**被超越時期**（*being-overtaken epochs*）。駕駛人強烈偏好穿越時期，遠勝被超越時期，這或許不會讓你感到驚訝。

一個 *epoch*（時段或時期）就是一段時間。駕駛人在繁重車流量中駕駛的過程，基本上是由一系列時間非常短的時段所構成。

除了尋找要移往的較快速車道，駕駛人還有另一個目標，就是讓他們的載具保持盡可能快的速度，或至少接近他們的目標速度（例如速限）。如果察覺到他們自己與前面的車輛有段距離存在，而且他們目前沒有以目標速度移動，駕駛人就會加速以減短這個車距。就是這些突然的加速構成了那些 skips（超越其他車的時期）和 slips（其他車超越他們的時期）。我們被超越時，所體驗的時間長度可能比我們超越別人時感受到的時間長度還要長。就是這個感覺到的不公平使得駕駛人判斷他們位在比較慢的車道，即使兩個車道的速度一樣慢。

想像兩條彼此相鄰的車道，移動的平均速度都相同。車子間的車距隨機的形成，或者更精確地說，它們是系統化產生的，只不過依據的是隨機的起始配置。形成後車距就會被拉近，當車距被拉到最小，車子就已經加速了。

> 一個車道的平均速度可以這樣計算：行經的距離除以一段時間。所以，如果兩個車道的車子在五分鐘內涵蓋了 1,000 碼的距離，它們兩者都會有相同的平均速度：每分鐘 200 碼，或每小時 6.8 英里。

在擁擠車道上的駕駛人偶爾才有能夠拉近的車距，但他們實際上有更多的時間（相對來說）花在緩慢移動或是完全不動。在那些緩慢移動（想當然，會花更多時間）的過程中，偶爾會有其他車道的車子在拉近車距，然後超越在那些暫時較慢的車道中的駕駛人。

依據不同時段的測量結果，對任何一名駕駛人來說，花在被超越的時間會比超越別人的時間還要多。這是因為你會在移動快速時超越，而在移動緩慢時被超越。圖 6-9 描繪出了這種知覺。

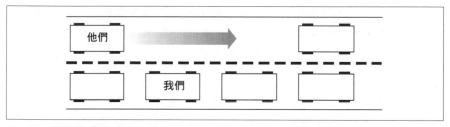

圖 6-9　被超越時的時間知覺

停住不動看著其他車子加速拉近車距，會創造出我們的車道移動較慢的錯覺。

## 機率與交通模式

加拿大的研究人員 Donald Redelmeier 和 Robert Tobshirani 進行了電腦模擬來判斷駕駛人對於其他車道速度的感知是否準確，他們對交通模式做了一些假設，這些假設依據的是常態分布 [Hack #23]。

為了反映出在擁擠的高速公路上，一個個特定的間距模式會有數個原因（天氣、出入口等等），他們依據兩個常態分布隨機地在移動的車輛之間安插間隔：90% 的間距大約有兩公尺長，加減十分之一公尺，而有 10%

的間距是 100 公尺遠，可能多或少 5 公尺。在數百次模擬的每一次開始時，創造出來的車子會依照這個隨機計畫產生間距。

研究人員為移動方向與速度都相同的兩個車道車流建立了資料，其中充滿了數以百計的虛擬車輛，配備有典型的加速與煞車能力。它們的程式設定為安全駕駛人的策略，也就是在車道中有空間時往前移動，但不要靠得太近。他們模擬出來的駕駛人並不被允許太過靠近其他車輛的後擋板。此外，它們也不被允許變換車道，這對那些電腦控制的小小駕駛來說，想必很受挫。這裡沒有意外發生。

 就他們模擬車輛的平均加速和煞車速度而言，Redelmeier 和 Tibshirani 選擇了典型的統計數值（10 秒內從 0 加速到時速 63 英里，以及 5 秒內從時速 63 英里降到 0），這剛好和 Honda Accord 這種車型相當吻合。

## 做出明智的車道變換抉擇

Redelmeier 和 Tobshirani 發現，有 13% 的時間，車子要不是正在超越，就是正在被超越。大多數的時間，車子跑的速度都與彼此相等。雖然任何特定的駕駛人被超越的機會比她正在超越別人的機會還要高一點，當她超越其他車時，會超越不止一輛。這裡的數學算起來，會使被超越的車輛跟超越其他車的車輛數量打平。被我們駕駛人超越的車子總數等於超越她的車子總數。

在擁擠的駕駛情況下，大部分的時間其他的車道看起來都會比較暢通。有些辦法可以應付這種錯覺，並做出較明智（統計上也比較安全）的駕駛決策：

- 作為一名有邏輯的科學家，你可以用旅程的程度來評估你的駕駛情況，而非你在車流擁塞的競賽中是輸還是贏。超越你的車輛比較多，還是你超越的車輛比較多，其實真的不怎麼重要。

- 牢記這個「其他車道比較好」的錯覺，並找出比較好的方法來判斷其他車道的速度。挑選其他車道中特定的一輛車，然後在數分鐘之後，比較你與它的位置。畢竟，有的時候確實有某些車道比其他快，只是你不能查看穿越的車作為速度的最佳證據。

- 在大型的高速公路上，挑選一個距離左右即將到來的出入口較遠的車道，因為車流量進出道路是減速與加速的主要原因。

- 抑制你在駕駛與購車上的好鬥傾向。有趣的是，這個模擬顯示好鬥的駕駛行為，例如最小化你與另一部車輛間的標準跟車距離，實際上會增加你注意到其他車輛超越你的時間。此外，較快的車（加速比較快的）花在超越的時間也比較少，因為它們很快就能做到那樣。所以，你的超級跑車在擁擠的高速公路上可能會為你帶來更多挫折感。

談到處理「其他車道比你車道還要快」這個可能的錯覺時，最明智的策略或許就是最簡單的那個：不要去注意。這個模擬顯示如果你查看其他車道的時間減為一半，你注意到車子超越你的機率就會減為一半。

不過我假設，我們不需要統計分析就能知道這一點。不要去看旁邊的車，把注意力放在你後面的車。你遙遙領先他們，而且後面還有好幾千輛。你已經贏了這個遊戲。

### 也請參閱

- 這是報導這個最新的交通分析的原始研究：Redelmeier, D.A. 和 Tibshirani, R.J. (1999). "Why cars in the next lane seem to go faster." *Nature*, 401, 35.

- 這是對於 *Nature* 那篇文章更詳細的描述：Redelmeier, D.A. 和 Tibshirani, R.J. (2000). "Are those other drivers really going faster?" *Chance*, 13, 3, 8-14.

# 搜尋新生命體與新興文明

探查外星生命體的搜尋活動持續且順利進行中。你可以使用統計的抽樣方法和機率規則來縮小搜尋範圍。

與其他世界的生命體接觸的科學探索需要先做下一些決策。首先，必須判斷在我們的行星（我的是地球，你的呢？）之外是否有生命存在。其次，我們必須決定要如何搜尋它，以及往哪搜尋。你可以應用統計的程序來定下這些決策。

## 估計智慧行星的數量

在 1961 年，對於讀取無線電波（隨時都有不少出現在地球周圍）來探查遙遠宇宙感興趣的一名天文學家 Frank Drake，決定估算可能有多少其他的先進科技文明存在。

稍微以 Milky Way 銀河系為中心，他最感興趣的是找出在我們自己的星系中，有多少先進世界（願意而且能夠與我們交談的行星）存在。Drake 提出了這個問題：

$$\text{Number of Civilizations in the Milky Way} = (R)(N_h)(F_l)(F_i)(F_c)(L)$$

Number of Civilizations in the Milky Way：銀河系中的文明數

表 6-23 顯示 Drake 的方程式中那些縮寫符號的意義。

表 6-23　Drake 方程式的組成部分

| 項 | 意義 |
| --- | --- |
| R | 新的恆星在星系中形成的速率（每年） |
| $N_h$ | 圍繞每個恆星的能夠支持生命的行星之平均數目 |
| $F_l$ | 在其上有發展出生命的行星比例（在 $N_h$ 中） |
| $F_i$ | 發展出智慧生命體的行星比例（在 $F_l$ 中） |
| $F_c$ | 發展出文明的行星比例（在 $F_i$ 中） |
| L | （在 $F_c$ 中）文明的平均生命週期（以年為單位） |

這個公式其實不過是一連串的機率。預期的正向結果的數目是把所有個別的可能性乘起來得出的。雖然更簡單的方程式，沒有所有的那些 F 的不同排列也是行得通，這些具體的不同組成部分之所以包含在內，是為了幫助科學家識別出需要被解答的重要問題，以估計我們並不孤單的機率。

## 應用 Drake 的方程式

要計算在我們的星系中目前有智慧生命體的行星比較實際的數目，你必須填入一些真實的數字。此外，我們知道正確的答案（解答）必須至少是 1，因為地球上有智慧生命體的存在（在此插入你自己的笑話），而且不能大於 250,000,000,000（Milky Way 中的恆星數）乘以那些恆星周圍能夠支持生命的平均行星數。

這個方程式首次發表時，在天文學家之間，其中只有一項的估計值有共識存在：R，即我們的星系每年產生的新恆星數，我們相信那大約是 10。

如果在 1960 年代大家都認為 R 是 10，那麼我猜我們星系中恆星的正確數目會比較接近兩千五百億加上四十。

1980 年，天文學的推廣普及者 Carl Sagan 在他的電視節目和書籍 *Cosmos* 討論了 Drake 方程式。因為那時我們對於太陽系中的行星知道的較少，而且更重要的是，對其他恆星系中的行星一無所知（或甚至不知道有這種東西存在），Sagan 對這每個值的估計和他猜測的最佳解有臆測的性質，而他的答案是，在任何給定的時間點，Milky Way 中大約有六百萬個行星擁有能與我們溝通的科技。

依據我們今日所知，**表 6-24** 提供了一組值來產生一個可能的答案。這些值取自 2005 年十月的 *Astrobiology Magazine*（你的咖啡桌上或許有一本）中的一篇文章，由 New York University 的 Steven Soter 博士所著。其中有些是我從 Soter 所討論的一個範圍的值中挑出的一個確切值。

表 6-24　Drake 方程式的一個應用

| 項 | 估計值 | 計算過程 |
|---|---|---|
| R | 每年 10 個 | 10 |
| $N_h$ | .01（100 個恆星中 1 個行星） | $10 \times .01 = .10$ |
| $F_l$ | 1（假設地球具有代表性） | $.10 \times .10 = .10$ |
| $F_i$ | .001（Soter 建議的「一小部分」） | $.10 \times .001 = .0001$ |
| $F_c$ | .20 | $.0001 \times .20 = .00002$ |
| L | 100,000 年 | $.00002 \times 100,000 = 2$ |

藉由這些數字，這個方程式估計出整個星系中，在任何給定的時間點，有能力與彼此通訊的行星總數為二。地球是其中之一，那另一個是什麼？

如 Sagan、Soter 和其他作者指出的，我們的星系中，在任何給定的時間點，能支持進階生命體的行星數取決於太多任意估計的因素，這使得一個人輸入這些值時所做的任何小小抉擇都會大幅改變結果。六百萬個可能的朋友和只有兩個可能的朋友之間有重大的差異存在，但這兩個估計值都來自於合理的一組假設。

請注意，當你為每個組成部分嘗試不同的估計值時，這個方程式的解會如何改變。如果大多數（例如 80%）有智慧的生物族群最終都會產生文明，那麼智慧行星的數目就會跳到八。如果一個恆星周圍能支持生命的平均行星數實際上是 2（如 Sagan 所提議的），我們的 8 會跳到 1,600 顆行星。

Soter 指出，不同的合理估計值可能產生一個介於數千到很小的數目，我們行星的無線電能力會讓這變成統計上的不可能，這使得我們很有可能是跨越數千個星系中唯一的先進文明。

## 尋找我們的太空密友

Drake 方程式的一個可能的結果是，在我們的星系中，只有兩個行星擁有先進的智慧文明，有辦法發送與接收無線電波。如果我們真的只有另外的一個潛在的宇宙筆友，我們將會很難在行星所構成的這種「大型乾草堆」中找到他或她或它。所以，該怎麼辦呢？

目前尋找新生命體和新文明的策略是以微波接收器（microwave receivers）掃描天空。無線電訊號有範圍廣泛的頻譜。有些是自然發生的，而其他有一段特別窄的範圍被相信只能人工產生，例如 *Three's Company* 電視影集放送出的傳輸訊號，或雷達。藉由特別注意在這段應該是人造的頻譜中的那些訊號，尋找外星生命體的人就有希望發現並分離出某個先進文明的隨機輸出，或者刻意廣播給任何有興趣的觀察者知道的訊號。

> 如果你擁有自己的微波監聽站陣列，你會想要把它們調到適當的頻率以搜尋其他行星上的生命體：1.42 GHz。我們相信任何自然的來源都不太可能發出這個頻率的電波。

不過天空很大，而研究人員使用有目標的和便利的抽樣技巧來判斷要往哪搜尋。他們的搜尋策略是鎖定符合兩個條件的恆星亞族群：

- 它們是與我們自己的太陽有相同特徵的太陽。

- 它們就在附近（只與地球距離僅僅 100 光年）。

## 資料分析

如果可能正在發送這些生命的關鍵訊號的行星數非常小（如同 Drake 方程式的某些排列所建議的），對於這種樣本的搜尋必須非常全面，否則，我們就可能錯失它。統計學家會認為這種情況就像是需要很大檢定力 [Hack #8] 的研究，因為效應大小（*effect size*）非常小。

作為系統化掃描天空的創舉的一部分所收集到的資料有非常多，沒有一個人或甚至單一電腦有辦法分析它們全部。你可以幫上忙！SETI@home 是以 Berkeley University 為基地的一項計畫，它能讓擁有普通家用或辦公室電腦的一般人接收到這個資料的其中一些，如此他們的電腦就能在沒做其他事情時分析這些資料。*SETI* 代表 Search for Extraterrestrial Intelligence（搜尋地外文明計劃）。它們的程式運作起來就像是螢幕保護程式，並可在此免費下載：*http://setiathome.berkely.edu*。

你拿到這些資料時，是看不出它們有什麼意義的，但你的電腦會開始運用統計分析來處理這些訊號資訊，尋找標記般的非隨機狹窄頻寬，因為那可能代表其他的行星已經進步到能夠產生 *Gomer Pyle* 或 *Melrose Place* 之類東西的文明水平。你可能會是第一個發現其他行星上生命體的人，所以開始工作吧！

# 索引

※ 提醒您：由於翻譯書排版的關係，部份索引名詞的對應頁碼會和實際頁碼有一頁之差。

bottle-cap effect（瓶蓋效應）, 201, 203
breast cancer screening（乳癌篩檢）,
    148-151
Browne, M., 278
Buffon's Needle Problem, 250-251
bust（二十一點中的爆掉）, 170, 172
Butler, Bill, 215

# C

Campbell, D.T., 34, 35
canonical variate analysis（典型變量分
    析）, 307
card games（紙牌遊戲）
    老千技巧（card-sharping）, 186-189
    算牌, 171, 174-176
    幸運玩, 181-184
    比對兩副牌, 183
    機率, 182
    排名順序, 198, 199, 200
    洗牌, 220-224
    外卡（wild cards）, 197-200
    （也請參閱 Texas Hold 'Em）
card tricks（紙牌技巧）, 220-224
card-sharping（紙牌技巧）, 186-189
casinos（賭場）
    算牌, 171
    增加贏錢機率, 174
    和金錢, 154, 154
    輪盤得利, 169
categorical measurement（類別測量）,
    63-65
categorical variables（類別變數）, 66-
    70
cause-and-effect relationships（因果關
    係）
    相關性, 45
    樂透號碼, 181
    顯現, 31-35
Central Limit Theorem（中央極限定理）
    之美, 98
    概觀, 3-9
    t 檢定, 72
central tendency（集中趨勢）, 測量,
    88-91
chi-square test（卡方檢定）

單向（one-way）, 60-66
雙向（two-way）, 65-70
ciphers（密碼）, 解碼, 300-305
classical test theory（古典測驗理論）,
    20-23, 137
cluster sampling（叢集抽樣）, 83
coefficient alpha（係數 alpha）, 134, 136
coin toss（擲硬幣）
    人頭（heads）或數字（tails）, 201-
    203
    Law of Total Probability, 190
    可能結果, 283-287
    模式的機率, 263, 266
    St. Petersburg Paradox, 204-207
coincidences（巧合）, 解讀, 258-262
collecting data（收集資料）, 14
Collins, Truman, 214
combinations（組合）, 264, 266
community cards（公用牌）
    翻牌, 156
    改善手上的牌, 187, 188
    快速閱讀, 189
comparison groups（比較組）
    事前測驗（pretests）, 35
    t 檢定, 70-74
comprehension level（理解層次）
    （學習的）, 120-121
CONCATENATE 函數, 242
concurrent validity（共時有效性）, 140
conditional probabilities（條件機率）,
    150
confidence intervals（信賴區間）
    建構, 22, 23
    Gott's Principle, 143, 145
    常態曲線, 105
    標準誤差, 77, 79
conjunction fallacy（連接謬誤）, 298
conjunction rule（連接規則）, 298
Conjunctionitus, 295-299
connections（連結）, 309-314
consequences-based arguments（基於後
    果的論證）（有效性）, 139, 141,
    142
constants（常數）, 線性方程式, 48, 52
construct-based arguments（基於構念的
    論證））（有效性）, 139, 140, 141

Hofferth, Jerrod, 229

house edge（莊家優勢）, 154, 169, 170

Huff, D., 96

hypothesis（假說、假設）

　定義, 14

　研究, 15, 30

　統計, 15

　（也請參閱 null hypothesis）

hypothesis testing（假說檢定）

　發現物種, 307

　誤差, 30

　解讀發現, 38-39

　駁回虛無假設, 14-16, 30

　關係, 41, 42

# I

implied pot odds（隱含的底池本益比）, 161

independent events（獨立事件）, 191, 192, 295-299

independent variables（獨立變數）, 33, 36, 37

inferential statistics（推論統計）

　有爭議的工具, 26

　定義, 2, 3

　概觀, 80-81

　與母體, 74-79

　與關係, 30

　與樣本, 73

insurance in card games（紙牌遊戲中的保險）, 174

intelligence tests（智力測驗）, 115, 142

INTERCEPT 函數, 232

internal reliability（內部可靠性）, 133, 135

inter-rater reliability（跨評分員的可靠性）, 133-136

interval level of measurement（測量的等距水平）

　有爭議的工具, 26

　定義, 24

　負數, 25

　的威力, 84

　優點與弱點, 26

iPods, 224-229

item analysis（試題分析）, 123-127

iTunes（Apple）, 224-229, 276

# J

Jordan, C.T., 224

judgment sampling（判斷抽樣）, 83

Jung, Carl, 258

# K

Kahneman, Daniel, 297-299

Kennedy, John F., 260-261

knowledge level（學習的知識層次）, 120-122

known information（已知資訊）, 3, 6

# L

labels（標籤）, 24

lane-changing decisions（變換車道的決策）, 317-321

law of finite pocket size（口袋大小有限定律）, 154

Law of Large Numbers, 17-19, 168

Law of Total Probability, 190-191

learning（學習）

　認知層次, 120

　嘗試錯誤, 216

Leclerc, Georges-Louis, 250, 251

Let's Make a Deal, 208-210

level of significance（顯著性水平，參閱 statistical significance）

Levy, Steven, 229

lifetime（生命週期）, 預測長度, 142-146

likelihood of outcomes（結果的可能性，參閱 outcomes; probability）

li'l flushes（小同花）, 181-183

Lincoln, Abraham, 260-261

line charts（折線圖）, 93

linear regression（線性迴歸）

　繪製關係, 46-50

　多重預測變數, 55-60

　預測事件的結果, 50-55

　（也請參閱 multiple regression）

Lithgow, John, 314

LOG 函數, 242

# 出版記事

本書封面上出現的工具是中國算盤（Chinese abacus）或叫 *suanpan*。在書寫用的印阿數字系統（Hindu-Arabic numeral system）出現之前的幾個世紀，算盤通常由木製框架構成，其中的金屬線上有滑動的珠子，被用作一種計算工具。歷史學家將其發明時間定在公元前 2,400 年至 300 年之間。在那時，大多數的人無法閱讀或寫字，有這麼好的計算裝置可用，在昂貴的紙莎草紙上書寫符號會是很荒謬的事。*suanpan* 與歐洲算盤（European abacus）的不同之處在於它的盤面分為兩部分，下半部的每根金屬線上都有五個計數器，上半部則有兩個。複雜的 *suanpan* 技術不僅可以完成簡單的加法，而且還能有效率地進行乘法、除法、減法，以及平方根和立方根運算。

封面圖案是來自 CMCD Everyday Objects 的庫存照片。

# Statistics Hacks 統計學駭客 75 招

作　　者：Bruce Frey
譯　　者：黃銘偉
企劃編輯：蔡彤孟
文字編輯：江雅鈴
設計裝幀：陶相騰
發 行 人：廖文良

發 行 所：碁峰資訊股份有限公司
地　　址：台北市南港區三重路 66 號 7 樓之 6
電　　話：(02)2788-2408
傳　　真：(02)8192-4433
網　　站：www.gotop.com.tw
書　　號：A619
版　　次：2020 年 07 月初版
建議售價：NT$580

國家圖書館出版品預行編目資料

Statistics Hacks 統計學駭客 75 招 / Bruce Frey 原著；
　黃銘偉譯. -- 初版. -- 臺北市：碁峰資訊, 2020.07
　　面；　公分
　譯自：Statistics Hacks
　ISBN 978-986-502-536-6(平裝)
　1.數理統計　2.機率
319.1　　　　　　　　　　　　　　　　109007954

## 讀者服務

- 感謝您購買碁峰圖書，如果您
  對本書的內容或表達上有不清
  楚的地方或其他建議，請至碁
  峰網站：「聯絡我們」\「圖書問
  題」留下您所購買之書籍及問
  題。(請註明購買書籍之書號及
  書名，以及問題頁數，以便能
  儘快為您處理)
  http://www.gotop.com.tw

- 售後服務僅限書籍本身內容，
  若是軟、硬體問題，請您直接
  與軟體廠商聯絡。

- 若於購買書籍後發現有破損、
  缺頁、裝訂錯誤之問題，請直
  接將書寄回更換，並註明您的
  姓名、連絡電話及地址，將有
  專人與您連絡補寄商品。